Ronald D. Gerste

WIE TECHNIK GESCHICHTE MACHT

Von Gutenberg
bis zum Smartphone

Klett-Cotta

MIX
Papier | Fördert gute Waldnutzung
FSC® C014496

Klett-Cotta
www.klett-cotta.de
J. G. Cotta'sche Buchhandlung Nachfolger GmbH
Rotebühlstr. 77, 70178 Stuttgart
Fragen zur Produktsicherheit: produktsicherheit@klett-cotta.de

Umschlag: Rothfos & Gabler, Hamburg unter Verwendung mehrerer
Abbildungen: Rakete (© akg-images/ESA), Gutenberg (© Heritage Images/
Fine Art Images/akg-images), Hedy Lamarr (© mauritius images/SuperStock)
Gesetzt von C.H.Beck.Media.Solutions, Nördlingen
Gedruckt und gebunden von GGP Media GmbH, Pößneck
ISBN 978-3-608-98801-7
E-Book ISBN 978-3-608-12360-9

Bibliografische Information der Deutschen Nationalbibliothek
Die Deutsche Nationalbibliothek verzeichnet diese Publikation in der
Deutschen Nationalbibliografie; detaillierte bibliografische Daten
sind im Internet über http://dnb.d-nb.de abrufbar.

Inhalt

Prolog

Rauchende Schlote

David Leisberger wollte das Licht bringen. Die indigenen Menschen in dieser neuen Welt sollten endlich von Jesus hören. Doch die Wege des Herrn sind unergründlich, denn bei seinem Vorhaben stieß der fromme Mann auf eine Energiequelle, welche die Welt beherrschen sollte. Wie manch andere in seiner Glaubensgemeinschaft, den Herrnhuter Brüdern, die hier fern der alten Heimat Böhmen und Mähren als *Moravian Church* galten, war Leisberger ein Missionar. Und obwohl er zu den Älteren in der Gemeinde zählte und es unruhige Zeiten waren, begab er sich im Jahr des Herrn 1767 zum Volk der Seneca. Diese im Sprachgebrauch der Epoche als »Indianer« bezeichneten Menschen nahmen ihn nach Überwindung einiger Anfangsschwierigkeiten freundlich auf. So hatte David Leisberger Gelegenheit, die Sitten und Gebräuche der Seneca zu studieren – und auch ihre Heilkunst. In ihrer Region entlang eines von den Weißen Alleghany River genannten Flusslaufes trat an verschiedenen Stellen eine schwarze, zähe und streng riechende Flüssigkeit aus der Erde. Die Indigenen kochten die Substanz und das dabei entstehende Produkt benutzten sie, wie Leisberger notierte, »medizinisch als Salbe für Zahnschmerzen, Kopfschmerzen, Schwellungen, Rheumatismus und Zerrungen. Manchmal wird es auch eingenommen. Es ist von brauner Farbe und kann in Lampen benutzt werden.« Der Missionar dürfte kaum geahnt haben, wie sehr seine letzte Anmerkung das Dasein der Menschheit in einer für ihn noch fernen Zukunft beeinflussen würde: »Es brennt gut.«[1]

Es brennt auch noch mehr als zweieinhalb Jahrhunderte später. Erdöl ist nach wie vor das große Treibmittel der globalen Wirtschaft. Es hat über viele Jahre Wohlstand verschafft und Städte in die Breite sowie – gerade bei den wichtigsten Produzenten am Persischen Golf – in die Höhe wachsen lassen. Die bei seiner Verbrennung entstehenden Emissionen sind längst eine der großen Sorgen der Menschheit – oder eines gebildeten Segments der globalen Gemeinde – geworden. Im Land der Seneca, von den Weißen Pennsylvania genannt, suchten mehrere Menschenalter später Unternehmer und Ingenieure nach der brennbaren Flüssigkeit. Der Energiehunger der westlich geprägten Gesellschaften, vornehmlich jener in Europa und Nordamerika, war längst unstillbar geworden. Die Kohle war um 1850 der Träger der Industrialisierung. Sie befeuerte die expandierenden und Arbeitsplätze in nie vorher gekannter Zahl bietenden Fabriken, im Ruhrgebiet ebenso wie in Manchester oder in Berlin. Auch dort ließen die Schornsteine neu angelegter Industriebetriebe dunkle Rauchschwaden in den Himmel aufsteigen, wie es der Maler Eduard Biermann in seinem um 1847 entstandenen Gemälde *Borsig's Maschinenbauanstalt zu Berlin* so eindrücklich dokumentiert hat. Kohle war dabei, den Menschen wie den Waren eine vorher nie gekannte Mobilität zu verleihen – eine kleine Dampflok auf Biermanns Bild deutet auf diese Zeitenwende hin. Und Kohle war das wichtigste Heizmittel geworden, nur eine oder zwei Generationen nachdem das rechtzeitige Lagern von ausreichend

Brennholz das Überleben sichern musste. Der Geruch von Kohle war allgegenwärtig und neben diesen olfaktorischen waren es auch ihre sichtbaren Verbrennungsprodukte. In der größten Stadt Europas, in London, wurde so viel – und so minderwertige – Kohle als Heizmittel verbrannt, dass dicke Rußschichten auf dem Fenstersims genauso alltäglich waren wie schwere Atemwegserkrankungen.

In Pennsylvania suchte man nach Öl, man brauchte es – auch zu medizinischen Zwecken, vor allem aber als Energiequelle – in weit größeren Quantitäten als es die Indigenen einst genutzt hatten. Am Samstag, dem 27. August 1859 bohrte ein Mann namens Edwin Drake zusammen mit einem Mitarbeiter unweit des kleinen Ortes Titusville auf der Suche nach dem Rohstoff durch eine Gesteinsschicht. Sie gelangten bis in eine Tiefe von 69 Fuß (21 Meter). Am nächsten Tag ließen sie die Arbeit ruhen und gingen in die Kirche. Als sie aus dem Gottesdienst kamen, sahen sie Öl aus dem Bohrloch emporsteigen. Sie sammelten es in einer Badewanne. Ein Jahr später arbeiteten bereits 75 Ölpumpen in Titusville. Das Zeitalter der fossilen Brennstoffe hatte nun, da zur Kohle das Öl kam, endgültig begonnen.

Die Energie aus dem Boden zog die Etablierung von Technologien nach sich, die dank dieser zunächst unerschöpflich scheinenden Gabe der Erdfrühgeschichte eine rasante Entwicklung erlebten. 1886 baute Carl Benz das erste mit einem Verbrennungsmotor betriebene Automobil. Es war eine technische Neuerung, die das Leben der Menschen für immer veränderte.

Technik ist ein Begleiter unserer Spezies seit grauer, undokumentierter Vorzeit – mindestens, seit ein uns namentlich nicht bekannter Erfinder oder eine Erfinderin das Rad konzipierte. Oder das Boot, mit dem ein Fluss wie der Nil oder der Euphrat nicht länger ein unüberwindliches Hindernis blieb. Die rasante Entwicklung der Menschheit in den letzten rund drei Jahrhunderten ist durch Technik erst möglich geworden. Mit uneingeschränkt guten Folgen wie einer verbesserten Ernährungslage und einem früher nicht für möglich gehaltenen Standard der medizinischen Versorgung, die uns in Europa eine beispiellose Lebenserwartung und Lebensqualität gesichert haben. Mit ambivalenten Folgen wie der Zunahme der Weltbevölkerung von einer Milliarde im Jahr 1800 auf rund siebeneinhalb Milliarden heute und auf projektierte zehn Milliarden um 2050. Und mit unzweifelhaft negativen Konsequenzen wie Umweltzerstörung, Klimawandel und der Entwicklung von Massenvernichtungswaffen.

Dies ist keine Technikgeschichte – sie kann es nicht sein, da Technik ein viel zu weites Feld ist, als dass sie auf weniger als 300 Seiten dargestellt werden könnte. Vielmehr soll die Geschichte der Begründung einiger Technologien beispielhaft und ohne jedweden Anspruch auf Vollständigkeit erzählt werden. Vor allem aber sollen die Menschen hinter einigen Techniken lebendig werden – ihre Visionen, ihre Hoffnungen und mehrfach auch ihre Tragödien. Technik kann nur zum Guten für Mensch und Natur dienen, wenn sie mit Verantwortung eingesetzt wird. Der Philanthrop John D. Rockefeller (Junior), dessen gleichnamiger Vater durch den Besitz von Ölfeldern in Pennsylvania und später anderenorts zum reichsten Mann der Welt wurde, formulierte eine Mahnung, die nichts von ihrer Gültigkeit verloren hat: »Jedes Recht impliziert eine Verantwortung, jede Chance eine Verpflichtung, jeder Besitz eine Pflicht.«[2]

J. HUYOT

1 Auch wenn wir kein wirklich authentisches Porträt Johannes Gutenbergs haben – so ungefähr könnte es in seiner Werkstatt bei der Herstellung der »Gutenberg-Bibel« ausgesehen haben.

Henne zur Laden, auch bekannt als Johannes Gensfleisch – und als Johannes Gutenberg

Wer von Geschichte fasziniert ist – wie zweifellos die Leserinnen und Leser dieses Buches – ertappt sich wahrscheinlich hin und wieder dabei zu träumen, wie es wäre, dabei gewesen zu sein: als Beobachter bei einem epochalen Ereignis, als Zeuge einer jener Wendemarken, an denen eine neue Epoche eingeläutet wurde. Oder Momente mitzuerleben, die aus anderen Gründen unvergesslich sind. In der letzten Reihe des Parlamentarischen Rates in Bonn zu sitzen, als am 23. Mai 1949 das Grundgesetz verkündet wird und in Deutschland die Demokratie eine neue Chance bekommt. Oder bei einer früheren Etappe auf dem Weg zur Überwindung von Autokratie die Begeisterung im Saal zu spüren: im provisorischen Saal einer Sporthalle, des Salle du Jeu de Paume in Versailles, als die Deputierten des Dritten Standes – des Bürgertums – am 20. Juni 1789 feierlich schwören, nicht eher auseinander zu gehen, bevor Frankreich eine Verfassung hat. Eine zu Herzen gehende Dramatik würde man verspüren, wenn man im April 1912 am Kai von Southampton stehen und noch einmal einen Blick auf die der offenen See entgegensteuernde *Titanic* werfen könnte.

Nichts von alledem würde man in den tagsüber so geschäftigen Straßen und Gassen von Mainz um die Mitte des 15. Jahrhunderts verspüren. Es ist der Alltag einer verhältnismäßig großen Stadt mit geschätzt rund 6000 Einwohnern an der Wende vom Mittelalter zur Neuzeit. Wohl kaum einer der Bewohner wird ahnen, dass in zwei respektablen Gebäuden, dem Humbrechtshof und dem Gutenberghof, eine Technik entsteht, ohne die der Gang der nächsten Jahrhunderte kaum denkbar erscheint. Die dortigen Werkstätten fallen den Bürgern der Stadt nicht weiter auf. Was immer hinter ihren Mauern geschieht, reizt die Sinne der vorbeieilenden Passanten nicht; es stinkt nicht wie bei einer Gerberei, und es wird dort bei weitem nicht so geräuschvoll gearbeitet wie in einer Schmiede.

Die Höfe sind Schauplätze einer Genese, in der eine große Idee, viel Geduld und noch mehr harte Arbeit eines kleinen Teams von Spezialisten zusammenkommen. In Mainz spielt sich eine Revolution ab, nicht mit einem Knall, nicht mit Gewalt und nicht mit lauten Parolen. Ihre Schauplätze sind längst verschwunden, ihre Zeugnisse selten – und damit von hohem Wert – und von ihrem Protagonisten, einem Wegbereiter der Moderne, haben wir kein Bild; all die Porträts mit dem gewaltigen Bartwuchs entstammen späteren Jahrhunderten und der Phantasie der Künstler. Kurz vor dem Jahr 2000 wählten amerikanische Journalisten den so schwer Greifbaren, für uns letztlich Gesichtslosen zum *Man of the Millenium*. Der Mann des Jahrtausends war seinen Zeitgenossen bekannt als Henne zur Laden; aus der formalen Version des Vornamens und dem Wohnsitz seiner Familie in Mainz wurde für die Nachwelt Johannes Gutenberg.

Nur ein kleiner Teil der Mainzer Bevölkerung in jenen

1450er Jahren ist des Lesens und Schreibens kundig. Das gilt auch für den gesamten deutschen Sprachraum und für das übrige Europa. Für Großbritannien liegt die Schätzung der *literacy rate* für diese Epoche bei 10 Prozent der Männer, für Frauen liegt die Quote deutlich niedriger.[1] Dass sich dies nachhaltig fast überall in der christlichen Welt ändern wird, ist eine der Folgen der Innovation, an der hier gearbeitet wird.

Mit dem späten Mittelalter, mit der Etablierung von Banken und geschäftlichen Transaktionen, mit einer sich allmählich ausweitenden Bürokratisierung, Kodifizierung und Legalisierung, wurde es für manche Menschen, zumindest im urbanen Lebensbereich, notwendig, zumindest den eigenen Namen so schreiben zu können, dass es für eine Unterschrift taugte. Doch Lesen als Teil des Bildungserlebnisses war etwas, das nur einer sehr kleinen Schicht vorbehalten war. Denn der wichtigste Träger von Wissen – und ebenso von Glauben, worüber der in hohem Maße literate Klerus die alleinige Oberhoheit innehatte – war das Buch. Und dieses war weithin nur für Wohlhabende erschwinglich, was ganz entscheidend an den hohen Herstellungskosten lag.

Drucke gab es schon länger, vor allem in asiatischen Kulturen wie in China und Korea. Meist bedienten sie sich des Holztafeldrucks, bei dem eine Seite in einen Holzstock geschnitten wurde. Es waren typischerweise einzelne Seiten, die gedruckt wurden, kaum jemals längere Werke. In Europa wurden Bücher seit der Antike vorwiegend geschrieben, von einzelnen des Schreibens Kundigen per Hand kopiert. Zu den wichtigsten Produktionsstätten gehörten Klöster, in denen die Bibel und andere Schriften sorgfältig Buchstabe für Buchstabe, Zeichnung für Zeichnung gestaltet wurden. Jedes einzelne Werk war ein Unikat – und nur für Reiche erschwinglich. Und für die Kirche.

Der Mann, der den Weg vorgab, um aus dem Buch ein Produkt für breitere Bevölkerungsschichten zu machen und eine informations- und kommunikationstechnologische Wende einleitete, die Europa und den Gang seiner Geschichte über die nächsten Jahrhunderte bestimmen sollte, wurde in eine wohlhabende Patrizierfamilie hinein geboren. Sein Vater war Friedrich – genannt Friele – Gensfleisch und als Henne (Koseform von Johannes) Gensfleisch oder eben Henne zur Laden war der Innovator vielen seiner Zeitgenossen bekannt, bevor sein Familienname – ein solcher war im Spätmittelalter mit einer heute kaum mehr möglichen Flexibilität wandelbar – nach der Ortsangabe, dem elterlichen Hof, zu »Gutenberg« mutierte. Der Gutenberghof, ungefähr an der Kreuzung der heutigen Schusterstraße mit der Christophstraße gelegen, wurde während des Dreißigjährigen Krieges zerstört; sein Nachfolgebau brannte 1894 nieder. Passenderweise beherbergte er im 19. Jahrhundert ein »Lese-Cabinet« – eine Kultureinrichtung, die es ohne Hennes Erfindung wohl nicht gegeben hätte.

Wenn auch der 24. Juni, der Johannestag, als wahrscheinliches Taufdatum des zweitältesten Sohns von Friele Gensfleisch und seiner zweiten Frau Else Wirich gilt, so ist das Geburtsjahr Gutenbergs (wie wir ihn im Folgenden, um Konfusion zu vermeiden, durchgängig nennen wollen) unbekannt. 1900 einigte man sich weitgehend, aber ohne wirkliche Evidenz auf das Jahr 1400; vor allem, um den vermeintlichen 500. Geburtstag des großen Sohnes der Stadt Mainz in jenem Jahr und passend zur bald darauf erfolgenden Eröffnung des ihm gewidmeten Museums zu feiern. Er kann das Licht der Welt freilich genauso gut 1397 oder 1399 oder 1404 erblickt haben. Seine erste urkundliche Erwähnung, in einer Erbschaftsangelegenheit, datiert aus dem Jahr 1420. Da er darin als volljährig bezeichnet wird, was man nach damaligem Usus mit 15 Jahren war, ist das Jahr 1405 somit das spätestmögliche Geburtsjahr.

Angesichts des gehobenen sozialen Status seiner Familie hat Johannes/Henne mit hoher Wahrscheinlichkeit eine Lateinschule besucht; das Beherrschen der klassischen Sprache war eine Grundvoraussetzung für seine spätere berühmteste Schöpfung, die Gutenberg-Bibel. Ungestört war die Kindheit freilich nicht. Es kam zu einem Machtkampf zwischen den Patriziern von Mainz und den immer selbstbewusster werdenden Zünften; die Auseinandersetzungen, bei denen es unter anderem um die Steuerbefreiung der Patrizier ging, wurden vereinzelt gewalttätig. 1411 zog Friele Gensfleisch mit seiner Familie in ein rund zwanzig Kilometer entferntes und alles andere als tristes Exil: nach Eltville, das mit der kurfürstlichen Burg einer der Residenzorte der Erzbischöfe von Mainz war. Frieles Schwiegermutter (und Johannes' Großmutter) Ennechin von Fürstenberg hatte hier ein komfortables Anwesen besessen, das sie ihrer Tochter vermacht hatte. An seiner Stelle, direkt neben der Burg, steht heute ein als Gensfleischhaus bezeichnetes historisches Gebäude, das indes aus dem Jahr 1681 stammt.

In der Epoche des vor allem von Italien ausgehenden Humanismus war der Besuch einer der in Mitteleuropa in zunehmender Zahl gegründeten Universitäten für einen Patriziersohn wie Gutenberg ein beinahe logischer Schritt, um eine nach dem Stand der Zeit bestmögliche Bildung zu erhalten. Obwohl nicht gerade in räumlicher Nähe zu Mainz gelegen, gehörte die Stadt Erfurt auf der so oft und berechtigterweise als Fleckenteppich bezeichneten Karte der deutschen Kleinstaaterei zu den Besitzungen des Mainzer Erzbischofs, einem der mächtigsten der sieben Kurfürsten. So machte ein Studium an der dortigen, ganz neuen – und 1392 eröffneten – Universität Sinn. Die Biografen des Johannes

Gutenberg müssen ihre Erzählungen auf sehr wenige greifbare Quellen stützen (weswegen Bücher über den Erfinder gern mit allerlei Exkursen in das Spätmittelalter im Allgemeinen oder mit Details zu Drucktechniken gewürzt sind) und jene, die es gibt, werden verschiedentlich großzügig interpretiert. An der Universität Erfurt hat sich eine Matrikel vom Sommersemester 1418 erhalten, auf dem ein »Johannes de alta villa« registriert ist. Die Ortsbezeichnung deutet auf Eltville und die Beantwortung der Frage, wieviele Johannesse aus gutem Hause jene kleine Stadt wohl zum Studium in Erfurt verlassen haben könnten, macht es relativ wahrscheinlich, dass es sich bei dem Studiosus tatsächlich um Gutenberg handelt.

So sehr Vieles auf dem Lebensweg Gutenbergs spekulativ bleibt, so vermögen seine Biografen doch oft recht überzeugend aus dem Wenigen, das greifbar ist, ein schemenhaftes Bild zu zeichnen wie Klaus-Rüdiger Mai in seiner grafisch so schön illustrierten Darstellung. So könnten während Gutenbergs Zeit in Erfurt die Kontakte mit dem für immer mit seinem Namen verbundenen Medium in der Tat ausgesehen haben: »Leider lässt sich nicht erschließen, ob Henne zur Laden die Bibliothek genutzt und welche Bücher er gegebenenfalls gelesen hat. Allerdings sollte man sich wohl keine übertrieben großen Vorstellungen davon machen, weil allein das Studium selbst, die Vorlesungen und Übungen genügend Zeit kosteten. Man musste schon ein besonders eifriger Student sein, um nach dem Studienalltag auch noch Lektüre in der Bibliothek zu treiben. Wirft man einen Blick auf den weiteren Lebensweg, so gewinnt man nicht den Eindruck, dass er ein starkes Interesse an vertiefenden Studien und an der Theorie besaß, sondern dass er über einen sehr praktischen Verstand verfügte, der etwas in Bewegung setzen, Geschäfte machen und Unternehmen gründen wollte.«[2]

Nach dem – vermuteten – Studium klafft eine große Lücke in der uns bekannten Vita des Johannes Gutenberg. Aus zwei Dokumenten der Jahre 1429 und 1430 geht hervor, dass er sich nicht in Mainz aufhielt. Knapp fünf Jahre später wurde sein Aufenthalt in Straßburg dokumentiert. Möglicherweise war er in jenen Jahren auf Wanderschaft, wahrscheinlich als Kaufmann und auch Handwerker; es finden sich Indizien für eine mögliche Ausbildung als Goldschmied und Edelsteinpolierer. Man vermutet in ihm einen wachen Unternehmergeist, der sich mit einem hohen Interesse an technischen Innovationen, an Herstellungsprozessen und an hochspezialisierter Handwerkerkunst verbindet. Zu den Schauplätzen, die er bereist haben könnte, zählt auch das an der Schnittstelle von Handelswegen und sich von Italien gen Norden ausbreitenden geistigen Strömungen gelegene Basel. Es war ein Umschlagplatz für das teure Kulturgut des Buches und eine Hochburg der oft mühseligen Reproduktion von Schriften: »Mit den Humanisten entstand eine neue Öffentlichkeit und deren Medium war der geschriebene Text, das Buch. Wenn Johannes Gutenberg Basel in jenen Jahren besucht hat, dann hat er diesen Aufbruch und das damit verbundene Bedürfnis nach Büchern hautnah erlebt. Es ist kein Zufall, dass die ersten deutschen Humanisten, die in der Geschichte greifbar sind, Männer aus Gutenbergs Generation sind. Und einer der ersten ist mit Sicherheit Nikolaus von Kues.«[3]

Nikolaus von Kues, annähernd im gleichen Alter wie Gutenberg (Kues wurde 1401 geboren), war ein vielseitig gebildeter Kirchenmann, Philosoph und Naturforscher, der es zum Kardinal und zum päpstlichen Legaten bringen sollte. Wahrscheinlich sind er und Gutenberg sich um 1434, möglicherweise auch früher begegnet. Als Gesandter der Kurie in Konstantinopel soll Kues vom Gebrauch beweglicher

Metallzeichen in Ostasien gehört haben, wie den kleinen, mehrere Schriftzeichen tragenden Typen, die in Korea in Gebrauch waren und nach Bestreichen mit einem Farbstoff zu Druckzwecken benutzt werden konnten. Von dieser Technik aus einem unendlich weit entfernten Weltteil könnte – wieder einmal gibt es keine Gewissheit – Nikolaus von Kues, der längere Zeit in zwei Lebensstationen Gutenbergs, nämlich sowohl in Mainz wie in Straßburg, tätig war, dem nach einer gewinnbringenden Aufgabe Suchenden berichtet haben.

In Straßburg, mit seinen geschätzt etwa 25 000 Einwohnern jener Zeit eine reiche und kosmopolitische Metropole, war Gutenberg offenbar längere Zeit ansässig, ohne das Bürgerrecht zu erwerben. Einen schlaglichtartigen Hinweis auf den Privatmann Gutenberg liefert ein Dokument, in welchem nach der Interpretation der Quellenforscher eine Dame aus dem gehobenen Bürgertum der elsässischen Metropole, Ennelin zu der Iserin Thüre, gegen Gutenberg wegen der Nichteinhaltung eines Heiratsversprechens klagt. »Dieser höchst knappe Hinweis«, so urteilt Stephan Füssel, langjähriger Inhaber des Gutenberg-Lehrstuhls für Buchwissenschaften an der Universität Mainz, »berechtigt weder zu Spekulationen über seinen Charakter noch über seinen Familienstand in den nächsten Jahrzehnten. Dennoch hat gerade diese Notiz immer wieder Anlass zu märchenhaften Auslegungen und zu romantischen Szenen geboten.«[4] Dafür, dass Gutenberg später heiratete oder eine Familie gründete, gibt es in den Quellen keinen Anhaltspunkt.

Durch mehrere Leibrenten finanziell gut situiert und, wie seine Rolle in einigen dokumentierten Rechtsstreitigkeiten zu unterstreichen scheint, mit einem wachen Auge für Bilanzen und Profit ausgestattet, wandte sich Gutenberg gegen Ende der 1430er Jahre zusammen mit Geschäftspartnern einem unternehmerischen Projekt zu, das reichlich Gewinn versprach. Solcher winkte immer wieder, wenn sich die Gläubigkeit – zwischen bibelfestem Glauben und Aberglauben fluktuierend – der Zeitgenossen und deren Faszination mit Reliquien und Wundern ausnutzen ließ. Die Menschen glaubten, dass von Reliquien heilende oder seligmachende Kräfte ausgingen. In die Kirchen, in welchen derartige Exponate lagen, zu strömen und diese zu berühren, war das Ziel von Wallfahrern. Die Kirche verdiente tüchtig mit, musste aber befürchten, dass die Stücke durch tausendfachen direkten Kontakt mit den Händen der Gläubigen (die damals nur sehr selten gewaschen wurden) Schaden nahmen. Also stellte man sie nur noch in bestimmten definierten Zeitabständen und hinter Schutzvorrichtungen aus, an denen die Pilger ergriffen vorbeidefilierten.

Die Stadt Aachen hatte in ihrem Dom vier besonders eindrucksvolle Reliquien zu bieten, die alle sieben Jahre gezeigt wurden. Sie zogen Zehntausende während der Sommermonate in die Residenzstadt Karls des Großen; in den Gassen rund um das imposante Gotteshaus drängten sich die Menschen und warteten darauf, eintreten und die Reliquien bewundern zu dürfen: das Gewand Marias, die Windeln Christi, das vom Heiland während der Kreuzigung getragene Lendentuch und das Tuch, in dem der Kopf Johannes des Täufers nach seiner Enthauptung aufbewahrt worden war. Die Gläubigen wussten sich angesichts der Tatsache, dass ein direkter Kontakt mit diesen Kostbarkeiten nicht mehr möglich war, zu helfen. Sie brachten kleine Spiegel mit, durch die man auch aus einer der hinteren Reihen in der Menge einen optischen Kontakt mit den Reliquien herstellen und deren wundersame Strahlung man dank der Konvexität des kleinen Spiegels auf das eigene Antlitz reflektieren lassen konnte. So wurde man auch ohne Jesu Windeln betastet zu haben der göttlichen Gnade dennoch teilhaftig.

In die Großproduktion solcher Spiegel stiegen Gutenberg und seine Geschäftspartner ein. Möglicherweise hatte er bei Geschäften mit metallverarbeitenden Handwerkern eine Vorstellung davon bekommen, wie man durch Arbeitsteilung, Subspezialisierung und mechanische Vervielfachung eine Ware in großer Stückzahl herstellen kann – mit Kosten, die umso mehr pro Stück sinken, je höher deren Gesamtzahl wird. Gutenberg und Partner stellten die Spiegel aus einer Blei-Zinn-Legierung in einem Vorläufer industrieller Massenfertigung in großer Zahl her. Wie viele es waren, ist uns nicht bekannt – wohl aber, dass die Objekte länger gelagert werden mussten als von Gutenberg zunächst geplant. Er hatte für die Wallfahrt nach Aachen 1439 geplant, doch das Großereignis fand erst im darauffolgenden Jahr statt. Als Gründe für den kleinen unternehmerischen Lapsus werden in der Literatur sowohl ein Irrtum Gutenbergs als auch der Ausbruch einer Pestepidemie angegeben, wegen der das Großereignis auf 1440 verlegt werden musste. Für Letzteres spricht, dass sein Mitarbeiter Andreas Dritzehn zu Weihnachten 1438 an der Seuche starb, die zwischen 1348 und 1720 immer wieder Mitteleuropa heimsuchte[5] und als eine wahre Geißel der Menschheit wie von Albrecht Dürer als einer der Apokalyptischen Reiter betrachtet wurde.

Gutenberg und seinen Ko-Investoren schadete das kleine kalendarische Missgeschick nicht, denn Spiegel aus Metalllegierungen lassen sich gut lagern und sie ließen sich auch ein Jahr später noch gut an den Mann beziehungsweise an die Gläubigen bringen. Man kann davon ausgehen, dass er das Geschäft persönlich überwachte und einige Wochen in Aachen verbrachte. Seines modernen Biografen Erzählkunst lässt die Epoche und ihre Werte in so eindringlicher Weise lebendig werden, dass hier abermals ein (leicht gekürztes) Zitat erlaubt sei, um den Leser mit ins Jahr 1440 zu nehmen.

Von Gutenberg und den an manchen Tagen die Zahl von geschätzten 20 000 erreichenden Pilgern »wurden die Reliquien betrachtet, das Leinentuch mit dem blutigen Gesichtsabdruck Johannes des Täufers nach der Enthauptung und schließlich das Lendentuch, das Jesus auf dem Kreuzweg getragen hatte. Und bei jeder Zeigung wiederholte sich das Rufen der Menge, das Kyrieeleison, die Gebete, das Beben, nur jedes Mal noch stärker. Nachdem die Heiligtumszeigung geendet hatte, zerstreute sich die Menge, wobei ›es nicht nur in der Kirche, sondern auch vor den Stadttoren und in den Straßen zu einem so ungeheuerlichen Gedränge kam, dass man es mit der Angst bekam.‹ Gutenberg wird es nicht anders als dem frommen Metzger Vigneulles aus Metz ergangen sein, und wie dieser dürfte auch er die allerdings beschwerliche und gefährliche Gelegenheit genutzt haben, im Münster den Sarkophag Karls des Großen, der hinter dem Hochaltar stand, zu besichtigen. Vielleicht zog es ihn auch in das Corneliusmünster und natürlich nach Köln, um dort die Reliquien der Heiligen Drei Könige und [*der heiligen*] Ursulas und ihrer 11 000 Jungfrauen zu besuchen [*die sterblichen Überreste der vermeintlichen Jungfrauen waren in Wirklichkeit ein Massengrab aus römischer Zeit*]. Außerdem erwarteten den Reliquiensüchtigen in Köln noch Haare der Jungfrau Maria, der Pilgerstab des heiligen Petrus, ein Arm des heiligen Simon, ein Arm des heiligen Remigius, die Schulter des heiligen Laurentius ›mit etwas Blut und Fleisch‹, eine Schulter des heiligen Christopherus, ein Finger der heiligen Anna, ein Bein eines unschuldigen Kindes, der vollkommen erhaltene Leichnam des Albertus Magnus. Mit reichlich Geld und reichlicherem Heil und Segen im Gepäck kehrte Johannes Gutenberg 1440 nach Straßburg zurück und begann das geheimnisvolle Werk.«[6]

Ob es sich um den Buchdruck oder ein anderes Unternehmen handelte, muss ebenso offen bleiben wie die genaue Chronologie der großen Erfindung. Dass sich mit dem Glauben der Menschen Geld, sogar viel Geld verdienen ließ, war Gutenberg spätestens seit Aachen klar. Und im Zentrum des Glaubens stand die Schrift, die Bibel, die es nur auf Latein gab und die den Menschen zu erklären Aufgabe der katholischen Kirche sowie Basis ihrer Macht und ihres Reichtums war.

Der Prozess, der Gutenbergs Erfindung hervorbrachte, zog sich über mehrere Jahre hin und begann während seiner Zeit in Straßburg. »Erfindung« trifft es nicht ganz – Gutenberg entwickelte ein ganzes System mit mehreren neuen oder deutlich verbesserten Komponenten. Zur Herstellung der beweglichen Lettern entwickelte er – zusammen mit einem kleinen Team von Spezialisten, die er ausbildete und beschäftigte – ein Handgießinstrument, mit dem er fein gestaltete Buchstaben und andere Zeichen aus einer Zinn-Blei-Legierung mit Zusatz von etwas das Metall festigenden Antimon herstellen konnte. Die Lettern wurden in identischer Länge hergestellt und in Setzkästen sortiert. In einem Winkelhaken wurden die Lettern zu Zeilen angeordnet, zwischen den einzelnen Zeichen wurde sogenanntes Blindmaterial eingefügt, das nicht zum Druck beitrug und einen gleichmäßigen Abstand zwischen Buchstaben und Zeilen ermöglichte.

Der Setzkasten wurde wie die Druckerpresse über die nächsten Jahrhunderte zum unverzichtbaren Einrichtungsgegenstand in jeder Druckerei. Die Presse, das zentrale Instrument des Druckvorgangs, entwickelte Gutenberg aus den existierenden, unter anderem zur Herstellung von Medaillen, aber auch von Papier benutzten Spindelpressen weiter. Unterhalb der Presse befand sich ein beweglicher Karren, der seitlich aufklappbar war und durch den in relativ schneller und unkomplizierter Abfolge neue Bögen eingelegt und, vom Druck feucht, vorsichtig wieder entfernt werden konnten.

Auch die Druckerfarbe und die Technik, diese auf die Lettern aufzutragen, geht ganz oder größtenteils auf Gutenberg zurück. Er experimentierte mit verschiedenen Mischungen; vielfach zum Einsatz kam eine primär aus Leinöl, Ruß und Eiweiß bestehende Mixtur. Aufgetragen wurde die Farbe mit zwei vom Drucker simultan eingesetzten Druckerballen, die aus Leder (vielfach aus Hundeleder, was ein unschönes Bild vom Umgang des Menschen mit seinem sogenannten besten Freund in jener Epoche vermittelt) bestanden und mit Wolle oder Pferdehaar gefüllt waren. Schließlich war Gutenberg auch in die Papierherstellung involviert. Diese vor allem aus der islamischen Welt stammende Technologie hatte im Spätmittelalter zunehmend in Europa Fuß gefasst. Die erste Papiermühle war 1390 in Nürnberg gegründet wurden; zu Gutenbergs aktiver Zeit entstanden weitere derartige Betriebe. Gutenberg lag es erkennbar am Herzen, nur Papier von höchster Qualität für sein berühmtestes Werk einzusetzen. Diesem hohen Anspruch ist es zu verdanken, dass die Seiten der erhaltenen Gutenberg-Bibeln (49 Exemplare, nicht alle vollständig, sind bekannt) fast wie neu wirken – mehr als ein halbes Jahrtausend später.

Die Perfektionierung dieses Systems Gutenbergs, die Anwerbung geeigneter Mitarbeiter, der Bezug der notwendigen Materialien und vor allem die Akquirierung von Investoren, die sich bei seinem Projekt engagierten, das – vor allem, seit ihm der Druck der Bibel und damit etwas nie Dagewesenes vorschwebte – höchst kostenintensiv zu werden versprach, nahm einige Jahre in Anspruch. Dokumente aus seiner Straßburger Zeit deuten darauf hin, dass Gutenberg eine Presse erwarb. Im März 1444 zahlte er zum letzten Mal eine Weinsteuer in Straßburg. Dann verliert sich für vier Jahre seine Spur.

Ab Herbst 1448 ist sein erneuter Aufenthalt in seiner Heimatstadt Mainz nachweisbar. Hier betrieb er sein Projekt und ging eine geschäftliche Verbindung mit seinem wichtigsten Partner und Investor ein. Es war der wohlhabende Kaufmann Johannes Fust, der in manchen Gutenberg-Biografien in die Rolle des Bösewichts gerät. Gutenberg konnte Fust überzeugen, ihm für sein Unternehmen die beträchtliche Summe von 800 Gulden, was in etwa dem Wert von acht Häusern entsprach, zu einem Zinssatz von sechs Prozent zu leihen. Gutenbergs Investitionen waren enorm, denn schon einige Zeit später musste er bei Fust um weitere 800 Gulden nachsuchen. Die Überzeugungskraft des Innovators muss beträchtlich gewesen sein, denn Fust stellte ihm erneut diese Summe zur Verfügung – diesmal offenbar als ein Investment Fusts und, wie es im späteren Rechtsstreit der beiden hieß, für ein »Werck der bucher«.

Die Formulierung dürfte ein Codewort für den Druck der Bibel gewesen sein, den man aus guten Gründen so geheim wie möglich halten musste. Zum einen gab es Geschäftsleute und Kunsthandwerker, die durch Kenntnisse des Prozesses hätten angeregt werden können, selbst bewegliche Lettern zu entwickeln. Der im niederländischen Haarlem mit einem Denkmal geehrte Laurens Coster beispielsweise soll angeblich zur selben Zeit wie Gutenberg die Buchdruckerkunst erfunden haben, was heute als Humbug gilt. Zum anderen konnten sich Gutenberg, Fust und all ihre Mitstreiter nicht sicher sein, wie die Mutter Kirche reagieren würde, wenn plötzlich zwar nicht jedermann, aber doch Laien, die über einige finanzielle Mittel verfügten, sich in den Besitz einer Bibel bringen und diese studieren konnten. Bislang waren sie fast exklusives Kirchengut und in manchen Gotteshäusern mit Ketten gegen Diebstahl gesichert. Lateinkenntnisse vorausgesetzt, konnten nun Bürger den Text der Bibel verinnerlichen, ohne sich auf die Interpretationen des Wortes durch die Prediger, Bischöfe, Kardinäle und den Heiligen Vater verlassen zu müssen. Gänzlich furchterregend mochte manchen kirchlichen Würdenträgern der Gedanke erschienen sein, dass die Bibel gar ins Deutsche – und in andere moderne Sprachen – übersetzt werden könnte, was die Bedeutung und damit die Macht des Klerus noch weiter geschmälert hätte. Dementsprechend experimentierte Gutenberg zunächst mit kleinen Druckerzeugnissen. Möglicherweise war ein sich an das sehr begrenzte weibliche Lesepublikum richtende Schriftstück, die sogenannte Sibyllinische Weissagung, ein solch experimentelles Produkt; der ungleichmäßige Druck, die unscharfen Typenränder und ein Schriftbild, das keine durchgehenden Linien zeigt, sprechen für ein Versuchsstadium. Zu diesen frühen Produkten aus Gutenbergs Werkstätten gehörten auch Schriften, deren Verbreitung der Kirche höchst wohlgefällig war: Ablassbriefe, auf denen bestätigt wurde, dass sich der Käufer bzw. der Gläubige mit seinem Obolus von seinen Sünden ganz oder teilweise hatte freikaufen können. Es galt das Motto: »Wenn der Taler im Kasten klingt, deine Seele sich in den Himmel schwingt.«

Für den Druck der Bibel benutzten Gutenberg und seine Mitarbeiter 290 verschiedene Typen; die Gesamtzahl der Lettern, die er an seinen Produktionsstätten zur Verfügung hatte, wird von Mai auf knapp 47 000, von Füssel auf 60 000 und nach anderen Berechnungen auf mehr als 100 000 geschätzt. Die alte Kunst der Buchmalerei wurde beibehalten, wenn auch in reduziertem Umfang. Der Druck war schwarz, hinzugefügt wurden per Hand einzelne Großbuchstaben zu Beginn eines Kapitels und einzelne herausgehobene Zeilen in Rot. Jede der Bibeln wurde mit kunstvollen Malereien versehen, die jedes Exemplar zu einem Unikat machten. Gutenberg war ein Perfektionist. Er schuf mit der Urform des gedruckten Buches, seiner Bibel, ein Werk, das an Kunstfertigkeit und Ästhetik in den folgenden mehr als 575 Jahren des Buchdrucks kaum jemals erreicht, geschweige denn übertroffen wurde.

Für seine klassische Schöpfung, die 42-zeilige Bibel (B 42) benutzte Gutenberg 290 verschiedene Schriftzeichen: 47 Großbuchstaben, 63 Kleinbuchstaben, 92 Abkürzungen darstellende Zeichen, 83 sogenannte Ligaturen (Doppelbuchstaben wie fi oder œ) und fünf verschiedene Kommata. Wenn man annimmt, dass mit dem genannten großen Vorrat an Lettern mindestens zwölf Mitarbeiter sechs Pressen bedienten, wären für die 180 Exemplare der ersten Gutenberg-Bibel mit 1282 Seiten mehr als 230 000 Aktionen mit den Pressen notwendig gewesen. Buchwissenschaftler wie Füssel haben daraus mindestens 330 Arbeitstage für die in Gutenbergs Werkstätten tätigen Mitarbeiter errechnet – in einem Jahreslauf, der angesichts der heute kaum vorstellbaren Vielzahl kirchlicher Feiertage nur rund 200 Werktage hatte. Dazu dürfte es reichlich Fehldrucke und – wovon man mit Selbstverständlichkeit ausgehen kann – Rückschläge und Probleme mit einer neuen Technik gegeben haben. Die Wissenschaftler gehen für diese Auflage von einer Produktionsdauer von etwa drei Jahren aus. Doch selbst dies war gegenüber dem bisherigen Herstellungsprozess einer Bibel eine bahnbrechende Neuerung: »In drei Jahren hatte bisher ein Schreiber eine einzige Vollbibel abgeschrieben, nun konnten in derselben Zeit 180 Exemplare hergestellt werden, etwa 40 auf Pergament und 140 auf Papier.«[7]

Die Entstehungszeit der Bibel dürfte sich über die Jahre 1452 bis 1454 erstreckt haben. In Fachkreisen wurden erste

Informationen mit großem Interesse aufgenommen, und sobald er vom Gelingen des Werkes überzeugt war, betrieb Gutenberg offenbar energisch und erfolgreich Marketing, hoffte er doch, namhafte Geistliche von seiner Vision einer Bibel, die mehr Gläubigen als zuvor zugänglich war, zu überzeugen. Der Humanist, Geistliche und spätere Papst Pius II., Enea Silvio Piccolomini, ist möglicherweise Gutenberg auf der Frankfurter Messe im Herbst 1454 begegnet und hat dabei Proben seines Werkes gesehen. Einige Monate später schrieb Piccolomini an einen spanischen Kardinal: »Über jenen zu Frankfurt gesehenen erstaunlichen Mann [*vir mirabilis*] ist mir nichts Falsches geschrieben worden. Vollständige Bibeln habe ich nicht gesehen, vielmehr einige Quinternen [*fünf zusammengelegte und bedruckte Bögen*] mit verschiedenen Büchern [*im Sinne von: Büchern/Kapiteln der Bibel*] in höchst sauberer und korrekter Schrift ausgeführt; Deine Gnaden würden sie mühelos und ohne Brille lesen können. Von mehreren Gewährsmännern erfuhr ich, dass 158 Bände fertig gestellt seien; einige versicherten sogar, es handle sich um 180. Über die Zahl bin ich nicht ganz sicher; an der Vollendung der Bände zweifle ich nicht, wenn man diesen Glauben schenken darf. Hätte ich Deinen Wunsch gekannt, hätte ich ohne Zweifel einen Band gekauft. Einige Quinternen sind zum Kaiser [*Friedrich III., in dessen Dienst Piccolomini zu jener Zeit stand*] gebracht worden. Ich werde versuchen, wenn es sich machen lässt, eine noch käufliche Bibel hierherschaffen zu lassen und sie für Dich zu bezahlen. Ich fürchte aber, es wird nicht gehen, sowohl wegen der langen Wegstrecke als weil, wie man berichtet, noch vor Vollendung der Bände es bereitstehende Käufer gegeben habe.«[8]

Diese Zeugenaussage belegt zweierlei: dass die gedruckte Bibel als etwas Sensationelles wahrgenommen wurde und auch, dass sie von Anfang an ein kommerzieller Erfolg war. Gutenberg konnte diesen indes kaum genießen. Es kam zu Rechtstreitigkeiten mit Fust, dem Gutenberg das Darlehen von 800 Gulden nicht zurückzahlen konnte. Im sogenannten Helmasperger'schen Notariatsinstrument vom 6. November 1455 sind die Streitpunkte dokumentiert; Gutenberg musste an Fust eine Werkstatt und die noch nicht ausgelieferten Bibeln abtreten. Darüber hinaus verließ ihn sein vielleicht wertvollster Mitarbeiter, der an der Sorbonne in Paris ausgebildete Peter Schöffer. Dieser wurde zunächst der Adoptivsohn, später durch Heirat mit der wesentlich jüngeren Christina Fust der Schwiegersohn des Investors. Mit seiner Werkstatt wurde Schöffer einer der angesehensten Drucker der Epoche; sein mit einem dreifarbigen Druckstock geschaffener »Mainzer Psalter« von 1457 gilt als eines der kostbarsten Druckwerke aller Zeiten.

Gutenberg gründete in seinem Elternhaus, dem Gutenberghof, eine kleinere Druckwerkstatt, wahrscheinlich mit dem Juristen Konrad Humery als Geschäftspartner. Eine Reihe von Druckerzeugnissen werden seiner Werkstatt mit unterschiedlichem Maß von Restzweifeln zugesprochen, wie das in mehreren Auflagen, darunter einer noch zu Gutenbergs Lebzeiten in Mainz (1460) gedruckten, erschienene *Catholicon*, ein lateinisches Wörterbuch, das bei der – im Sinne der Mutter Kirche – korrekten Auslegung der Bibel helfen sollte. Das Potenzial der neuen Technik jenseits der Religion belegen andere frühe und mit Gutenberg assoziierte Druckschriften wie astronomische Kalender und Laxierkalender; letztere stellten eine Form medizinischer Ratgeber dar, in denen die günstigsten Tage zum Aderlass und zur Verabreichung von Laxantien (Abführmitteln) gelistet waren.

Er lebte nicht im Überfluss, nagte aber auch nicht am Hungertuch. Sein Landesherr, Adolf von Nassau-Wiesbaden-

Idstein, ab 1461 Kurfürst und Erzbischof von Mainz, ernannte ihn im Januar 1465 zum Hofedelmann, was eine generöse Ausstattung mit Lebensmitteln (vornehmlich Korn und Wein) und einem den Status anzeigenden pelzbesetzten Mantel bedeutete. Er konnte diese Gaben nicht sehr lange genießen. Irgendwann im Februar 1468 starb Johannes Gutenberg. Ob er ahnen konnte, wie sehr er die Welt verändert hatte?

Noch in seinem, dem fünfzehnten Jahrhundert wurden fast überall in Europa (die islamische Welt widersetzte sich mehrere Jahrhunderte lang der Einführung des ein breites Lesepublikum schaffenden Buchdrucks) entstanden Druckwerkstätten. Das Netz der neuen Kunst zog sich von Valencia (1474) und Neapel (1470) im Süden bis Stockholm (1483) im Norden, von Westminster (ca. 1476) und London (1480) im Westen bis nach Krakau (1475) und Buda (1481) im Osten.[9] Vor allem im deutschen Sprachraum entstanden mehrere Dutzend Druckereien, dort ausgebildete Drucker sind in rund 50 europäischen Städten nachweisbar, wo sie zur Ausbreitung der Technik entscheidend beitrugen.[10]

Neben Büchern wurden Handschriften und Flugschriften, Pamphlete und Träger von Nachrichten gedruckt – meist Einblattdrucke mit Neuigkeiten, lange bevor sie in regelmäßigen Abständen und unter der Bezeichnung »Aviso« oder »Zeitung« bekannt wurden. Ein immer größerer Teil der Bevölkerung erlernte das Lesen, um am neuen Fluss von Informationen teilhaben zu können. Inhaltlich gingen die Druckschriften bald weit über religiöse Themen, die noch Gutenbergs Wirken dominiert hatten, hinaus. Sie wurden weltlich im Sinne von: die Welt beschreibend. So erfuhren die Menschen mit bislang nicht gekannter Unmittelbarkeit von Zügen der Pest und der Sichtung von Kometen sowie ab 1500 von den (aus europäischer Perspektive) neuen Welten im fernen Westen, jenseits des Ozeans.

Das alles bedeutet nicht, dass der Glaube und der Inhalt der Bibel in einem Diskurs, der zunehmend das Prädikat »öffentlich« verdient, ins Hintertreffen gerieten. Den Wissenshunger nach dem Antlitz der Welt, in diesem Fall nach den Ansichten der bedeutendsten Städte, zu stillen und gleichzeitig die Geschichte der Menschheit in enger Anlehnung an die Heilige Schrift, von der Schöpfung bis zum Jüngsten Gericht, zu erzählen suchte noch kurz vor Ende des Gutenberg'schen Jahrhunderts das nach der Bibel vielleicht berühmteste Druckerzeugnis, dessen Erscheinungsdatum mit einer »14« beginnt. Es war die 1493 in Nürnberg erschienen »Weltchronik« des Hartman Schedel.

Ein stetiger Begleiter des gedruckten Wortes war von Anbeginn das Bestreben der Autoritäten, seine Freiheit einzugrenzen, seine Wirkung im eigenen Sinne zu leiten. So mahnte Papst Leo X. in seiner Bulle *Inter sollicitudines* die kirchliche Oberhoheit über das gedruckte Schrifttum an: »Darum haben Wir – damit nicht das, was zum Ruhme Gottes, zur Vermehrung des Glaubens und zur Verbreitung edler Bildung sich als heilsam erwiesen hat, ins Gegenteil verkehrt werde und dem Heil der Christgläubigen Schaden verursachte – es für angezeigt halten, Unsere Aufsicht über den Druck von Büchern auszuüben, damit nicht in Zukunft Dornen mit dem guten Samen zusammen herauswachsen oder Gifte sich mit Arzneien vermischen.«[11] Gegeben zu Rom am 3. Mai 1515. Zwei Jahre später begann die Reformation, die ohne Druckschriften kaum vorstellbar ist.

2 Thomas Alva Edison hatte am Ende seines schaffensreichen Lebens mehr als eintausend Patente unter seinem Namen – seine wichtigste Erfindung dürfte die Glühbirne gewesen sein.

Energie I – Und es ward Licht

Thomas Alva Edison und Emil Rathenau

Versetzen wir uns in die Situation eines jungen Mannes, der von Gutenbergs Unternehmergeist und der Geschäftigkeit seiner Werkstatt gehört hat und davon träumt, bei ihm in die Lehre gehen zu dürfen. Also schnürt der Adlatus in spe, nennen wir ihn Cornelius, sein Bündel mit wenigen Habseligkeiten und begibt sich von seinem Heimatdorf im Hunsrück auf die Reise in die große Stadt Mainz. »Reisen« bedeutet – wie später im Kapitel »Unter Dampf« angesprochen – um die Mitte des 15. Jahrhunderts für die meisten jener Menschen, die – aus welchen Gründen auch immer – den heimischen Anger oder den Heimatort verlassen müssen: zu Fuß gehen. Ein Pferd besitzen nur die Wohlhabenden; eine Kutsche gar und vielleicht mehrere dieser Tiere, um sie zu ziehen, nur die begütertsten Adligen, die Kirchenfürsten und, vornehmlich in den Städten, einige Vertreter der auf die Gesamtbevölkerung im deutschen Sprachraum bezogen sehr dünnen Oberschicht aus prosperierenden Kaufleuten. Und einige kühne Unternehmer in dieser Phase des Frühkapitalismus – wie Gutenberg.

Das Reiseerlebnis des jungen Cornelius ist von einer Art, die sich ein Mensch des 21. Jahrhunderts, der die Strecke in seinem Auto – je nach Staulage – in dreißig oder vierzig Minuten bewältigen würde, nur mit viel Phantasie (die diese gedankliche Zeitreise anregen soll) vorstellen kann. Das betrifft nicht nur die Art der Fortbewegung. Sie ist die natürlichste, dem Menschen von Anatomie und Evolution mitgegeben. Cornelius wird das stetige Gehen nach einigen Stunden als beschwerlich empfinden, während wir durch die für die meisten von uns ungewohnte körperliche Anstrengung ein von Endorphinen vermitteltes Glücksgefühl bekommen, gesteigert durch das Bewusstsein, etwas Gesundes unternommen zu haben. Gänzlich fremd wäre uns die Landschaftswahrnehmung eines Reisenden zu Gutenbergs Zeiten. Es gibt keine Straßen im heutigen Sinne, sondern meist mehr oder weniger ausgetretene Pfade; nur im Umfeld der großen Städte sind die Wege breiter und marginal befestigt. Doch anderes auf dem Weg des jungen Mannes würden wir verklären: Die Luft beispielsweise ist frei von industriellen Schadstoffen, auch wenn sie deswegen nicht überall blumig duftet – wahrlich nicht: Unterwegs kann es an Viehweiden nach Landwirtschaft riechen; in Dörfern, durch die der Reisende kommt und erst recht in den Städten, die Cornelius bislang noch nicht erlebt hat, hingegen ist der Odor von menschlichen und vor allem tierischen Ausscheidungen drückend.

Der prägnanteste Unterschied zu unserer Zeit indes wird mit Einbruch der Dunkelheit erkennbar. Denn es wird wirklich dunkel. Nicht nur kann Cornelius das Ziel seiner Reise, die Stadt Mainz, nun nicht mehr betreten und muss bis zum nächsten Morgen warten, da die Stadttore geschlossen sind. Wenn er sich am Wegesrand zur Nachtruhe niederlegt, wird er in einer mondlosen Nacht nur mit Mühe die Silhouette der Stadt wahrnehmen. Und nur ganz selten, kaum wahrnehmbar aus der Ferne, ein einzelnes, schwaches Licht; die

Laterne eines Postens vielleicht. Der Blick nach oben offenbart Cornelius etwas, das für die Menschen in den vorindustriellen Epochen Normalität war, von uns heute in Europa indes kaum jemals in dieser Brillanz wahrgenommen werden kann. Tausende von Sternen sind am Nachthimmel mit bloßem Auge zu erkennen, vor allem in dem später »Milchstraße« genannten Band. Die Nacht hat eine ganz andere Qualität, oft bedrohlich. Und manchmal inspirierend.

Die Nacht ist gerade in einer Stadt wie Mainz eine Phase der Ruhe. Auch für Kerzen gilt, dass sie die Domäne der Wohlhabenden sind. In der einen oder anderen Bürgerstube brennt ein Talglicht oder beleuchtet das Herdfeuer schwach das engere Umfeld, ein einfacher Bauer hat meist gar keine Lichtquelle zur Verfügung. Der Tagesablauf, vor allem der Arbeitsrhythmus, wird vom Sonnenauf- und Sonnenuntergang geregelt. Die Glocken der Kirche rufen bei Einsetzen der Dunkelheit zur Vesper, zur abendlichen Gebetsstunde. Hier sehen die Gläubigen tatsächlich künstliches Licht: die Kerzen um den Altar, die mit ihrem flackernden Licht und ihrem Geruch die Spiritualität verstärken – und auch Zeugnis ablegen vom Reichtum der Kurie und vielfach auch der geistlichen Landesherren. Wie jener, die in Mainz regieren. Mit Einbruch der vollständigen Dunkelheit arbeitet kein Bauer mehr auf dem Feld, kann kein Handwerker mehr tätig sein. In nicht wenigen Städten herrscht dann eine Ausgangssperre; in Paris beispielsweise bestimmt 1380 ein Dekret, dass niemand nachts ohne triftigen Grund sein Haus verlassen darf. Ein ganz wesentlicher Grund dafür ist in mittelalterlichen Städten, in denen die Häuser eng aneinander gebaut und vielfach aus Holz sind, die Furcht vor dem Feuer, vor einem glimmenden Herd, der unbewacht geblieben ist. Das englische Wort für eine Ausgangssperre heißt *curfew* und kommt vom Altfranzösischen *cuevrefeu*, das Bedecken oder Löschen des Feuers. Dieses ist vielerorts streng reguliert und wird verschiedentlich durch das Läuten einer bestimmten Glocke angeordnet. Wie real diese Gefahr ist, erleben die Menschen in der Metropole London, wo in der Nacht des 2. September 1666 im Haus eines Bäckers in der Pudding Lane ein Feuer ausbricht, das über die nächsten vier Tage weite Teile der Innenstadt zerstört.

Fast forward zum letzten Tag des Jahres 1879, zum letzten Abend eines Jahrzehnts. Der Schauplatz ist Menlo Park im amerikanischen Bundesstaat New Jersey. Von der hektischen, stetig wachsenden, eng bevölkerten (vor allem in den von Immigranten bewohnten Vierteln) Metropole New York, in der gerade die später ikonografische Brooklyn Bridge nach den Plänen des aus Thüringen stammenden Ingenieurs John Augustus Roebling emporwächst, ist die kleine Bahnstation in einer guten halben Stunde zu erreichen. An diesem Silvesterabend halten mehr Züge hier als für gewöhnlich; die Pennsylvania Railroad Company setzt einige Sonderzüge ein. Ungeachtet des beginnenden Schneesturms sind es fast dreitausend Menschen, vielfach aufgrund ihrer vornehmen Kleidung als Angehörige der Oberschicht zu identifizieren, die sich schließlich in das an ein simples Farmhaus erinnernde Labor drängen werden oder das Geschehen von seinem Vorplatz aus beobachten. Anstatt den Abend festlich in einem Theater oder im Nobelrestaurant Delmonico's in Manhattan zu verbringen, hat es sie zum *Wizard of Menlo Park*, zu Thomas Alva Edison verschlagen, da dieser – im Umgang mit den Medien und in den PR für sich selbst durchaus begabt – Ungewöhnliches angekündigt hat. Und so werden die Besucher Zeuge eines Ereignisses, das einen denkbar undramatischen Auslöser hat: Der erst 32 Jahre alte und dennoch aufgrund zahlreicher Erfindungen (bis zu seinem Lebensende wird Edison es auf 1093 Patente bringen) weithin bekannte Edison legt mehrere Schalter um. Dann geschieht es: Die fünfundzwanzig in seinem Labor, die acht in anderen Räumen des Hauses und die zwanzig auf der Straße und in Nachbarhäusern angebrachten Glühbirnen bringen die Nacht zum Leuchten. Dem Publikum entfahren Laute des Staunens und der Bewunderung; keine Zweifel gibt es, dass sich die kurze Reise nach Menlo Park als etwas Erinnerungswürdiges gelohnt hat. Diejenigen unter den Besuchern, die einen Platz im Labor gefunden haben, drängen sich um Edison, als der wie immer eher etwas nachlässig gekleidete Mann, der wegen seiner Schwerhörigkeit manche der ihm zugeworfenen Fragen gar nicht wahrnimmt, in einfacher Sprache erklärt, wie ein zwei Zentimeter langer, hufeisenförmiger Faden aus verkohlter Pappe in einer birnenförmigen Vakuumlampe stundenlang leuchten kann, wenn elektrischer Strom durch ihn fließt. Dem staunenden Publikum fällt auch auf, dass die Glühbirnen nicht wie Gaslampen flackern und ein weicheres Licht ausstrahlen als die in manchen Städten zu findenden grellen elektrischen Bogenlampen. Der Reporter des *New York Herald* beobachtet fasziniert: »Ein anderer Test bestand darin, den elektrischen Strom mit großer Schnelligkeit an- und auszuschalten; so oft, wie man errechnet hatte, dass in einem richtigen Haus die Beleuchtung über einen Zeitraum von dreißig Jahren an- und ausgeschaltet werden würde. Es kam zu keinem Schwanken in der Helligkeit, der Stabilität und der Haltbarkeit der Glühbirne.«[1]

Wie bei vielen technischen, letztlich unsere Zivilisation prägenden Fortschritten (und dies gilt im Prinzip für alle in diesem Buch porträtierten Innovationen) war auch die Glühbirne, war das elektrische Licht nicht die Erfindung einer einzelnen Person. Die Glühbirne, heute in jedem Haushalt allgegenwärtig, hat zahlreiche geistige Väter; der

Technikhistoriker mit dem thematisch passenden Namen Arthur A. Bright listet rund zwei Dutzend Wegbereiter und Ko-Innovatoren vor dem Zauberer von Menlo Park auf.[2] Thomas Alva Edison indes verhalf »seiner« Glühbirne als einer der wichtigsten Instrumente moderner Beleuchtungstechnik zum Durchbruch – durch nicht nachlassendes Streben nach Verbesserungen, durch kühnes Vordringen in neues Territorium (im nächsten Jahr begann er mit der Elektrifizierung eines zunächst kleinen Stadtteils in Manhattan im Umfeld eines neu eingerichteten Edison-Labors), durch Unternehmergeist und die manchmal frustrierende, manchmal erfolgreiche Suche nach Investoren sowie durch einen publikumswirksamen Kampf gegen Konkurrenten und konkurrierende Ideen (Cineasten wird der 2017 produzierte Spielfilm *The Current War*, deutscher Titel *Edison – Ein Leben voller Licht*, mit Benedict Cumberbatch als Thomas A. Edison in den Sinn kommen). Edisons Erfolg beruhte auch darauf, dass er nach Einschätzung eines modernen Autors die Innovationsfreude mit strukturellen Konzepten verband, welche in die Zukunft wiesen: »Menlo Park markiert den Beginn einer Organisationsform, die im zwanzigsten Jahrhundert vorherrschend werden wird: das die Grenzen der Disziplinen überbrückende Forschungs- und Entwicklungslabor. Edison hat nicht einfach eine Technologie erfunden; er erfand ein System für Erfindungen.«[3] Ihm gelang es, ein Team von kompetenten und sich oft dem Meister und seinen manchmal prekären Finanzen unterordnenden Mitarbeitern zusammenzustellen, die wie die Tüftler des späteren Computerzeitalters um Bill Gates und Steven Jobs bis zur Erschöpfung zu arbeiten bereit waren und den Gedanken an weltlichen Lohn hintan stellten – zumindest zeitweise. Den Physiker und Mathematiker Francis Upton beispielsweise konnte Edison überreden, auf den ihm zustehenden Jahreslohn von 400 Dollar zu verzichten und dafür mit fünf Prozent der Aktien der neugegründeten Edison Electric Light Company zufrieden zu sein. Es war ein weiser Entschluss Uptons (und gegen den Rat seines Vaters): Nach einem Jahr war sein Aktienpaket 10 000 Dollar wert, fast eine Million in heutiger Kaufkraft. Nicht zuletzt schrieb Edison seine Erfolgsgeschichte auch dank seiner hohen medialen Präsenz, bei der er gelegentlich etwas nachhalf (einem Journalisten gab er Aktien seiner Firma als Gegenleistung für geneigte Berichterstattung) und damit dem hohen Bekanntheitsgrad seines Namens. Edison – das klang nach Fortschritt und einem stetigen Anstieg der Lebensqualität für viele.

Die Erfindung der Glühbirne, durch Edison und alle anderen, ist indes mehr als nur ein Stück neuer Technik. Sie wurde zu einem Sprachen, Grenzen und Kulturen überschreitenden Symbol für menschliche Geisteskraft und Intelligenz. Auf wohl jedem Smartphone auf der Welt findet sie sich unter den Emojis und stellt in Textnachrichten, Postings in sozialen Medien oder Emails den Geistesblitz, das Aufleuchten kreativer Intelligenz dar. Sie hat sich auch im Umgangssprachlichen nachdrücklich etabliert. »Ein Licht aufgehen« ist im Deutschen das sprichwörtliche Gegenteil von »Im Dunklen tappen …«

Letzteres war in allen Dörfern und Städten bis in die Neuzeit hinein Realität, auch im eigenen Heim. So sauber dieses auch gehalten wurde – in seinem Inneren herrschte eine nur selten unterbrochene Dunkelheit. In Johannes Vermeers »Straße in Delft« von (geschätzt) 1658 bis 1660 treten beide zusammen auf: Das für die prosperierenden Generalstaaten in seinen urbanen Zentren so charakteristische Streben nach Ordnung und Sauberkeit, personifiziert durch die offensichtlich mit der Wäsche beschäftigte weibliche Person im

Innenhof, und die Dunkelheit in den wohlgeordneten Zimmern und Häusern des Bürgertums: Eine Frau, vielleicht die Hausherrin, hat sich in die Türöffnung gesetzt, um ihre Handarbeiten zu verrichten; das Hausinnere hinter ihr ist für diese Tätigkeit zu dunkel und das am helllichten, teilweise sogar sonnigen Tag.

Eine andere bürgerlich-wohlsituierte Persönlichkeit, die für die Nachwelt Zeugnis von der kaum überwindbaren alltäglichen, vor allem aber allnächtlichen Dunkelheit ablegte, war der Schriftsteller James Boswell, der mehr als einhundert Jahre nach Vermeer mitten in der Metropole eines Empire, in London, in den eigenen vier Wänden an die Widrigkeiten der Nacht erinnert wurde: »Gegen zwei Uhr morgens löschte ich versehentlich meine Kerze aus, und da mein Feuer [im Kamin] schon lange vorher schwarz und kalt war, war ich in einem großen Dilemma, wie ich vorgehen sollte. Unten angekommen, ging ich leise und lautlos in die Küche. Aber leider gab es dort so wenig Feuer wie in den eisigen Bergen Grönlands. Bei einer Zunderbüchse wird jeden Morgen ein Licht angezündet, um das Feuer zu entfachen, das in der Nacht gelöscht wird. Aber diese Zunderbüchse konnte ich nicht sehen und wusste auch nicht, wo sie zu finden war. Ich hatte nun eine düstere Vorstellung von den Schrecken der Nacht … Ich ging hinauf in mein Zimmer und saß still da, bis ich den Wächter ›nach drei Uhr‹ rufen hörte. Dann rief ich ihm zu, er solle an die Tür des Hauses klopfen, in dem ich wohnte. Er tat es, und ich öffnete ihm und ließ meine Kerze ohne Gefahr wieder anzünden.«[4]

Leicht vorstellbar, dass Orientierung und Fortbewegung auf den Straßen einer frühneuzeitlichen Stadt noch schwieriger war als im trauten Heim. Die Straßen zu beleuchten, war mit den zur Verfügung stehenden Mitteln nicht nur schwierig. Es war obrigkeitlicherseits auch nicht erwünscht, wie im bekannt klerikalen Köln, wo man davon ausging, dass »wenn die Furcht vor der Dunkelheit nachlässt, Trunksucht und Wollust« herrschen würden. Ein nicht ganz unwichtiger Gesichtspunkt: die Lichterpracht in den Kirchen würde einen Teil ihrer Faszination einbüßen.[5]

In einigen der großen Städte Europas begann man, der Dunkelheit zu begegnen und setzte den Keim für eine Entwicklung, die zu einem Kennzeichen von Urbanität wurde: das Nachtleben. Nicht länger war mit Sonnenuntergang Totenstille in eine Stadt eingezogen; ein soziales Leben wurde möglich oder zumindest erleichtert, nicht nur mit der Option des gegenseitigen Besuchens, sondern auch mit dem Erblühen eines Kultur- und Gastronomiebetriebes. Die Theater und die Opernhäuser wurden für ein größeres Publikum erreichbar, Tavernen und Kaffeehäuser konnten weit nach Einbruch der Dunkelheit besucht werden. Die in früheren Epochen vereinzelt ausprobierten brennenden Pechpfannen und die metallenen Fackelkörbe machten Laternen Platz. Neben Kerzen, die weithin als zu teuer eingeschätzt wurden, beherbergten sie vornehmlich Öllampen. In Paris, weithin als Stadt des Lichts gerühmt, wurde eine solche Straßenbeleuchtung ab 1667 eingeführt; Berlin – als Hauptstadt des Kurfürstentums Brandenburg politisch wie kulturell einige Nummern kleiner als die Metropole an der Seine – folgte nur zwölf Jahre später und forderte in einem Beleuchtungsplan eine Laterne an oder vor jedem dritten Haus. Auch Leipzig plante mit dem anbrechenden Zeitalter der Aufklärung – im Englischen vielsagend *Enlightenment* – großzügig und verordnete sich 1702 die Installation von 750 Öllaternen im öffentlichen Raum.[6]

In Paris sollten die Laternen eine besondere Bedeutung bekommen. Mit dem Anstieg des vorrevolutionären Fiebers in der zum Bastillesturm hinführenden Agitation gegen das siechende Ancien Régime wurden die Lichtquellen von Radikalen und Randalierern gern zertrümmert. Es war sinnbildlich für eine Restitution der Dunkelheit, in deren Schutz sich die Opposition, dem Zugriff durch stetig blinder werdende Staatsorgane entzogen, formieren und auf den großen Tag hinarbeiten konnte. Als dieser, der 14. Juli *mille sept cent quatre-vingt-neuf*, gekommen war und die Revolution sich in schnell steigender Intensität an der eigenen Macht, dann auch am eigenen Blutrausch begeisterte, wurde aus der Laterne ein Ort der spontanen, durch kein Gericht sanktionierten Hinrichtung. »Das Verbum ›lanterner‹ machte im Sommer 1789 einen Bedeutungswandel durch«, betont der renommierte Historiker Wolfgang Schivelbusch. »Das Wort hatte ursprünglich die Bedeutung von ›nichts tun‹ oder ›seine Zeit vergeuden‹. Zu Beginn der Revolution bedeutete es ›einen Mann an einer Laterne aufhängen‹.«[7] *À la lanterne!* wurde zum Schrecken einflößenden Schlachtruf revolutionärer Lynchjustiz.

Hemmungsloses Töten, in einer viel größeren Dimension, als es die Sansculotten oder Jakobiner während der Französischen Revolution vermochten, ist eng und unwiderruflich mit den Öllampen assoziiert, die ab dem 18. Jahrhundert eine steigende Zahl von Innenstädten und von Haushalten beleuchteten. Die Gewinnung ihres Brennmittels markiert eines der großen ökologischen Menschheitsverbrechen, eine rücksichtslose Vergewaltigung der – welchen Terminus man bevorzugen mag – Natur oder der Schöpfung. Denn das Öl kam nicht aus der Erde, noch nicht, sondern für seine Gewinnung wurden intelligente Lebewesen zu Hunderttausenden, bis an die Grenze zur Ausrottung abgeschlachtet. Es war Walöl, das die Stuben und die Gassen beleuchtete. Die Walfänger segelten über alle Weltmeere, um die Giganten zu erlegen und meist noch an Bord zu zergliedern und in die jeweiligen Endprodukte zu verarbeiten. Am begehrtesten waren die Pottwale, die größten Zahnwale. Der Schädel dieser Tiere enthält nicht nur das größte Gehirn aller heute lebenden und aller ausgestorbenen Lebewesen, sondern auch eine Substanz, die nach dem englischen Namen *sperm whale* »Spermaceti« benannt ist, zu Deutsch: »Walrat«. Sehr nüchtern, fast möchte man es ungerührt »Lieferantenschicksal« nennen, konstatiert Wikipedia: »Sticht man einem lebendigen bzw. noch warmen Pottwal in den Vorderkopf, fließt Spermaceti aus der Wunde.«[8] Wievielen noch lebenden Pottwalen und, in vergeblicher Suche nach dem besonders edlen Spermaceti, auch anderen Walen in den Kopf gestochen wurde, entzieht sich jeder Vorstellung. Der Lohn für die Qualen und das Sterben der Tiere war die Freude des begüterten Kunden, vor allem jener, die dank des gleichmäßigen Lichtes die Gazetten und die Schriften der Philosophen lesen konnten wie Benjamin Franklin, der aus Spermaceti hergestellte Kerzen genoss, da sie »ein klares weißes Licht geben; sie können in der Hand gehalten werden, selbst bei heißem Wetter, ohne weich zu werden. Tropfen sie einmal, machen sie keine Fettflecken wie andere Kerzen, sie halten viel länger und es bedarf kaum eines Beschneidens des Dochtes.«[9]

Solche Lichtqualität hatte ihren Preis. George Washington, *Gentleman Farmer* und erster Präsident der USA, schätzte die jährlichen Kosten für Spermaceti-Kerzen für sein Anwesen Mount Vernon auf einen Betrag, der etwa 15 000 Dollar in heutiger Währung entsprechen würde. Um die Mitte des 19. Jahrhunderts verfügte seine Nation vor allem in den Häfen Neu-Englands, wo klassische Walfangstädte wie New Bedford entstanden waren, über eine Flotte von rund 700 Walfangschiffen – eine Zahl, die eine Vorstellung vom alljährlichen Massaker auf den Weltmeeren vermittelt. Es ist eine der großen Ironien der ökologischen Geschichte unseres Planeten und seiner anthropogenen, vom Menschen erzeugten Veränderungen, dass es ein heute wegen seiner Rolle beim Klimawandel in manchen Kreisen recht übel beleumundeter Stoff war, der das Interesse an Walöl sinken ließ, was wohl letztlich die Tiere vor der Ausrottung rettete. Dieser aus Sicht der Wale ein Geschenk des Himmels – präziser: den Hinterlassenschaften einer fernen Epoche der Geschichte des Planeten – darstellende Stoff war das ab 1859 in Pennsylvania geförderte Erdöl. Das aus ihm gewonnene Petroleum (*kerosene* in Englisch) verdrängte das Walöl; andere »Produkte« der Tiere blieben noch viele Jahre auf dem Markt, so dass ihr Überleben bis in die Gegenwart kaum gesichert war.

Fossilen Ursprungs wie das Erdöl ist auch der Energieträger, der ab dem frühen 19. Jahrhundert die Städte zunehmend erstrahlen ließ. Das beim Umwandeln von Steinkohle, dem Treibstoff der industriellen Revolution, in Koks anfallende Gas konnte als »Leuchtgas« Verwendung finden. Dementsprechend wurde es in der führenden industrialisierten beziehungsweise sich industrialisierenden Nation, in England, bald als Lichtquelle eingesetzt und dies in großem Maße im Herzen des Empire. Entlang der wichtigen Verkehrsachse Londons, Pall Mall, wurden 1807 die ersten der bald in jeder nennenswerten europäischen Stadt zu findenden Gaslaternen installiert; zwölf Jahre später verzeichnete die Metropole bereits Gasleitungen von zusammengerechnet fast 500 Kilometer Länge. Hannover war die erste deutsche Stadt, die ab 1825 ihre Bürgerinnen und Bürger mit flackerndem Gaslicht auf ihren wichtigsten Straßen erfreute; binnen weniger Jahre folgten praktisch alle größeren und bald auch kleineren Städte. Widerstand gab es zunächst – wie bei früheren Versuchen einer bescheidenen Beleuchtung – seitens der katholischen Kirche, deren Standpunkt die *Kölnische Zeitung* am 28. März 1819 und damit geradezu prophylaktisch, Jahre bevor die ersten Gaslaternen die Gassen um Dom und Groß Sankt Martin zu erleuchten begannen, vertrat: »Jede Straßenbeleuchtung ist verwerflich, aus theologischen Gründen: weil sie als Eingriff in die Ordnung Gottes erscheint. Aus medizinischen Gründen: die Oel- und Gasausdünstung wirkt nachteilig auf die Gesundheit schwachleibiger oder zartherziger Personen, und legt auch dadurch zu vielen Krankheiten den Stoff, indem sie den Leuten das nächtliche Verweilen auf den Straßen leichter und bequemer macht, und ihnen Schnupfen, Husten und Erkältung auf den Hals zieht. Aus philosophisch-moralischen Gründen: die Sittlichkeit wird durch Gassenbeleuchtung verschlimmert. Die künstliche Helle verscheucht in den Gemüthern das Grauen vor der Finsternis, das die Schwachen von mancher Sünde abhält. Diese Helle macht den Trinker sicher, daß er in Zechstuben bis in die Nacht hinein schwelgt, und sie verkuppelt verliebte Paare.«[10]

Die Bedenken waren nicht gänzlich abwegig. In zahlreichen Städten erblühte im Dunstkreis der Gaslaternen die Prostitution; es gibt kaum eine Verfilmung der gruseligen Ereignisse im London des Jahres 1888, welche mit dem Namen Jack the Ripper verbunden sind, in der nicht Gaslicht die Mordtaten und das Milieu der fünf Opfer kärglich illuminiert. Berechtigter noch war die Sorge um die Gesundheit, wenngleich aus anderen Gründen als der möglichen sich nächtens zugezogenen Erkältung. Das Gas, das um die Mitte des 19. Jahrhunderts über Leitungen auch in die Wohnungen der Begüterten strömte, war alles andere als rein und enthielt zahlreiche Schadstoffe. In dem aus Kohle hergestellten Gas lagen unter anderem Methan, Schwefel – was zum vielerorts für die Gasversorgung charakteristischen

Gestank führte – und Kohlenmonoxid vor. Letzteres konnte zu Vergiftungen und zu Todesfällen führen. Das klassische Bild der in Ohnmacht fallenden Dame der Epoche dürfte häufiger auf einen gasbeleuchtungsbedingten Mangel an Sauerstoff als auf ein zu enges Korsett zurückzuführen gewesen sein. Zu welchen Kapriolen – um nicht zu sagen: Lügen – Konzerne und ihre Lenker in der Lage sind, wenn es um den Umsatz geht, zeigte der Gründer des im viktorianischem Zeitalter größten Gasunternehmens der Welt, Albert Windsor, der über das Produkt seiner Gas Light and Coke Company sich zu behaupten erdreistete, dass ein gasgefüllter Raum bei Betreten mit einer Kerze »niemals in Brand geraten werde, da es mit der Luft in diesem Raum vermischt ist«, und außerdem sei das Gas »wohltätiger für unsere Lungen als die Luft, die wir zum Atmen brauchen.«[11]

Eine ganz andere Gefahr lauerte indes im Leuchtgas, die evidenter wurde, je mehr Gasanstalten und Gasometer zum Bild größerer Städte zu gehören begannen, wie sie in manchen von ihnen, oft funktionell umgestaltet – zum Beispiel zu Eventhallen wie in Wien –, noch heute gehören. Poröse oder schlecht verlegte Gasleitungen führten zu Leckagen mit beträchtlicher Explosionsgefahr und Gesundheitsbelastung. Recht blumig, aber nicht unzutreffend versetzt ein moderner Autor die Leserschaft in das fragwürdige Ambiente der gasgeschwängerten Großstadt Wien und ihrer wohl publikumswirksamsten Kulturstätten: »So sprenkelten Großbrände die Topografie der Städte, mischten sich tote Platanen entlang der Prachtstraßen unter die kränkelnden. Debütantinnen schwanden bei diversen Hofbällen die Sinne, was man deren Aufregung zuschrieb, bis auch Routiniers auf dem Parkett plötzlich wankten und die Fenster aufrissen. Und in den Theatern flackerten unzählige Flammen. Es roch nach Staub, aufgewirbelt von heißer Luft, es roch nach schwitzenden Menschen. Mancher Herr öffnete unauffällig den Kragenknopf. Manche Dame tupfte sich schmelzende Schminke von der Stirn. Hunderte Menschen konsumierten Sauerstoff, Hunderte Gasbrenner auch.«[12]

Im Theater konnte weit Schlimmeres passieren als den Perspirationsgeruch der Sitznachbarn inhalieren zu müssen. Theaterbrände gehörten – zusammen mit Schiffsuntergängen und Eisenbahnunfällen – zu den großen schlagzeilenträchtigen Katastrophen des 19. Jahrhunderts. Am 28. Februar 1847 setzte eine von einem Bediensteten des Großherzoglichen Hoftheaters in Karlsruhe unachtsam entzündete Gasleuchte eine Draperie in Brand. Binnen kurzem stand das ganze Gebäude in Flammen. Drei von vier Ausgängen waren versperrt; hätte nicht ein junger Mann jüdischer Abstammung namens Moritz Reutlinger mit aller Kraft einen dieser Ausgänge aufgebrochen und mehr als drei Dutzend eingesperrter Besucher damit das Leben gerettet, wäre die Zahl der Todesopfer höher gewesen als die berichteten 63 oder 65 Toten.

Das Jahr 1881 sollte die schrecklichsten Mahnungen vor der Nutzung von Gaslicht in Räumlichkeiten, in denen sich Hunderte bis Tausende Menschen drängten, bereithalten. Im Stadttheater von Nizza war eine defekte Gasleitung von zwei Arbeitern nur notdürftig geflickt oder, besser gesagt, übertüncht worden. Als am Abend des 23. März *Lucia di Lammermoor*, eine Oper von Gaetano Donizetti, gegeben wurde, führte das Gasleck an einer der beschädigten Leitungen kurz vor Beginn der Aufführung zu einer verheerenden Explosion. Das Theater brannte binnen kurzem nieder; die Zahl der Toten wird auf 150 bis 200 geschätzt. Noch schlimmer kam es am 8. Dezember 1881 im mit rund 1800 Besuchern angefüllten Wiener Ringtheater, wo zu Beginn der Vorstellung – Jacques Offenbachs *Hoffmanns Erzählungen* –

eine Gasexplosion hinter der Bühne ein Feuer startete, das nach schwankenden Angaben zwischen 380 und 450 Tote, nach einer extremen Schätzung gar bis zu eintausend Opfer forderte. Wie so oft bei Brandkatastrophen – nicht nur in der Geschichte, sondern bis in die Gegenwart – waren Ausgänge blockiert oder nicht erreichbar und Rettungsmechanismen nicht in Kraft. So soll die Notbeleuchtung, bestehend aus Öllampen, nicht gebrannt haben, da man hier angeblich sparen wollte. Glück hatte der in unmittelbarer Nachbarschaft wohnende Komponist Anton Bruckner. Er hatte eine Karte für die Vorstellung, war aber wegen Unwohlsein zu Hause geblieben.

Die geheimnisvolle Naturkraft der Elektrizität wurde ab dem frühen 19. Jahrhundert zunehmend besser verstanden, vor allem aufgrund von Forschungen durch Humphrey Davy und Michael Faraday in England, dessen zahlreiche Experimente und Publikationen in den 1830er Jahren die Grundlage für ihre Anwendung und schließlich für das Entstehen einer Elektroindustrie waren. Die erste wirklich weitreichende Anwendung der Elektrizität war die elektrische Telegrafie. Es war dieses Metier, in dem der 1847 in bescheidenen Familienverhältnissen in dem kleinen Ort Milan im Bundesstaat Ohio geborene Thomas Alva Edison zu Beginn seiner langen und fruchtbaren Karriere als Innovator reüssierte. Eine formale Schulbildung wurde ihm nur für einige Monate zuteil, wobei seine Hörbehinderung eine Rolle gespielt haben dürfte. Einiges dürfte ihm seine Mutter, eine Lehrerin, vermittelt haben. Vor allem aber war er Autodidakt, las sich durch Dutzende von Büchern, soweit es ihm die verschiedenen Jobs, die er schon als Teenager hatte, erlaubten; später eignete er sich technisches Wissen besonders durch die Lektüre von Fachzeitschriften für Ingenieure und Wissenschaftler an.

Mit einer enormen Auffassungsgabe arbeitete er sich in die Telegrafentechnik ein; während der 1860er Jahre hatte er eine Reihe von manchmal schnell wechselnden Anstellungen als Telegrafist in verschiedenen Städten der USA. Bald begann sein Reigen von Erfindungen und Verbesserungen, die für sein Lebenswerk so charakteristisch waren. Er entwickelte eine Duplex-Technik, mit der zwei Meldungen gleichzeitig über die Telegrafendrähte gesandt werden konnten. Zusammen mit einem Partner erfand er einen Drucktelegrafen, mit dem Wirtschaftsnachrichten übertragen werden konnten; es war der Vorläufer des über viele Jahrzehnte bis zur Digitalisierung das Treiben an den Börsen symbolisierenden Tickers.

Zunächst betrieb Edison, in der Fachwelt der Telegrafentechnik aufgrund weiterer Erfindungen inzwischen ein bekannter Name und – vorübergehend – auch mit Finanzmitteln ausgestattet, die ihn weiter in seine Werkstätten investieren ließen, ein eigenes Labor in Newark. 1876 baute er sich den nachmals berühmten Komplex in Menlo Park auf und zog Mitarbeiter an, die sowohl handwerklich geschickt waren als auch seinen Enthusiasmus für das Streben nach Neuerungen teilten. Eine solche war der Phonograph, den Edison 1877 erfand und der ihn berühmt machte. Erstmals gelang damit die Aufnahme einer menschlichen Stimme durch Aufnahme und Wiedergabe über eine Tonwalze. Es war die Stimme des Thomas A. Edison, der das Kinderlied *Mary had a little lamb* intonierte. Für eine derartige Sprechmaschine setzte sich später der Begriff »Grammophon« durch; Edisons Walze aus dünnem Stanniol stand somit am Anfang des Weges zum Schallplattenspieler.

Edisons großes Ziel war es indes, eine zuverlässige und sichere künstliche Beleuchtung zu etablieren. Eine Variante elektrischen Lichtes gab es bereits in einigen Städten: die

Bogenlampe, von der beispielsweise Berlin im Jahr 1882 insgesamt sechsunddreißig Stück aufstellen ließ. Ihr Licht indes war grell und wurde vielfach als unangenehm empfunden. Schlimmer noch war die Gefahr, welche die über nicht immer optimal aufgestellte Masten verlaufenden Stromleitungen darstellten. Wiederholt kam es angesichts der in ihnen verlaufenden bis zu 3.500 Volt zu tödlichen Unfällen, von den Zeitungen als *death by wire* bezeichnet, die Edison in seinem Plan bestärkten, die Leitungen für seine Vision einer Stadtbeleuchtung in die Erde zu versenken. Mit seinem Team entwickelte er Hunderte von Glühbirnen und testete die unterschiedlichsten Materialien. Platindraht schien zu Hoffnungen zu berechtigen, doch war Edison klar, dass das Edelmetall viel zu teuer war, um es für eine Serienproduktion nutzen zu können. Schließlich wurden die Ergebnisse mit Kohlefäden immer ermutigender. Edisons bevorzugte Grundsubstanz für die Karbonisierung war lange Zeit Bambus, so dass er gar einen Mitarbeiter auf die lange Reise nach China schickte, um die ideale Sorte Bambus dort in großer Quantität zu erwerben.

Der große Durchbruch soll sich – auch hier mag eine gewisse legendenhafte Verklärung mit im Spiel gewesen sein – am 21. Oktober 1879 zugetragen haben. Ein Kohlefaden in einem auf dem damaligen Stand der Technik optimalen Vakuum in dem Dünnglasbehältnis soll 40 Stunden lang das Labor in Menlo Park beleuchtet haben; versorgt mit Strom aus einem Dynamo, den Edison natürlich selbst entworfen hatte. Andere Berichte sprachen von dreizehneinhalb Stunden, was nach unzähligen Versuchen mit einem Ausbrennen nach Minuten oder gar nach Sekunden bereits ein beträchtlicher Erfolg war. Der 21. Oktober gilt heute informell in den USA als Edison Day. Seine publikumswirksame Demonstration am Silvesterabend des gleichen Jahres trug in beträchtlichem Maße dazu bei, die Glühbirne nach Edisons Konzept als die dominante Form der künstlichen, der elektrischen Beleuchtung im öffentlichen Bewusstsein zu etablieren.

Unabhängig von der Leuchtdauer an jenem oder irgendeinem anderen Tag: Die auf den ersten Blick so unscheinbare Glühbirne und mit ihr der Siegeszug des elektrischen Lichts stehen für eine epochale Wegmarke im Gang der Menschheit. Zum ersten Mal waren Licht und Feuer voneinander getrennt. Das eine zu nutzen und zu genießen, war nicht mehr länger mit der Gefahr durch das andere verbunden. Elektrisches Licht konnte sorglos in Wohnungen und Häusern leuchten; auch wenn die Bewohner nicht anwesend waren, auch – im Gegensatz zur Gas- oder Ölflamme – im Beisein von gerade einmal nicht beaufsichtigten Kindern. Auch die Wirtschaft profitierte enorm. Mit einer zuverlässigen und preisgünstigen Lichtquelle musste keine Maschine in den Industrienationen mehr stillstehen, sobald die natürliche Dunkelheit Einzug gehalten hatte. Zur Freude der Industrie und der Aktionäre konnten die Arbeitskräfte nun rund um die Uhr an jedem Tag der Woche, *twenty-four seven*, eingesetzt werden.

So brillant Edison war, in der Elektrifizierung und Beleuchtung der Städte verfolgte er nicht den wirklich erfolgversprechenden Weg. Er fing natürlich in New York an. Durch Sponsoren wie vor allem John Pierpont Morgan finanziell gut ausgestattet, mit dessen Unterstützung er 1878 die Edison Electric Light Company gegründet hatte, konnte Edison einen ganzen Häuserblock in Manhattan für 65 000 Dollar erwerben und hier seine Pearl Street Station errichten. In dem Gebäude lieferten die durch eine mit Kohle betriebene Dampfmaschine arbeitenden Edison-Dynamos Strom für die Beleuchtung der Umgebung – allerdings nur über eine Distanz von weniger als einem Kilometer. Der von Edison favorisierte Gleichstrom ließ sich nicht über größere Distanzen transportieren.

Ein anderer Weg der Stromversorgung schwebte einem kurzzeitigen Mitarbeiter Edisons vor. Im Juni 1884 trat ein junger serbischstämmiger Ingenieur namens Nikola Tesla nur zwei Tage nach seiner Ankunft in den USA eine Stelle bei Edison an. Die Zusammenarbeit dauerte nur ein halbes Jahr. Tesla scheint einen Manager in Edisons Firma bei seiner Anwerbung völlig missverstanden zu haben; der noch nicht perfekt Englisch sprechende Einwanderer wollte eine Prämie von fünfzigtausend Dollar (damals eine für jeden Angestellten völlig irreale Summe; es war das Jahresgehalt des amerikanischen Präsidenten) für die Bewältigung bestimmter Aufgaben ausgelobt verstanden haben. Als Tesla bei Edison in Zusammenhang mit dem – ebenfalls nicht erfüllten – Wunsch einer Gehaltserhöhung von 18 Dollar auf 25 Dollar pro Woche an jene Bemerkung erinnerte, beschied Edison ihn lachend, dass er offenbar den amerikanischen Humor nicht verstehe.

Tesla kündigte und suchte sich für die Realisierung seiner Vision von elektrischem Licht und Stromversorgung andere Förderer. Der brillante junge Mann sah im Wechselstrom die Zukunft – im heutigen Sprachgebrauch Zweiphasenwechselstrom genannt, im Englischen als *alternating current* bezeichnet und »AC« abgekürzt in Unterscheidung zu dem von Edison bevorzugten *direct current* oder DC, dem Gleichstrom. Die Wechselspannung erwies sich in den folgenden Jahren schnell, wie Tesla erwartet hatte, als praktikabler: Der Strom konnte einfacher, ohne größere Verluste und mit geringerem Materialeinsatz, vor allem von Kupfer, über längere Strecken transportiert werden. Letzteres wurde vor allem durch die Erfindung des Transformators durch den französischen Ingenieur Lucien Gaulard und seinen britischen Kollegen John Dixon Gibbs im Jahr 1881 möglich. Edison lehnte die Wechselspannung rigoros als zu gefährlich ab.

Nach mehreren Zwischenstationen fand Tesla in dem Industriellen George Westinghouse einen kongenialen Partner. Sie bauten ein tragfähiges Netz zur Stromversorgung auf, das die Energie über weitere Strecken transportieren konnte. Der Weg war gepflastert mit juristischen Auseinandersetzungen mit Edison und seiner Firma Edison General Electric Company, aus der schließlich der Industriegigant General Electric hervorging. Edison wurde nicht müde, die Gefährlichkeit des Wechselstroms und vor allem von überirdisch verlegten Stromleitungen zu propagieren. Der Große Blizzard von 1888, bei dem bis zu 15 Meter Schnee über den Nordosten der USA kamen und das öffentliche Leben in New York für Tage lahmgelegt wurde, schien ihn zu bestätigen, auch wenn unklar bleibt, ob wirklich Personen durch die aus ihren Masten gerissenen Strom- und Telegrafenleitungen zu Tode kamen. Mit einem gesicherten gewaltsamen Ableben – dem ersten von vielen – vermochte Edison die stärkere Stromtechnik allerdings vorübergehend zu assoziieren: Als erstmals im Staat New York ein Straftäter mit dem elektrischen Stuhl hingerichtet wurde, schlug Edison vor, die Tötungsart als *westinghousing* zu bezeichnen. Letztlich indes setzte sich das System seiner Rivalen durch.

In einem ganz anderen Punkt wies Westinghouse ebenfalls in die Zukunft: der Gewinnung von damals noch nicht als solcher bezeichneter sauberer Energie. Die Innovationen bei der elektrischen Beleuchtung nahmen einen zentralen Platz in der Ersten Internationalen Elektrizitätsausstellung ein, die in Paris vom August bis November 1881 stattfand. Es war ein Triumph für Edison, der schon seit längerem eine Dependance seiner Firma in Paris unterhielt, und für einige andere wie Werner von Siemens, dessen durch eine Oberleitung angetriebene Straßenbahn Besucher über das Gelände fuhr. Auch Alexander Graham Bell konnte sich der positiven Resonanz für sein Telefon erfreuen. Der große Schriftsteller Victor Hugo hatte mit Ende der großen Pariser Exposition eine Vision für die Zukunft, die aus heutiger Sicht und angesichts der modernen Einschätzung der damals zur Stromgewinnung benutzten Kohle geradezu prophetisch anmutet: »Der Tag ist nahe, an dem die Erdoberfläche so eingerichtet sein wird, dass sie Sonnenwärme speichert. Nun, was ist Wärme? Es ist Licht, es ist Bewegung. In Strom umgewandelt, verteilt sich die Wärme überall, beleuchtet nachts die öffentlichen Straßen, bringt die Maschinen zum Drehen, zieht die Lokomotiven. Haben wir ausgerechnet, was wir aus der Heizkraft der Sonne schöpfen könnten? Die schreckliche Kohle, für deren Gewinnung so viele unglückliche Menschen ihr Leben in unterirdischen Kerkern verbringen, bleibt dort, wo sie ist.«[13] Vierzehn Jahre später nutzte Westinghouse die natürliche und schadstofffreie Kraft eines der großen Naturwunder der USA zur Stromgewinnung: 1895 nahm sein Wasserkraftwerk an den Niagara-Fällen seinen Betrieb auf.

Edison, der in den ihm nach Erfindung der Glühbirne verbleibenden fünf Jahrzehnten zahllose weitere Erfindungen hervorbrachte, hatte mit seiner Glühbirne auf der Pariser Ausstellung von 1881 einen Besucher aus Deutschland inspiriert. Es war der aus Berlin stammende Unternehmer Emil Rathenau. Noch viele Jahre später erinnerte sich Rathenau an die Begeisterung, die ihn bei seinem Besuch der Exposition erfasste – auch deshalb, weil Edison ein komplettes System erschaffen hatte, das nur auf eine Realisierung auch in Europa wartete: »Edisons Beleuchtungssystem war bis in die Einzelheiten so genial erdacht und sachkundig durchgearbeitet, daß man meinte, es sei in unzähligen Städten jahrzehntelang erprobt gewesen. Weder Fassungen, Umschalter, Schmelzsicherungen, Lampenträger noch andere zur Installation gehörige Gegenstände fehlten, und die Stromerzeugung, die Regulierung, die Leitungen mit ihren Abzweigen, Hausanschlüssen, Elektrizitätsmessern usw. waren mit staunenswertem Verständnis und unvergleichlichem Genie durchgebildet.«[14] Der 1838 in eine wohlhabende jüdische Familie geborene Rathenau (der Künstler Max Liebermann war sein Cousin) hatte in jungen Jahren eine Maschinenfabrik gegründet und auf die Energieform der Industrialisierung schlechthin gesetzt: aus Kohle gewonnener Dampf. Dann suchte er nach einer Inspiration für neue Unternehmungen. In die USA zur Jahrhundertfeier 1876 und der damit verbundenen Weltausstellung in der Gründungshauptstadt Philadelphia gereist, war er von der Innovationsfreudigkeit der Amerikaner ebenso beeindruckt wie von den im Vergleich zum schon damals überregulierten Deutschland niedrigen bürokratischen Hürden für Erfinder, Gründer, Pioniere.

Die elektrische Beleuchtung mit Hilfe der Glühbirnentechnik, die Abkehr von Gaslaternen und Kohlebogenlampen, wurde Rathenaus Vision für das seit 1871 geeinigte Deutschland, das sich anschickte, in der Wissenschaft, der Industrie und bei Innovationen zur führenden Nation, dem Vereinigten Königreich, aufzuschließen. Rathenau verhandelte mit den europäischen Repräsentanten Edisons und erwarb bereits im Jahr nach der Pariser Ausstellung das Recht, die Patente des Zauberers von Menlo Park in Deutschland zu nutzen. Der nächste Schritt war die 1883 erfolgte Gründung einer Aktiengesellschaft unter Rathenaus Führung, der Deutschen Edison-Gesellschaft für angewandte Elektrizität. Vier Jahre später gelang Rathenau die Trennung von der amerikanischen Muttergesellschaft und die Gründung eines Unternehmens, das schließlich zu einem der weltgrößten Elektrokonzerne wurde: die Allgemeine Elektricitäts-Gesellschaft. Bis in die jüngere Zeitgeschichte hinein stand ihr Kürzel »AEG« für einen der renommiertesten Exponenten des Wirtschaftsstandortes Deutschland, fanden sich AEG-Geräte in den Jahren des Wirtschaftswunders in unzähligen Haushalten der zu zunehmendem Wohlstand gelangenden Bundesrepublik. Wie manch anderem Traditionsunternehmen machte die Globalisierung auch Rathenaus Gründung den Garaus; nach Insolvenz, Fusionen und Übernahmen verschwand AEG 1996 endgültig vom Markt, wenn auch nicht direkt aus dem Bewusstsein seiner zahlreichen Kunden, in deren Küchen und Wohnzimmern zunehmend Technologie aus China und anderen ostasiatischen Ländern Einzug hielt.

Die erste öffentliche Einrichtung, die in Deutschland durch Edisons Beleuchtungssystem in elektrischem Glanz erstrahlte, war aller Wahrscheinlichkeit nach das von Emil Rathenau mit nach Edisons Vorgaben hergestellten Glühbirnen ausgestattete Café Bauer in Berlin im Jahr 1884. Es beglückte seine Gäste in immobiliengewerblich damals wie heute kaum zu übertreffender Lage an der Kreuzung der Friedrichstrasse mit Unter den Linden. Das Café war nicht nur bei der elektrischen Beleuchtung Schrittmacher, sondern auch bei der Emanzipation, indem es ein spezielles Damenzimmer hatte und somit Frauen zum Besuch eines Kaffeehauses einlud, was bis dahin eine Männerdomäne war. Das erste Elektrizitätswerk Berlins, das diese Institution und andere, die ihm mit der Installierung elektrischen Lichts bald folgten, versorgte, hatte seinen Standort in der Nachbarschaft, am Gendarmenmarkt. Nur elf Jahre später stellte Berlin den Betrieb seiner Pferdebahnen auf elektrisch betriebene Straßenbahnen um. Die treuen Vierbeiner konnten sich erholen (wenn sie nicht geschlachtet wurden); den Straßen blieben jährlich Abertausende Kilogramm von equinen Exkrementen erspart.

Die Elektrifizierung und damit die nächtliche Beleuchtung von Städten und Haushalten schritt stetig voran. In Berlin hatten zu Beginn des Ersten Weltkrieges 1914 wahrscheinlich nur rund fünf Prozent der Haushalte elektrisches Licht, gegen Ende der 1920er Jahre waren es fünfzig Prozent.[15] Berlin wird in den sogenannten Goldenen Zwanziger Jahren nicht nur wegen seines reichen, vor Kreativität brodelnden Kulturlebens, sondern auch wegen seiner nächtlichen und New York scheinbar kaum nachstehenden Lichterflut als eine Ikone einer turbulenten, oft verklärten Epoche betrachtet. Die Dunkelheit lauerte indes überall. Walter Rathenau, der Sohn des Wegbereiters der Elektrifizierung in Deutschland, hatte sich als Reichsaußenminister in den Dienst der Weimarer Republik, der um ihre Existenz gegen Feinde von innen wie außen ringenden jungen Demokratie gestellt. Sein Engagement kostete ihn bei einem von Rechtsradikalen verübten Attentat am 24. Juni 1922 das Leben.

***

Keine andere technische Neuerung hat im wahrsten Sinne des Wortes das Antlitz der Erde so verändert wie die elektrische Beleuchtung. Bringen wir zum Abschluss dieses Kapitels abermals ein hohes Maß an Phantasie auf und unternehmen diesmal keine Zeitreise ins 15. Jahrhundert, sondern eine vieltausendfach längere, indem wir uns in die Lage von Beobachtern einer extraterrestrischen Kultur versetzen. Wenn diese über viele Millionen Jahre mit ihren

Instrumenten den, vom Zentralstern aus gesehen, dritten Planeten unseres Sonnensystems überwacht hätten, wäre ihnen neben sich über Äonen hinziehenden Veränderungen wie dem langsamen Auseinanderdriften der Kontinente nur zweimal etwas Dramatisches aufgefallen. Vor rund – gemäß der Zeitrechnung der Erdbewohner – 65 Millionen Jahren führte der Einschlag des mit dem mexikanischen Ortsnamen Chicxulub verbundenen Asteroiden zu einer auch aus dem All sichtbaren Verdunklung der Atmosphäre, die auf dem Planeten zu einer beispiellosen ökologischen Katastrophe führte – welche vor allem durch cineastische Rekreation berühmte Tiergattungen dadurch zum Aussterben verurteilt wurden, braucht der geneigten Leserin kaum erklärt zu werden.

Der andere aus dem All zu beobachtende Wandel im Erscheinungsbild des Planeten setzte – abermals: nach menschlichem Zeitmaß – allmählich ab etwa 1900 ein. Auf der jeweiligen Nachtseite der Erde flammen Lichter auf. Sie skizzieren in der ersten Hälfte des 21. Jahrhunderts mit ihren hellsten Lichtmarken – in Europa, am Persischen Golf, in Nordamerika, in Süd- und Ostasien – die Bevölkerungszentren und versinnbildlichen die Urbanisierung der Menschheit ebenso wie ihre demographische Vermehrung. Beide Tendenzen – immer mehr Menschen in immer mehr und immer größeren Städten – sind ungebremst. Solange die Lichter auf dem Planeten leuchten, gibt es menschliches Leben, zumindest auf diesem kleinen blauen Kiesel im All.

3 Die Eisenbahn machte Reisen für alle Klassen möglich; die Bahnhöfe wurden »Kathedralen der Moderne« genannt – und waren Orte pulsierenden Lebens wie hier Paddington Station in London 1862.

Mobilität I – Unter Dampf

George Stephenson und Friedrich List

Es war ein Sonntag und trotz des kalendarischen Datums – man schrieb den 7. April 1839 – war der Frühling noch nicht in Sicht. Im Gegenteil: Die Kälte wurde im Laufe des Nachmittags noch durch ein heftiges Schneegestöber unterstrichen. Das tat der Stimmung bei den Tausenden, die sich in den beiden größten Städten des Königreichs Sachsen versammelt hatten – 116 Kilometer von einander getrennt, doch ab diesem Tage verbunden wie nie zuvor – keinen Abbruch.

In Leipzig verfolgte eine begeisterte Menge die Abfolge der Reden, welche die Honoratioren hielten, die von den Kapellen gespielten Musikstücke, das Eintreffen der königlichen Familie, die mit Jubel empfangen wurde. Im Mittelpunkt der öffentlichen Aufmerksamkeit standen indes weniger Personen als vielmehr Maschinen. Auf den frisch verlegten Gleisen, an jenem Gebäudetrakt, für den sich der Begriff »Bahnhof« noch nicht durchgesetzt hatte, standen sechs laute Zischgeräusche von sich gebende stählerne Fahrzeuge. Es waren Lokomotiven, importiert aus England, dem Geburtsland der Eisenbahn. Jeweils zwei dieser Lokomotiven waren an der Spitze von drei aus je 15 Wagen bestehenden Zügen positioniert.

Gegen 14 Uhr erklangen Böllerschüsse und Fanfaren. Langsam und unter Ablassen dunkler Dampfwolken setzten sich die Lokomotiven an der Spitze des ersten Zuges in Bewegung. Mehr als einem der Zuschauer lief der sprichwörtliche Schauer den Rücken herunter: Es war ein bewegender Moment eines Triumphes der Technik, der vielen der Anwesenden bewusst werden ließ, dass eine neue Zeit angebrochen war. Im ersten Zug saßen selbstverständlich der König mit den Seinen, Mitglieder seiner Regierung und der Vorstand der vier Jahre zuvor für die Umsetzung des kühnen Projektes gegründeten Leipzig-Dresdner Eisenbahn-Compagnie. Im Abstand von wenigen Minuten setzten sich auch die beiden anderen Züge in Bewegung; insgesamt rund 1200 Personen machten sich auf eine gänzlich neuartige Reise.

Die Herren der Compagnie sahen die wichtigsten Wegmarken mit professioneller Befriedigung, dem allgemeinen Publikum indes stockte mehrfach der Atem. So bei Machern, wo Hunderte von Arbeitern einen großen Keil in die Hügellandschaft gegraben hatten, so dass der Bahn eine nennenswerte Steigung – welche die Lokomotiven jener Jahre kaum zu bewältigen vermochten – erspart blieb. Bei den Brücken über die Elbe bei Riesa und über die Mulde bei Wurzen, die man eigens für das neue Verkehrsmittel errichtet hatte. Vor allem aber überkam viele der Reisende eine Wallung von Ungewissheit, vielleicht auch von Panik, als es plötzlich dunkel wurde: Bei Oberau hatten Bergleute aus Freiberg einen 513 Meter langen Tunnel durch das Gestein getrieben, den ersten Eisenbahntunnel in Deutschland.

Die englischen Lokomotiven brachten die Gäste an diesen Wundern der Technik ebenso wie an den Schönheiten der sächsischen Landschaft vorbei ihrem Ziel entgegen. Nicht allen Passagieren der Festzüge war bewusst, dass in einigem Abstand eine weitere Lokomotive unterwegs war. Sie zog keine Waggons und war ein Novum. Es war die von Johann Andreas Schubert, einem Professor an der Technischen Bildungsanstalt in Dresden (einem Vorläufer der heutigen Technischen Universität Dresden) konstruierte »Saxonia« – die erste in Deutschland gebaute Lokomotive, die den sechzehn von der Compagnie in England gekauften Maschinen in ihrer Leistungsfähigkeit weitgehend ebenbürtig war.

Kurz vor 19 Uhr abends trafen die drei Züge in Dresden ein, wo sie von einer frenetischen Menge und den nächsten Kapellen, den nächsten Böllerschüssen begeistert begrüßt wurden. Festbanketts für die politischen und wirtschaftlichen Eliten und Lustbarkeiten für das einfache Volk in den Straßen der Residenzstadt schlossen sich an. Es war ein historischer Tag: Die erste deutsche Ferneisenbahnstrecke war – weitgehend planmäßig – fertiggestellt und nunmehr eingeweiht worden. In der allgemeinen Erinnerung mag sie hinter der ersten Fahrt der (ebenfalls englischen) Lokomotive namens »Adler« und einiger weniger Waggons auf der Strecke Nürnberg-Fürth rund dreieinhalb Jahre zuvor stehen. Doch jene erste Fahrt einer mit Passagieren besetzten Eisenbahn in Deutschland verlief über eine gerade einmal sechs Kilometer lange Strecken; die in der Zwischenzeit errichteten Verbindungen wie zwischen Berlin und Potsdam sowie zwischen Düsseldorf und Erkrath brachten es jeweils auf kaum mehr als zwölf Kilometer Länge. Leipzig-Dresden war von einer anderen Größenordnung. Die Inbetriebnahme markiert den wirklich effektiven, den spürbaren Beginn des Eisenbahnzeitalters in Deutschland, das zu seiner Genese neben der Ingenieurskunst seiner englischen Konstrukteure gerade bei dem sächsischen Pionierprojekt der Visionen eines politischen und ökonomischen Denkers bedurfte.

Die Eisenbahn ist die Erfindung des 19. Jahrhunderts schlechthin; sie ist eine Technik, die Landschaften und Städte, vor allem aber das Lebensgefühl der Menschen veränderte wie keine andere. Mit ihr wurde Mobilität etwas Reales für alle. Bis ins frühe 19. Jahrhundert hinein hatten viele Menschen kaum jemals den Sichtkreis des heimischen Kirchturms verlassen. Für die Mehrzahl war eine Fortbewegung nur zu Fuß denkbar; wer ein Pferd besaß, hatte theoretisch eine größere Reichweite. Um eine Kutsche zu besteigen, waren finanzielle Mittel erforderlich, die den weniger wohlhabenden Schichten kaum zur Verfügung standen. Mit der Etablierung der Eisenbahn änderte sich das grundlegend und für immer. Anfangs teilten zahlreiche Bahngesellschaften je nach veranschlagtem Kapital der von nun an umworbenen Kundschaft ihren Fahrzeugpark als ein Spiegelbild der Gesellschaft in vier Klassen ein. Die vierte war bald weithin selbst für bäuerliches Publikum und das Proletariat erschwinglich. Von Komfort war in diesen Waggons – die anfangs teilweise offen waren – keine Rede, sehr im Unterschied zu den großzügig ausgestatteten und mit Lederpolstern versehenen Wagen der ersten Klasse. Aber etwas fundamental Revolutionäres war von Beginn an Teil des Eisenbahnerlebnisses: Der Tagelöhner oder die Hausgehilfin in Klasse vier kamen zur gleichen Zeit am Zielort an wie Seine Durchlaucht oder der Herr Bankier mit Familie in Klasse eins.

Mit dem in den nächsten Jahrzehnten erfolgenden rapiden Ausbau des Bahnnetzes in Deutschland und in den meisten anderen europäischen Ländern kam zunächst im Bürgertum, schließlich auch in der Arbeiterschaft ein gänzlich neues Konzept für den – in letzterer Gesellschaftsschicht eher kurzen – Teil des Daseins im Jahreslauf auf, der nicht dem Geld- oder Broterwerb gewidmet war. Es war die Vorstellung vom Reisen, und sei es auch nur in Form eines Ausflugs am Sonntag. Die Eisenbahn wurde zur Wunschvorstellung und schließlich zum Vehikel eines Zeitabschnitts, der als »Erholung«, später gar in längerer Version als »Urlaub« zunächst zaghaft, dann praktisch als Grundrecht Teil der Existenz wurde. Mehr noch: Sie ermöglichte den sprichwörtlichen Tapetenwechsel als einen gänzlich neuen Weg zu einem erlebnisbasierten Bildungserwerb. Mit der oben genannten relativ kurzen Strecke nach Potsdam konnte der Berliner Bevölkerung zum Beispiel eine sonntägliche Exkursion nach Sanssouci ermöglicht werden: an den Lebensschauplatz des so hoch verehrten Friedrich des Großen – eine Bildungsreise ganz im Sinne der herrschenden Hohenzollern. Es wurde möglich, andere Städte zu besuchen, was im politisch zersplitterten Deutschland oft bedeutete: andere Staaten wie aus sächsischer Sicht vielleicht Thüringen oder Bayern oder gar, Gott bewahre, Preußen. Die Option des Reisens gebar die bislang kaum vorhandene Gelegenheit, andere Brauchtümer und Lebensumstände, vielleicht sogar andere Kulturen und Sprachen kennenzulernen, möglicherweise gar Verständnis für sie zu entwickeln. Nicht nur die verschiedenen Teile Deutschlands kamen sich mit der Proliferation der Strecken näher, auch die Grenzen zwischen den Staaten schienen auf der Schiene, man verzeihe das Wortspiel, durchlässiger. Europa war im Begriff, einer kühnen Hoffnung von Kosmopoliten und Internationalisten näher zu kommen und entlang der eisernen Stränge zusammenzuwachsen. Manchen Zeitgenossen war dies zu intensiv, ging es zu schnell wie für Heinrich Heine, der in seinem Pariser Exil wehklagte, dass man dank der Bahn die Wellen der Nordsee auf den Boulevards vernehmen zu können glaubte.

Der typische Geruch von Dampflokomotiven wurde zum unverwechselbaren Odor eines Zeitalters, der Anblick der

Rauch und Ruß ausstoßenden Schornsteine der Lokomotiven ein Symbol dafür, dass es hinter dem Horizont nicht nur weiterging, sondern dass was immer dort liegen mochte, auch erreichbar war oder zumindest schien. Doch die rauchenden Lokomotiven waren nicht nur Produkte ortsfester rauchender Schlote, sie zogen diese auch nach sich, wohin auch immer neue Gleisstrecken verlegt wurden. Die Lokomotiven – und die Waggons, die Schienen, die gesamte Ausrüstung, die das neue Verkehrsmittel erforderte – waren Produkte der Industrialisierung und Antreiber der Industrialisierung in einem. An den Städten mit Bahnanschluss siedelten sich Unternehmen an, die ihre Produkte einfacher als je zuvor auch über weite Strecken expedieren konnten; aus Dörfern am Streckenrand wurden Städte. Die Eisenbahn war nicht der alleinige Faktor in der massiven Urbanisierung, aber ein wichtiger. Der Zielort der ersten Fernbahnstrecke erlebte es auf geradezu prototypische Weise: War Dresden um 1800 noch eine kultur- und kunstträchtige Residenzstadt mit für damalige Verhältnisse beachtlichen 62 000 Einwohnern, so erreichte man gut ein Jahrzehnt nach Einweihung der Strecke die den Übergang zum Großstadtstatus markierende Einwohnerzahl von 100 000. Im Jahr 1905 schließlich, als das wilhelminische Deutschland zu einem Powerhouse der Industrieproduktion – und mit einem in Kontinentaleuropa unübertroffenen Schienennetz – in Europa geworden war, lebten mehr als 510 000 Menschen in Dresden. Entlang der Gleise waren Maschinenbau und Feinmechanik, optische Industrie und die Massenherstellung von Nahrungs- und Genussmitteln erblüht. Es war eine Symbiose von Eisenbahn und Industriefertigung, die es in beinahe jeder nennenswerten deutschen Stadt gab.

Die Genese der Eisenbahn geschah in einem rohstoffreichen Land, das Vorreiter der Industrialisierung war und das von einer unternehmerisch denkenden Elite in einem relativ liberalen politischen System geführt wurde. In England und Schottland hatte man sich die Nutzung der Dampfkraft zunächst in einem der wichtigsten Wirtschaftszweige zunutze gemacht: in den zahlreichen Bergwerken, in denen das Treibmittel der Industrialisierung – Kohle – und deren Hauptmaterial – Stahl – gefördert wurden. Der Schmied und Erfinder Thomas Newcomen konstruierte 1712 eine erste Dampfmaschine, die eingesetzt wurde, um Wasser aus den Schächten zu pumpen. In den 1730er Jahren waren mehr als 120 derartiger Maschinen in britischen Bergwerken im Einsatz. Eine deutlich effizientere Dampfmaschine erfand ein Menschenalter später der schottische Ingenieur James Watt; das erste Exemplar nach seinen Plänen wurde 1776 in Betrieb genommen. Über die nächsten Jahre verbesserten Watt und andere Ingenieure die Technologie, die bald in Gewerbe und Verkehr unersetzlich wurde. Einer dieser Maschinenbauer, Richard Trevithick, der zu einer Art Intimfeind Watts wurde, konstruierte Wagen, die durch kleine Dampfmaschinen angetrieben wurden: für eine dampfgetriebene Postkutsche – die sich nicht durchsetzte – und für den Abtransport von Eisen und anderen Produkten der Bergwerke. Als Erfinder der Dampflokomotive wurde Trevithik einem breiten Publikum bekannt, als er eine kleine Maschine in London auf Gleisen fahren ließ, die einen Kreis bildeten. Die Lokomotive mit dem Namen *Catch me if you can* amüsierte die Flaneure Londons – für einige Zeit, dann hatte man sich an den Anblick einer im Kreis fahrenden Dampflok gewöhnt. Immerhin wies der Standort der kurzlebigen Attraktion in die Zukunft: Die kleine Lok zog dort ihre Kreise, wo später mit Euston Station einer der wichtigsten Bahnhöfe Londons entstehen sollte.

Mit dem Siegeszug der Dampflokomotive wird vor allem

der 1781 in der Bergbaugemeinde Wylam bei Newcastle upon Tyne geborene George Stephenson in Verbindung gebracht. Er gilt in weiterem Sinne als einer der Väter, wenn nicht gar als *der* Vater der Eisenbahn – nicht ohne Grund ist die Straße, an der die Hauptverwaltung des Personenverkehrs der Deutschen Bahn AG in Frankfurt am Main ihren Sitz hat, nach George Stephenson benannt. Hier sei darauf hingewiesen, dass mit dem Terminus »Eisenbahn« in diesem Kapitel das maschinenbetriebene Verkehrsmittel gemeint ist. Denn Pferdebahnen auf eisernen Schienen gab es vielerorts in Europa bereits und würde es noch bis ins frühe 20. Jahrhundert geben, als elektrische Straßenbahnen die Pferde als Zugmittel in den verdienten Ruhestand schickten und der öffentliche Raum in großen Städten wie Berlin (hier fuhr die letzte Pferdebahn 1902) oder München (hier ging es im August 1900 zum letzten Mal mit Pferdekraft vom Promenadenplatz zur Hohenzollernstraße) von jährlichen Hektolitern von Pferdeurin und Tonnen von Pferdekot befreit wurde – auch dies ein Segen durch Technik, der zu wenig gewürdigt wird.

George Stephenson kam aus den sprichwörtlich einfachen Verhältnissen. Mit 14 Jahren begann er im Bergbau zu arbeiten, unter anderem in einem Fördergebiet in Schottland, in dem eine der von James Watt gebauten Dampfmaschinen stand. Er war Autodidakt und bedauerte sein Leben lang, keine ordentliche Schulbildung bekommen zu haben. Umso größeren Wert legte er darauf, dass sein 1803 geborener Sohn Robert eine solche erhielt. Stephenson nahm neben seiner Tätigkeit im Bergbau Nebenjobs an, um Roberts Schulbesuch finanzieren zu können. Robert wurde schließlich sein wichtigster Mitarbeiter; viele der den Namen Stephenson tragenden späteren Lokomotiven sind ein Gemeinschaftswerk von Vater und Sohn.

Stephenson trug sich um 1809 mit dem Gedanken an eine Auswanderung nach Amerika, war jedoch – vielleicht zu seinem, ganz sicher zu Großbritanniens Glück – zu arm, um die Passage über den Atlantik zu bezahlen. Er war ein Tüftler von immensem Erfindergeist: Neben seinen Versuchen mit Dampfmaschinen erfand er quasi en passant eine Grubenlampe für Bergleute, mit der die potenziell tödlichen, als Schlagwetterexplosionen bezeichneten Methanexplosionen unter Tage gemieden werden konnten. Seine erste Lokomotive stellte Stephenson am 25. Juli 1814 vor. Auf rund 200 Meter Schienenstrecke bewegte sie acht mit Kohle beladene Waggons bis zu einem Gesamtgewicht von 30 Tonnen – eine für die anwesenden Bergwerksdirektoren und Ingenieure atemberaubende Leistung. Die Lokomotive trug den schönen Namen »Blücher«. Man befand sich in der Endphase der Napoleonischen Kriege und der Feldmarschall der verbündeten Preußen galt für die Briten als Hoffnungsträger; es war eine Einschätzung, der er im nächsten Jahr bei Waterloo vollends gerecht werden sollte.

George Stephenson baute im Laufe der nächsten zehn Jahre nicht weniger als 16 Lokomotiven; seine Expertise war weltweit so unerreicht, dass zahlreiche andere Länder wie mehrere deutsche Staaten und die USA später ihre ersten Lokomotiven aus Stephensons Fabrik importierten, bevor eine eigene, auf den Lokomotivbau spezialisierte Industrie – in Preußen wurde Borsig zur bekanntesten Firma – entstehen konnte. Als Geburtsstunde des Personenverkehrs auf Schienen gilt der 27. September 1825, als die fast 60 Kilometer lange Strecke von Darlington nach Stockton eingeweiht wurde. Stephensons neue Kreation mit Namen »Locomotion No. 1« zog nicht weniger als 34 Waggons mit rund 600 Passagieren. Einige der Wagen waren mit Kohle beladen, die Streckenbelastung war als eine Kombination aus Personen-

und Güterverkehr geplant. Die Jungfernfahrt verlief nicht ohne Probleme: Ein Waggon verlor ein Rad und musste abgekoppelt werden, unterwegs musste dann erneut für 35 Minuten eine Pause eingelegt werden, da »Locomotion No. 1« auf freier Strecke eine leichte Reparatur benötigte. Der guten Stimmung unter den Fahrgästen tat dies keinen Abbruch, ebenso wenig wie bei der armen Bevölkerung am Zielort, der zur Feier des Tages die transportierte Kohle als Heizmaterial für den kommenden Winter geschenkt wurde.

Die Strecke von Darlington nach Stockton wurde ein technischer wie ein kommerzieller Erfolg. Weit über den Tag hinaus wies ein Detail des Stephenson'schen Konzeptes. Es war die von ihm favorisierte Spurweite von vier Fuß und achteinhalb Zoll (*inches*), entsprechend einem Meter und 43,5 Zentimetern. Es ist heute die Standardspurweite oder Normalspur in Europa, Nordafrika und dem Nahen Osten sowie in Nordamerika und der Volksrepublik China; neben anderen Spurweiten kommt sie auch in Australien und bei den Hochgeschwindigkeitszügen Japans zur Anwendung. Stephenson wurde zu einem der Hauptverantwortlichen – auch wenn der rhetorisch wenig begabte Mann nach einem misslungenen Auftritt bei einer Anhörung im britischen Parlament den Posten des leitenden Ingenieurs vorübergehend abgab – für das ambitionierteste Projekt der frühen Eisenbahn: den Bau einer sowohl für Güter wie für Passagiere geeigneten Strecke zwischen den Industriestädten Liverpool und Manchester. Es handelte sich um fünfzig Kilometer, die durch ein anspruchsvolles Gelände verlegt werden mussten, mit Flüssen, Bergen und einem Moorgebiet, dem berüchtigten Chat Moss.

Es mussten nicht weniger als 46 Brücken (andere Zählungen listen 63) gebaut werden; eine davon, der aus neun Bögen bestehende Sankey Viaduct, ist eines der beeindruckendsten mit dem Aufschwung der Eisenbahn assoziierten Industriedenkmäler. Mehrere Einschnitte in Hügellandschaften wurden vorgenommen wie die 21 Meter tiefe Kluft im Olive Mount; durch das Stadtzentrum von Liverpool wurde ein zwei Kilometer langer Tunnel gegraben – mit der Konsequenz, dass hier ein Bahnhof im Zentrum entstehen konnte, während andere Großstädte ihre Hauptbahnhöfe eher an der mittleren Peripherie errichteten. Das Chat Moss schließlich konnte man überwinden, indem man nach einer Drainage Geflechte aus Holz und Besenheide in dem Moor versenkte und darauf einen Damm baute.

Um die Frage zu entscheiden, welche Lokomotive den ersten Zug bei der feierlichen Einweihung ziehen durfte, organisierte man mit dem typischen englischen Faible für *sportsmanship* ein Rennen der fünf zur Verfügung stehenden Konstruktionen. Bei den von 15 000 begeisterten Zuschauern verfolgten *Rainhill Trials*, dem Rennen von Rainhill, einem kleinen Ort nahe Liverpool, wurde die Fähigkeit der Bewerber, eine bestimmte Last zu ziehen, getestet und die dabei erreichte Geschwindigkeit gemessen. Als Sieger ging die im wesentlichen von Robert Stephenson gebaute *Rocket* hervor, was dem Konstrukteur neben Ruhm und einem beträchtlichen Marketingvorsprung auch noch das stattliche Preisgeld von 500 Pfund (rund 66 000 Euro nach heutigem Wert) einbrachte.

Für die Weitsichtigkeit der beiden Stephensons und der anderen Verantwortlichen spricht, dass die Strecke von Anfang an zweigleisig geplant und gebaut war. Die feierliche Eröffnung fand am 15. September 1830 statt. Im ersten Zug, der von Liverpool aufbrach, befand sich anders als neun Jahre später in Sachsen kein gekröntes Haupt, sondern ein nach den begrenzten Maßstäben der Zeit in praktizierter Demokratie ein – freilich angesichts eines auf wohlhabende

Männer beschränkten Wahlrechts von Wenigen – gewählter Politiker. Es war der Premierminister Großbritanniens, der Herzog von Wellington. Er gehörte zu jenen, die dem neuen Verkehrsmittel kritisch gegenüberstanden, da es – wie erwähnt – Reisende, die im ausgeprägten britischen Klassenbewusstsein weit unter dem Gentleman standen, genauso schnell wie diesen ans Ziel brachte. Dem einstigen Sieger über Napoleon bei Waterloo blieb es nicht erspart, eine Tragödie aus nächster Nähe mitansehen zu müssen, die ein Schatten auf einem Tag des Jubels war. William Huskisson, Mitglied des House of Commons und ehemals britischer Kriegsminister, hatte sich als Abgeordneter im Unterhaus nachdrücklich für den Bau der Liverpool and Manchester Railway eingesetzt. Während der Feierlichkeiten wurde Huskisson bei dem Versuch, den Wagen des Duke of Wellington bei einem Zwischenstopp in Parkside zu besteigen, von einem entgegenkommenden Zug erfasst. Stephenson kümmerte sich sofort um den schwer verletzten Politiker, ließ ihn in seine Lokomotive legen und fuhr mit der kaum für möglich gehaltenen Geschwindigkeit von 55 Stundenkilometern nach Manchester. Es war vergebens, wenige Stunden später starb Huskisson, das erste prominente Todesopfer (nach mehreren Heizern und anderen Arbeitern) dieser neuen Technologie.

George und sein Sohn Robert waren weiter erfolgreich; ihr nächstes großes Projekt war die rund 180 Kilometer lange Strecke zwischen den beiden größten Städten Englands, London und Birmingham. Das Unternehmen, das den Namen des Juniors trug, Robert Stephenson and Company, produzierte über die nächsten einhundert Jahre (bis zu seiner Übernahme durch einen anderen Konzern 1937) mehr als 3000 Lokomotiven. Eine der berühmtesten war der »Adler«, der 1835 im Werk in Newcastle-upon-Tyne gebaut wurde und zwei Jahre später den ersten deutschen Zug von Nürnberg nach Fürth zog. George Stephenson starb hochgeehrt im August 1848 im Alter von 67 Jahren. Wenn er auf sein erfolgreiches Leben zurückblickte, dürfte er sich kaum an den Namen eines Mannes aus Deutschland erinnert haben, der von Stephensons Schöpfung begeistert und ganz wesentlich für den Ankauf der sechzehn Lokomotiven für die sächsische Strecke verantwortlich gewesen war. Der Mann, auf den das Sprichwort vom Propheten, der nichts in seinem Vaterland gilt, perfekt zugeschnitten ist, hieß Friedrich List.

Den im August 1789 – wenige Tage nach Beginn der Französischen Revolution – in Reutlingen geborene Ökonom und Politiker, der zu den Exponenten des Liberalismus in Deutschland gezählt wird, zog es nicht in das Handwerk, in dem sein Vater tätig war, sondern früh in die Verwaltung – in jenen ihrer Zweige, der vielleicht der für die deutsche Staatsbürokratie von Epochen unabhängig allertypischste ist: in die Welt der Finanzämter und Finanzbehörden. List, der in der seiner Heimatstadt nahe gelegenen Universität Tübingen einige Vorlesungen in den sogenannten Kameralwissenschaften gehört hatte, suchte die staatliche Verwaltung durch eine fundiertere Ausbildung zu verbessern und setzte sich, als sein Mentor Karl August Freiherr von Wangenheim zum Minister in der Regierung des Königreiches Württemberg aufgestiegen war, für die Etablierung einer Staatswissenschaftlichen Fakultät ein. *Honi soit qui mal y pense*: Mit derart guten Beziehungen ausgestattet, nahm es nicht Wunder, dass es bald Friedrich List selbst war, der auf einen solchen Lehrstuhl berufen wurde.

Friedrich List sah sich als Reformer und strebte nach einer liberaleren Gesellschaftsordnung, was freilich in den Jahren der postnapoleonischen Restauration und Reaktion, der Epoche der Karlsbader Beschlüsse und des Polizeispitzelwesens, das mit dem Namen des österreichischen Staatskanzlers Metternich untrennbar verbunden ist, wenig karriereförderlich war. Mehr noch: Reformvorschläge, vor allem zur Abschaffung oder zumindest Reduzierung der zahlreichen Zollschranken und Mautsysteme in Deutschland, wie sie der seit 1820 im württembergischen Parlament sitzende List in Verbindung mit beißender Kritik an der bestehenden Verwaltung generierte, waren das sprichwörtliche Wasser auf die Mühlen seiner Gegner. Die Herrschaft der Bürokraten nannte der sprachgewandte List eine »vom Volk ausgeschiedene, über das ganze Land ausgegossene und in den Ministerien konzentrierende Beamtenwelt, unbekannt mit den Bedürfnissen des Volkes und den Verhältnissen des bürgerlichen Lebens, ... jeder Einwirkung des Bürgers, gleich als wäre sie staatsgefährlich, entgegenkämpfend.«[1] Eine Anklage und der Verlust des Landtagsmandats waren die Folge. Ein Gericht verurteilte ihn im Namen des Königs zu zehn Monaten Festungshaft. List floh; er ging in die Schweiz und nach Frankreich, fand in beiden Ländern indes kein Auskommen. Er kehrte nach Württemberg zurück, wo er auch umgehend verhaftet wurde. List wurde auf die Festung Hohenasperg gebracht. Nachdem er fünf Monate Haft verbüßt hatte, nahm er das Angebot an, Württemberg in Richtung jenes fernen Zieles zu verlassen, das im 19. wie im 20. Jahrhundert immer wieder ein Refugium für Deutsche war, die den drückenden Verhältnissen in ihrem Land zu entkommen suchten: die Vereinigten Staaten von Amerika.

Mit seiner Familie – List hatte 1818 die verwitwete Karoline Neidhard geheiratet, der Ehe waren zum Zeitpunkt der Emigration drei Kinder entsprungen – erreichte List im Sommer 1825 New York. Die von einer Hitzewelle überrollte Stadt gefiel ihm wenig; List zog mit den Seinen nach Pennsylvania. Hier erlebte er den amerikanischen Traum schlechthin. Er wurde ein geachteter Bürger der Stadt Reading und verbreitete sein Wissen und die bei ihm übersprudelnden Ideen zu ökonomischen wie politischen Themen als hochproduktiver Autor sowohl in deutschsprachigen wie in englischen Publikationen. Zu Letzteren gehört seine grundlegende Schrift *Outlines of American Political Economy.* Sie erschien 1827 und zeigt auf, dass der von sich selbst und seinem Einblick in die nationalökonomische Materie restlos überzeugte deutsche (Exil-)Professor sich schon zwei Jahre nach seiner Ankunft berufen fühlte, den Verantwortlichen in seiner neuen Heimat Ratschläge zu geben. Die von ihm mehrere Jahre geleitete Zeitung der deutschen Gemeinde seiner neuen Heimatstadt trug, wie es der Zufall oder die Muse der Geschichtsschreibung Klio wollten, den Namen der bald so berühmten deutschen (oder deutsch-englischen) Lokomotive: der *Reading Adler.* Vor allem aber konnte List die höchste Ausprägung des *American Dream* genießen: Er wurde Unternehmer und reich. Nördlich von Reading waren Kohlevorkommen entdeckt worden, und List gehörte zu den Gründern einer Bergbaugesellschaft. Für den Abtransport des Rohstoffes entwickelte er ein kühnes Konzept: Die Kohle sollte per Bahn – die sowohl Transportmittel wie Konsument der Kohle war – aus den Bergen und zu ihren Märkten gebracht werden. List gründete die Little Schuylkill Navigation, Railroad and Coal Company. Er war wohlhabend, er konnte stolz darauf sein, als ein Pionier des amerikanischen Eisenbahnwesens zu gelten. Und er hatte politischen Einfluss. Wie zahlreiche andere deutsche Emigranten nach ihm, von Carl Schurz bis Henry Kissinger, zog es ihn in die Politik, in der er den Kurs des 1828 gewählten Präsidenten Andrew Jackson unterstützte.

Er hätte mehr als zufrieden sein können. Doch es trieb

ihn nach Deutschland zurück. Möglicherweise wollte der ehemalige Häftling seinen Landsleuten zeigen, was sie an ihm – beinahe – verloren hätten. Sein Sendungsbewusstsein führte ihn nach Leipzig, wo er als amerikanischer Konsul wenig zu tun hatte. So konnte er umfassend publizistisch tätig sein – das Geld floss aus seinen amerikanischen Einnahmen zuverlässig; allerdings nur bis zur dortigen Wirtschaftskrise von 1837. Er war Initiator und Mitherausgeber eines staatswissenschaftlichen Lexikons und entwickelte sein Konzept eines deutschen Zollvereins als einem ersten Schritt zur Überwindung der nationalen Zersplitterung. Vor allem aber wurde er zur treibenden Kraft des Eisenbahnbaus in seiner neuen Wahlheimat. Seine 1833 in Leipzig erschienene Schrift mit dem langen Titel *Ueber ein sächsisches Eisenbahnsystem als Grundlage eines allgemeinen deutschen Eisenbahnsystems und insbesondere über die Anlegung einer Eisenbahn von Leipzig nach Dresden* machte den Lesern – das Werk richtete sich an die Entscheidungsträger in Politik und Wirtschaft des Königreichs – deutlich, wie sehr ein effizientes Eisenbahnwesen zum Wohlstand Sachsens beitragen würde. Er ersparte es diesen Eliten nicht hervorzuheben, dass eine solche Prosperität von zahlreichen Faktoren abhing – darunter eine politische Liberalität, die es im biedermeierlichen Deutschland der gekrönten Häupter nur als Wunschvorstellung einiger Denker und Publizisten gab: »Forscht man nach den Ursachen der Industrie-Entwicklung Englands, so zeigen sich nächst der intellektuellen, moralischen und politischen Tüchtigkeit (die an sich wieder Wirkungen sind) vorzüglich diese Jahrhunderte lang angedauerte Sicherheit im Innern, dann die Leichtigkeit des Transportes und endlich die Masse der Naturreichtümer, worunter Kohle, Eisen, Gyps und Salz die erste Erwähnung verdienen.«[2] Eine Jahrhunderte währende innere Sicherheit – es war der Verweis auf *the rule of law*, der den deutschen Fürsten- und Polizeistaaten abging, wie List am eigenen Leibe erfahren hatte.

Man hörte auf ihn, aber man liebte ihn nicht. Auf seinen Anregungen beruhte die Gründung der Compagnie, welche die Mittel für den Bau der Strecke einbrachte: fünf Millionen Taler, deutlich mehr als in ersten Entwürfen veranschlagt. Als das Projekt Realität geworden, die Böllerschüsse verklungen waren, wartete List vergebens auf eine Berufung in den Vorstand dieser oder einer anderen Eisenbahngesellschaft. Er produzierte – neben seinen zahlreichen anderen Schriften – Vorschläge für eine Strecke von Mannheim nach Basel, eine weitere von Magdeburg nach Berlin, dann eine von dort nach Hamburg. Et cetera, et cetera. Er gründete eine eigene Zeitschrift, die unter dem Titel *Eisenbahnjournal und National-Magazin für die Fortschritte in Handel, Gewerbe und Ackerbau* das Potenzial der Innovation für unterschiedliche Wirtschaftszweige ausleuchtete; sie brachte es auf immerhin vierzig Ausgaben. Die Herrschenden in seinem Heimatland Württemberg waren unerbittlich und ließen sich nicht zu einer Amnestie des einstigen Festungshäftlings bewegen. Wieder verließ er Deutschland und ging nach Frankreich. Auch dort wurde er nicht heimisch – es mag auch an der Tragödie gelegen haben, dass sein Sohn im Dienst der französischen Fremdenlegion umgekommen war. Augsburg wurde seine nächste Wirkungsstätte, wo er vor allem an den Grundlagen des Zollvereins tüftelte. Friedrich List war bis zum Schluss ein Rastloser, ein Produktiver, ein Getriebener. Von zahlreichen Fehlschlägen enttäuscht und ermüdet, schoss er sich am 30. November 1846 in Kufstein eine Kugel in den Kopf.

Die nächsten Jahrzehnte erlebten den großen Siegeszug der Eisenbahn, die den Menschen Mobilität, der Industrialisierung einen kraftvollen Motor gab und den Investoren teilweise enorme Profite einbrachte. Wie fast jede Technik – und wie die meisten in diesem Buch skizzierten Techniken – blieb es nicht bei rein ziviler Anwendung, warfen auch die Militärs hungrige Augen auf das stählerne Ross. Die Eisenbahn, eine im Grundsatz restlos friedliche Erfindung, machte auch Kriege effizienter. Friedrich List hatte es vorhergesehen, erblickte darin sogar einen Nutzen und stellte die Eisenbahn auf eine Stufe mit einer anderen, in diesem Buch zu Anfang berücksichtigten Innovation: »Noch niemals sind den Regierungen in Deutschland so viele Mittel dargeboten worden, das ganze Territorium auf eine Weise in Verteidigungszustand zu setzen, die mit dem gesellschaftlichen Verkehre so sehr im Einklange steht und demselben einen neuen Aufschwung gibt. Statt daß jede Vermehrung der Streitmacht, bei welcher die bewegende Kraft eine Hauptrolle spielt, in der Regel eine Vermehrung der Staatsausgaben zu Folge hat, findet diesmal beinahe das Gegenteil statt, und es ist gewiß nicht zuviel gesagt, wenn wir behaupten, daß seit Erfindung der Buchdruckerkunst sich nichts zugetragen habe, was der durch Eisenbahnen und Dampfwagen erzeugten Beschleunigung und Erleichterung des öffentlichen Verkehrs rücksichtlich der Folgen an die Seite gesetzt werden könnte.«[3]

Schon zwei Jahre nach Lists Tod setzte Preußen erstmalig die Eisenbahn in größerem Umfang ein, um Truppen schnell zu verlegen – jene Einheiten, die nach der Niederschlagung der 1848er-Revolution im eigenen Land dies auch in Sachsen und Baden tun würden. Der Historiker Klaus-Jürgen Bremm spricht zutreffend von einem »Sieg der Reaktion mit revolutionärer Technik«.[4] Als 1870 nach der Kriegserklärung durch Napoleon III. der Krieg Preußens und der anderen deutschen Staaten mit Frankreich ausbrach, hatte der

Generalstab unter Helmuth Graf von Moltke Pläne für eine Mobilmachung in seinen Schubladen, die neben Soldaten, Reservisten und Pferden nun auch Züge umfassten und Fahrpläne bis ins kleinste Detail vorsahen. Der Erfolg verblüffte den Gegner, vielleicht nach fast perfektem Ablauf sogar Moltke selbst. In einer ebenfalls von Bremm verfassten Geschichte des Krieges heißt es zu seiner Anfangsphase: »Die Statistik des Generalstabes meldete stolz am 12. August 1870 den Abzug von 1500 Militärzügen, die in nur drei Wochen 640 000 Mann, fast 1600 Geschütze und 170 000 Pferde zum Rhein transportiert hatten. Dabei soll es nur einen größeren Unfall gegeben haben, als am 27. Juli bei Wallhausen durch falsche Weichenstellung ein Leerzug auf einen vollbesetzten Truppenzug fuhr. Das Unglück kostete sieben Soldaten das Leben, 40 Mann wurden verletzt.«[5]

In noch größerem Ausmaß war die Eisenbahn wenige Jahre zuvor im Amerikanischen Bürgerkrieg eingesetzt worden, wo große Truppenteile in kurzer Zeit über zum Teil weitaus längere Strecken als die von Preußen an den Rhein führenden Trassen verlegt wurden. Nach dem Bruderkampf konnte die Eisenbahn wieder eine friedliche, die Menschen verbindende Rolle in den USA spielen. Ab 1865, als die Waffen zwischen Nord und Süd, zwischen Union und Konföderierten endlich schwiegen, wurden weite Teile im Westen des Kontinents erschlossen und nach damaligem Sprachgebrauch »zivilisiert« – worunter man die Vertreibung und Umsiedlung der Ureinwohner in Reservate auf minderwertigem Land verstand. Das sichtbarste Zeichen der Dynamik der Nation war der Schienenstrang, den die Central Pacific von Sacramento aus gen Westen und die Union Pacific von Omaha aus gen Osten verlegte. Mit dem Einschlagen eines letzten, eines goldenen Nagels wurde am 10. Mai 1869 die erste transkontinentale Eisenbahn in Nordamerika fertig gestellt.

Zu neuen Rekordleistungen konnten die Militärs das Eisenbahnwesen in den Jahren des Ersten Weltkrieges treiben, als Hunderttausende bis auf wenige Kilometer an die Blutäcker in Flandern und anderenorts an die meist starren Fronten heran transportiert wurden. Fast erscheint es passend, dass der Waffenstillstand an der Westfront im November 1918 auf der Schiene, im Salonwagen bei Compiègne unterzeichnet wurde. Es war gleichwohl bei weitem noch nicht die schwärzeste Stunde des Missbrauchs einer inhärent nützlichen und positiv besetzten Technik. Diese zog in den Jahren einer mörderischen Gewaltherrschaft herauf, als die Deutsche Reichsbahn und die Bahnen der von Nazi-Deutschland eroberten Länder Millionen von Menschen in den Tod transportierten.

Im dritten Jahrzehnt des 21. Jahrhunderts gilt die Eisenbahn als ein Hoffnungsträger gegen den menschengemachten Klimawandel. Lassen wir daher mit Blick auf die Zukunft zum Abschluss dieses Kapitels über ihre Geschichte die Worte des Bundesministeriums für Digitales und Verkehr auf uns wirken: »Die Eisenbahn gilt zu Recht als ein besonders effizientes und umweltfreundliches Verkehrsmittel. Sie nutzt ihre Energie sehr effizient durch den geringen Rollwiderstand, den elektrischen Antrieb und den hohen Organisationsgrad auf der Schiene. Der geringe Flächenverbrauch steigert zusätzlich noch die Nachhaltigkeit. Außerdem ist sie ein sehr sicheres und verlässliches Verkehrsmittel. Als einziges flächendeckendes öffentliches Verkehrsmittel in unserem Land leistet sie einen unverzichtbaren Beitrag für die Mobilität unserer Gesellschaft.«[6]

GLORY TO GOD IN THE HIGHEST, ON EARTH PEACE, GOOD WILL TOWARD MEN
LIBERTY AND UNION NOW AND FOR EVER
ONE AND INSEPARABLE

4 Fortschritt war im 19. Jahrhundert allgegenwärtig: Eisenbahn und Dampfschiff, Fabriken und der Telegraf, mit dem Nachrichten beinahe in Echtzeit gesendet werden konnten.

Kommunikation I – In Echtzeit

Samuel Thomas Soemmering und Samuel Morse

Für Abraham Lincoln war es ein kurzer Spaziergang und für *Washingtonians*, für Einwohner der amerikanischen Hauptstadt, war es ein gewohnter Anblick, den Präsidenten das Weiße Haus verlassen und in Richtung des in seiner unmittelbaren Nachbarschaft liegenden Kriegsministeriums[1] schreiten zu sehen. Der Präsident war eine auffallende Erscheinung: Er war hochgewachsen, überragte die meisten seiner Landsleute – und, wie Fotos bezeugen, auch fast seine gesamte Generalität – um Haupteslänge; dieser Eindruck des überdurchschnittlichen Wuchses wurde noch durch den fast grotesk hohen Zylinder unterstrichen, den Lincoln meist trug. Den Weg in das Bürogebäude, in dem sich überwiegend Uniformierte aufhielten, unternahm Lincoln manchmal mehrmals am Tag. Zielstrebig ging er in einen sehr speziellen Raum, in welchem eine Reihe von Drähten, die auf das Gebäude zuliefen, endeten und metallisch glänzende, fast permanent eine schnelle Tonfolge absondernde Geräte auf den Tischen standen. Über dem Eingang des Büros prangte ein Schild: *Telegraph Office*.

Die dort tätigen Spezialisten erhoben sich kurz, um den Präsidenten zu begrüßen, der seinen Platz hinter den Telegrafisten einnahm, ihnen über die Schulter blickte und von ihnen umgehend den Inhalt eingehender Meldungen berichtet bekam. Der nicht übermäßig große Raum, neben dem sich eine kleine Kammer mit einer Liege befand, wo Lincoln sich in besonders dramatischen Tagen zur Nacht niederlegte, um schnellstmöglich über neueste Entwicklungen informiert zu werden, war das, wofür ein späteres Zeitalter einen exakten Begriff haben würde: »Kommunikationszentrum«. Vielleich sogar für die Stunden, in denen sich Lincoln hier aufhielt, auch: »Nervenzentrum«. Oder: »Schaltzentrale«.

Seit April 1861 tobte in den USA der Bürgerkrieg. Die Staaten des Südens waren abgefallen, hatten eine Sezession vollzogen, weil sie mit der im November 1860 erfolgten Wahl Abraham Lincolns zum 16. Präsidenten der USA um die Existenz der entscheidenden Grundlage ihres Wirtschaftssystems fürchteten: die Sklaverei. Die Staaten des Nordens führten unter Lincolns Führung den Krieg, um die Union wiederherzustellen; mit längerem Kriegsverlauf aber auch – spätestens mit der von Lincoln am 1. Januar 1863 unterzeichneten Emanzipationsproklamation – um die menschenverachtende Institution der Sklaverei endgültig vom Boden Nordamerikas zu tilgen.

Bei Ausbruch des Bruderkampfes waren sich beide feindlichen Lager – die Union oder Nordstaaten und die Konföderation oder Südstaaten (oder »Rebellen« in nordstaatlicher Diktion) – ziemlich sicher, dass der Konflikt in wenigen Wochen beendet sein würde; natürlich mit dem Sieg der eigenen Seite. Der Amerikanische Bürgerkrieg wurde jedoch der sogenannte erste moderne Krieg, dem letztlich mehr als 800 000 Menschen zum Opfer fielen; mit Massenmobilisierung, der Verlegung großer Armeeeinheiten über beträchtliche Strecken mit der wohl größten Innovation des Jahrhunderts, der Eisenbahn, mit ersten Panzerschiffen und U-Booten – und mit einer neuen Form der Kommunikation, die wenige Jahre zuvor bereits im Krimkrieg, wenn auch in bescheidenem Ausmaß, ihre Premiere gehabt hatte. Mit der Telegrafie konnten Nachrichten von den Schlachtfeldern binnen Minuten nach dem Geschehen Hauptquartiere und politische Entscheidungszentren erreichen – vornehmlich im Norden, der weitaus industrialisierter und technologisch fortgeschrittener war als der Süden. Die meisten der Leitungen, deren Gesamtlänge in den 1860er Jahren auf mehr als 20 000 Kilometer geschätzt wird, lagen auf dem Gebiet der Union.

Dies machte sich Abraham Lincoln zunutze. Durch seine langen Aufenthalte im Telegrafenbüro neben dem Weißen Haus war er in nie dagewesen kurzer Zeit nach den Ereignissen auf den Schlachtfeldern in Virginia oder Tennessee, in Mississippi oder Pennsylvania, wo im Juli 1863 an dem kleinen Ort Gettysburg die wichtigste Bataille stattfand, informiert. Und ebenso schnell konnte der Präsident reagieren. Typischerweise diktierte er den Telegrafisten umgehend seine Anweisungen an die Generäle quasi in den Morseapparat. So versuchte er aus dem Telegrafenbüro die Zögerlichkeit seines Oberbefehlshabers in der frühen Phase des Krieges, General George McClellan, mit Depeschen wie dieser zu überwinden: »Sie haben jetzt mehr als einhunderttausend Mann bei sich. Ich denke, es ist am besten, wenn Sie die feindlichen Linien von Yorktown bis zum Warwick River sofort durchbrechen.«[2] Oder an McClellans wesentlich aktiveren und erfolgreicheren Nachfolger General Ulysses Grant bezüglich des Umgangs mit dem Gegner: »Behalten Sie ihn im Griff wie eine Bulldogge.«[3]

Es war nicht die Freude eines militärischen Amateurs wie Lincoln daran, seinen Generälen launige Befehle zu geben, keine Eitelkeit und auch kein an einer neuen Technik ausgelebter Spieltrieb. Die direkte Kommunikation des politisch Verantwortlichen mit den militärischen Führungspersönlichkeiten war ein eminent politischer Akt – und in der langen, unseligen Geschichte der Kriege in der Menschheitsgeschichte eine revolutionäre Neuerung. Bis dahin trug der eine Armee führende Feldherr – sei es ein Varus oder ein Wallenstein – die Verantwortung, traf zumindest kurz- und mittelfristig alle wichtigen Entscheidungen. Denn die Kommunikation mit der politischen Führung lief seit der Antike maximal mit der Schnelligkeit reitender Boten oder, seltener, auch jener sich zu Fuß fortbewegender Nachrichtenträger ab, wie dem legendären Läufer nach der Schlacht von Marathon 490 v. Chr. Es dauerte typischerweise Wochen in der einen Richtung und ebenfalls Wochen, bis die Antwort der Regierenden wiederum im Feldlager eintraf. Nicht selten war dem siegreichen Heerführer da längst der Gedanke gekommen, berauscht von seinem neu erworbenen Ruhm doch selbst die Macht im Staate zu übernehmen. Die andere, gerade in der europäischen Geschichte praktizierte Variante, um Kommunikationsstrecken und -zeiten drastisch zu verkürzen, bestand darin, dass der politisch Verantwortliche auch die militärische Führung übernahm und mit seiner Streitmacht »ins Feld« zog. Die berühmtesten Beispiele sind unter anderem Gustav II. Adolf, Friedrich der Große, Napoleon. Und natürlich die meisten mit militärischem Ruhm assoziierten Herrscher der römischen Antike wie Caesar, der persönlich höchst unsoldatische Claudius und der große Philosoph des Imperiums, Mark Aurel.

Mit dem Telegrafen verkürzte sich der Zeitabstand von Wochen auf Minuten. Lincoln sah darin eine durch technologische Innovation möglich gewordene Verpflichtung der von ihm in seiner berühmtesten Rede, der *Gettysburg Address*, so eindrucksvoll beschriebenen Staatsform: der »Regierung des Volkes, durch das Volk und für das Volk« – in einem Wort: der Demokratie. Nach seinen Worten sollte der Bürgerkrieg sicher stellen, dass diese Regierungsform »nicht von der Erde verschwinden möge«. Und unverzichtbar ist in einer Demokratie – das lebte Lincoln vor und ist heute das Credo aller in Militärallianzen wie der NATO zusammengeschlossenen liberalen Gesellschaften – das Primat der Politik über das Militär. Mit der direkten Kommunikation des gewählten Politikers Lincoln mit seinen Generälen wurde dieses Ideal im Amerikanischen Bürgerkrieg zur Realität – auf Seiten des Nordens, denn dem nicht vom Volk gewählten »Präsidenten« der Konföderation, Jefferson Davis, stand kein leistungsfähiges Telegrafennetz zur Verfügung. Das Vorbild Lincolns wirkt bis in die Gegenwart nach: Die USA, die in ihrer Geschichte reichlich Kriege führten, haben nie eine Präsidentschafts- oder Kongresswahl wegen eines Konfliktes verschoben. Auch hat nie ein siegreicher US-General einen direkten Weg zu politischer Macht finden können – oder gesucht. Der Weg ins Weiße Haus war stets nur in Zivil und nach dem Votum der Wählerinnen und Wähler möglich wie zum Beispiel für Dwight D. Eisenhower (Präsident 1953 bis 1961) und für Ulysses S. Grant (Präsident 1869 bis 1877).[4]

Das Streben danach, Kommunikationsformen zu entwickeln, die schneller als die höchstmögliche Fortbewegungsgeschwindigkeit eines Boten – oder seines Pferdes, seiner Kutsche, seines Schiffes – sind, hat wie so vieles seine Wurzeln in der Antike. Ein wichtiger Beweggrund waren, wie es die spätere Perfektionierung im Amerikanischen Bürgerkrieg symbolisiert, kriegerische Auseinandersetzungen. In Konflikten zwischen Staaten, Imperien oder Dynastien konnte eine effiziente Informationsübertragung, der Kenntnisstand über den Gegner, seine Stärken und Schwächen, seine Absichten, den Unterschied zwischen Sieg und Niederlage ausmachen.

Varianten optischer Informationsübermittlung mit Licht- oder Rauchsignalen wurden in unterschiedlichen Kulturen entwickelt, sowohl in lange zurückliegenden Epochen wie bis weit in die Neuzeit hinein – jeder Fan von Western-Filmen kennt die von Hollywood meist als unheilverkündend dargestellten[5] Rauchsignale der indigenen Amerikaner oder *native Americans* (einst »Indianer« genannt). In der um 460 v. Chr. entstandenen Tragödie *Agamemnon* des griechischen Dichters Aischylos berichtet ganz zu Anfang des Stückes ein Wächter des Königspalastes, dass er seit Jahren am Horizont nach einem Signalfeuer Ausschau gehalten habe. Diese Feuersignale sollen gemäß der Version des Dichters von Troja nach Argos, also über eine Strecke von mehr als 500 Kilometern gesendet worden sein. Am Ende dieses fünften vorchristlichen Jahrhunderts sind nach Angaben des Historikers Thukydides Feuersignale im Peloponnesischen Krieg genutzt worden, dem epochalen Kampf zwischen Athen und Sparta sowie deren jeweiligen Verbündeten von 431 bis 404 v. Chr. Einige Jahrhunderte später waren derartige Lichtsignale ein Instrument der Grenzsicherung des Imperium Romanum.

Die Übertragung von Lichtsignalen, auch optische Telegrafie genannt, wurde wesentlich effizienter mit der Erfindung des Fernrohres oder Teleskops. Ein Leuchtfeuer konnte damit über eine größere Distanz wahrgenommen werden, was eine schnellere Nachrichtenübermittlung ermöglichte. Diese Innovation, die mit dem Namen des niederländischen Brillenschleifers Hans Lippershey[6] verbunden und am wahrscheinlichsten auf das Jahr 1608 zu datieren ist, machte sich unter anderem das von dem Franzosen Claude Chappe konzipierte und als Flügeltelegraf oder Semaphor bezeichnet System zunutze. Während der Französischen Revolution – die einer Reihe technologischer Neuerungen den Weg bereitete – wurden Masten mit weithin sichtbaren Signalarmen installiert, deren jeweilige Stellung einen Buchstaben symbolisierte. Zwischen Paris und Lille, eine Distanz von rund 270 Kilometern, wurden 22 solcher Semaphorstationen installiert. Selbstverständlich nutzte vor allem das Militär des zunächst revolutionären, dann napoleonischen Frankreich diese Einrichtung. Ein militärischer Konflikt in einem heute weithin als friedlich wahrgenommenem Land markiert eine der letzten Anwendungen einer für diese Nation aufgrund ihrer Geografie sehr charakteristischen Variante der optischen Telegrafie. In der Schweiz gab es das System der Hochwachten; es handelte sich um Leuchtfeuer auf hohen, vor allem in den Bergen weithin sichtbaren Masten. Es wurde im bis heute letzten militärischen Konflikt auf Schweizer Boden noch einmal eingesetzt: im Sonderbundkrieg. Er fand im November 1847 statt – als die elektrische Telegrafie und das Zeichensystem des Samuel Morse ihren Siegeszug angetreten hatten.

Auch das Konzept, die ab dem 19. Jahrhundert besser verstandene Naturkraft der Elektrizität für die Kommunikation zu nutzen, hatte Wegbereiter vor jenem Pionier, mit dessen Namen die Innovation bis heute weithin verbunden ist – eben dem Amerikaner Morse und der im Deutschen auch »Morsen« genannten elektrischen Telegrafie. Einer dieser Vorläufer war der 1755 in Thorn (heute Toruń) geborene Samuel Thomas von Soemmerring. Berühmt wurde er zu Lebzeiten nicht als Erfinder, sondern als Mediziner. Der für seine wissenschaftlichen Erträge geadelte Soemmerring (der

Familienname ist verschiedentlich auch als »Sömmerring« überliefert) war seit 1779 Professor für Anatomie am Collegium Carolinum, einer bereits 1791 wieder eingestellten Hochschule in Kassel, und ab 1784 Professor für Anatomie und Physiologie in Mainz. Er führte unter anderem die heute gültige Zählung der zwölf Hirnnerven ein, entdeckte die Sehnervenkreuzung bei Säugetieren und bewies darüber hinaus seine technologische Vielseitigkeit, als er 1783 als Erster in Deutschland in Kassel einen Heißluftballon aufsteigen ließ, nur wenige Wochen nach dem ebenfalls noch unbemannten Flug eines Ballons durch die Brüder Montgolfier.

1809 entwarf Soemmerring ein komplexes telegrafisches System auf der Grundlage von elektrochemischem Strom. Dieser Entwurf wurde vor der Münchner Akademie der Wissenschaften vorgeführt. Markgraf Leopold von Bayern, ein Verbündeter Napoleons, gab Soemmerrings Telegraf in Auftrag. Er bestand aus fünfunddreißig Drähten, einer für jeden Buchstaben des Alphabets und einer für jede Ziffer. Soemmering wurde von der Technik von Francesco Salva beeinflusst, der einen Telegrafen mit einem elektrischen Kabel für jeden Buchstaben entwarf. Auch bei Soemmerings Konzept wurden mehrere Drähte verwendet, die jeden Buchstaben darstellten, und er ließ die Drahtenden in Säure hängen. Der Absender legte nacheinander einen elektrischen Strom durch die verschiedenen Drähte an, die für jeden Buchstaben einer Nachricht standen; beim Empfänger elektrolysierten die Ströme nacheinander die Säure in den Röhren und setzten Ströme von Wasserstoffblasen neben jedem zugehörigen Buchstaben oder jeder Zahl frei. Der Mitarbeiter des Telegrafenempfängers beobachtete die Blasen und konnte dann die übermittelte Nachricht aufzeichnen – so zumindest die Theorie. Soemmerings Telegraf konnte trotzt stärkerer Batterien nur über eine Entfernung von 3,5 Kilometern senden. Er sah offenbar schnell ein, dass die Vorrichtung wenig praktikabel war und wandte sich anderen Projekten zu, neben der Medizin unter anderem der Astronomie und der Paläontologie. Sein Telegraf soll Napoleon gezeigt worden sein, der *Empereur* habe das Instrument mit den Worten »*C'est une idée germanique*« quittiert – was man auf die eine oder die andere Art interpretieren kann.[7]

So wie Soemmering Anatom war, hatte auch der Mann, der für den Siegeszug der elektrischen Telegrafie steht, einen gänzlich anderen Beruf und war kein Ingenieur oder Techniker. Der 1791 in Charlestown bei Boston als Sohn eines Geistlichen geborene Samuel Finley Breese Morse war Maler – und keineswegs ein schlechter. Morse hatte eine qualitativ kaum zu übertreffende Ausbildung erhalten und zwei der angesehensten pädagogischen Institutionen Neuenglands besucht: zunächst die Phillips Academy, bis zum heutigen Tag eine der berühmtesten weiterbildenden Schulen in den USA (und aktuell mit einer Schulgebühr von rund 70 000 Dollar pro Jahr als Internatsschüler auch eine der teuersten), zu deren Alumni fünf Nobelpreisträger und zwei amerikanische Präsidenten (Bush Vater und Sohn) gehören. Die Academy schloss Morse bereits mit 14 Jahren ab und immatrikulierte sich dann an der Yale University in Hartford, Connecticut. Auch hier war er ein Überflieger: Er erhielt seinen Abschluss bereits mit 19 Jahren.

Während des Studiums hatte er mit einigen seiner Gemälde, die vielfach religiösen Themen gewidmet waren, in Künstlerkreisen Aufsehen erregt. Er gehörte zu den Schülern des zwölf Jahre älteren Landschaftsmalers Washington Allston, der Morse überredete, mit ihm nach England zu gehen und bei dem aus Amerika stammenden Maler Benjamin West weiter Kunst zu studieren. West war Präsident der Royal Academy in London und Schöpfer von Werken, die heute als Historienmalerei gelten, die aber damals die opulente Dokumentation von für die Zeitgenossen erst kurz zurückliegenden Ereignissen waren, wie der Tod Nelsons bei Trafalgar oder Benjamin Franklins Experimente mit natürlicher Elektrizität (*Benjamin Franklin Drawing Electricity from the Sky*). Unter Wests Anleitung brachte es Morse zur Meisterschaft – gemäß den ästhetischen Maßstäben der Epoche. Selbst die Tatsache, dass sein Land, die USA, und seine Gastgeber, die Briten, sich von Sommer 1812 bis Dezember 1814 im Kriegszustand befanden, hatte praktisch keinen nachteiligen Effekt auf seine Studien.

Morse kehrte im August 1815 in die USA zurück und hatte eine Reputation, die hoch genug war, um ihm Zugang zu dem im Ruhestand befindlichen ehemaligen Präsidenten John Adams (als Nachfolger von George Washington der zweite *Chief Executive* der Vereinigten Staaten) zu verschaffen, der ihm Porträt saß. Andere hochrangige Zeitgenossen folgten dem Beispiel und verschafften Morse ansehnliche Aufträge. Als er Anfang 1825 einen Helden des Amerikanischen Unabhängigkeitskrieges, den zu einem Besuch an alter Wirkungsstätte weilenden französischen Adligen Marie-Joseph Paul Yves Roch Gilbert du Motier de La Fayette, Marquis de La Fayette, porträtierte, kam es zu einem tragischen Ereignis, das Morse auf den Weg zu der mit seinem Namen verbundenen letztlich erfolgreichen Variante der elektrischen Telegrafie brachte. Von seinem Vater erhielt er per Brief die Nachricht, dass seine Frau Lucretia schwer erkrankt sei. Morse begab sich umgehend auf die Heimreise nach Connecticut. Der Brief freilich hatte, wie üblich, mehrere Tage für die Zustellung gebraucht. Als Morse daheim ankam, war seine Frau – wenige Tage nach Geburt des dritten Kindes des Paares – nicht nur gestorben, sondern auch schon beigesetzt worden.[8] Morse war verzweifelt; es war ihm verwehrt geblieben, von seiner Frau Abschied zu nehmen. Gab es denn keine Möglichkeit, derart wichtige Nachrichten schneller zu übermitteln?

Auf den entscheidenden Weg wurde Morse 1832 auf der Rückreise von einem zweijährigen Aufenthalt in Europa gebracht; er hatte dort zuletzt mit einem seiner berühmtesten Bilder begonnen, *The Gallery of the Louvre.* Während der mehrere Wochen dauernden Überfahrt zeigte ihm ein in Wissenschaft wie Technik hochgradig versierter Mitreisender seinen Elektromagneten und brachte ihm Grundlagenwissen von Elektrizität und Elektromagnetismus bei – für beide zweifellos ein Mittel, um die Langeweile auf der Reise zu überwinden. Der Mann hieß Charles Thomas Jackson, hatte an der Universität Harvard Medizin studiert und zeigte ein breites Interesse an den verschiedensten Wissenschaften, an technologischen Fortschritten und geografischen sowie geologischen Erkundungen. Um Anleihe bei zwei cineastischen Charakteren zu nehmen, die in mit feiner Ironie gezeichneten Hollywood-Produktionen als Randfiguren bei historischen Begebenheiten des 20. Jahrhunderts auftauchen: wie ein Zelig, wie ein Forrest Gump ist Jackson eine Figur an der Peripherie einiger der großen Durchbrüche jener an Innovation so reichen Epoche.[9] Nach Jacksons eigener Interpretation war er stets der eigentliche Genius, der den entscheidenden Schritt tat, bei der Erfindung der Schießbaumwolle ebenso wie in einer der Sternstunden der Medizin, der so segensreichen Einführung der Narkose – und bei der Telegrafie. Streitbar wie Jackson war, sollte er einigen der Wegbereiter dieser und anderer Erfindungen über viele Jahre mit Rechtstreitigkeiten das Leben schwer machen. Samuel Morse war keine Ausnahme.

Morse verbesserte die frühe Telegrafie, wie sie unter anderem Wilhelm Weber und Carl Gauß in Deutschland sowie

William Cooke und Charles Wheatstone in England konzipiert hatten (die beiden Briten installierten ein erstes System entlang einer Bahnlinie), indem er einen Telegrafen konstruierte, der mit einem einzigen Draht auskam. Er widmete sich dieser Technologie in immer stärkerem Maße und nahm von der Malerei weitgehend Abstand. Ein wirklicher Durchbruch, ohne den der nachfolgende Siegeszug der Telegrafie undenkbar gewesen wäre, war Morses zusammen mit seinem Mitarbeiter Alfred Vail konzipiertes System der Übermittlung von Buchstaben mit einem Code, geradezu einem Alphabet aus kurzen (*dots*, Punkten) und langen (*dashes*, Strichen) Signalen. Morse, der inzwischen eine Stellung als Professor für Malerei und Skulptur an der University of the City of New York, der heutigen New York University inne hatte, konnte sich der Unterstützung eines befreundeten Chemieprofessors, Leonhard Gale, versichern, dem es durch stetige technische Verbesserungen gelang, die Reichweite des Telegrafen zu erhöhen. Nachrichten von einer Stadt in die andere zu senden, schien nun möglich – auch dadurch, dass Morse seinen Plan aufgab, die Leitungen unterirdisch zu legen, und diese stattdessen kostengünstiger über Masten gespannt und entlang von Wegstrecken installiert wurden, die seit kurzem existierten und meist die kürzeste Distanz vom sprichwörtlichen A nach B markierten: die Eisenbahnschienen.

Morse war bürgerlich wohlsituiert, aber nicht wohlhabend genug, um ein Telegrafennetz in größerem Umfang aus eigenen Mitteln zu finanzieren. Er suchte beim Kongress in Washington um Unterstützung nach und konnte sich dank guter Beziehungen ein Büro im Capitol einrichten. Der Handelsausschuss des Repräsentantenhauses unter dem Vorsitz von Francis O. J. Smith forderte Morse auf, einen vollständigen Bericht über seine Erfindung vorzulegen, und empfahl dem gesamten Repräsentantenhaus die Bereitstellung von 30 000 Dollar (nach heutigem Wert rund eine Million Dollar) für den Bau einer 50 Meilen langen Teststrecke. Smith war von Morses Telegrafie so beeindruckt, dass er, nachdem seine Kandidatur für die Wiederwahl gescheitert war, als einer von Morses Partnern eintrat. Es bedurfte indes auf Morses Seite viel Geduld und noch mehr Einfallsreichtum beim Lobbyismus, bis die Volksvertreter im März 1843 endlich die genannte Summe für den Bau einer Telegrafenlinie »von solcher Länge und zwischen solchen Punkten, dass ihre Durchführbarkeit und Nützlichkeit vollständig geprüft wird«, bewilligten.[10]

Die Länge dieser ersten voll funktionstüchtigen Telegrafenlinie des Samuel Morse betrug 38 Meilen (rund 61 Kilometer) und verlief vom Capitol in Washington bis zu einer Eisenbahnstation in Baltimore. Am 24. Mai 1844 betätigte Morse in seinem Büro, von zahlreichen Zeugen – Freunden wie Politikern – umgeben, die Taste seines bald als »Morseapparat« bezeichneten *telegraph key*, des Telegrafenschlüssels. Die 18jährige Tochter des Vorsitzenden der Patentkommission, Annie Ellsworth, gab Morse ein kurzes Bibelzitat als Text für die erste Nachricht: *What hath God wrought* (Was hat Gott gewirkt). Er sandte die *dots* und die *dashes*, dann warteten alle Anwesenden gespannt. Es dauerte nicht einmal eine Minute, bis das bald weltweit zum Zeichen eintreffender Neuigkeiten bekannte Klickern des Gerätes ertönte: Alfred Vail sandte die Botschaft aus seiner Stube in der Mount Clare Station in Baltimore (heute ein Eisenbahnmuseum) zurück.

Es war der Beginn eines fast beispiellosen Siegeszuges der neuen Technologie, der auch Samuel Morse – ungeachtet zahlreicher Rechtsstreitigkeiten – letztlich zu einem reichen Mann machte. National wie international hochgeehrt starb

Morse, der 1848 erneut geheiratet und zu seinen drei Kindern aus erster Ehe drei weitere Söhne und eine Tochter bekommen hatte, im April 1872 kurz vor seinem 81. Geburtstag und hinterließ ein Vermögen, das einem heutigen Wert von mehr als zwölf Millionen Dollar entsprach. Zu jenem Zeitpunkt verliefen mehr als eine Viertelmillion Kilometer Telegrafendraht durch die USA und ließen ebenso wie die Eisenbahnen das riesige Land zusammenwachsen. Eine Nachricht von New York nach San Francisco benötigte nun einige Minuten – was zu Beginn des 19. Jahrhunderts noch unvorstellbar gewesen war. Der Morse-Telegraf und der Morse-Code wurden schon 1851 auf einer Konferenz in Wien als internationaler Standard festgelegt. Im gleichen Jahr noch gründete Paul Julius Reuter (als Israel Beer Josaphat in Kassel geboren) ein zunächst auf die Übermittlung von Börsendaten über ein unterseeisches Kabel zwischen Calais und Dover spezialisiertes Nachrichtenbüro, aus dem die *Reuter's Telegram Company Limited* hervorging, später bekannt als Nachrichtenagentur Reuters. Um 1857 war es in Europa prinzipiell möglich geworden, mit gewissen zeitlichen Verzögerungen quer über den Kontinent per Telegramm zu kommunizieren.[11]

In einer 1858 erschienenen Geschichte der – zu diesem Zeitpunkt noch sehr jungen – Telegrafie kannte die Bewunderung der Autoren für das neue Medium kaum Grenzen: »Von allen wunderbaren Errungenschaften der modernen Wissenschaft ist der elektrische Telegraf die größte und nützlichste für die Menschheit … Die ganze Erde wird vom elektrischen Strom durchflossen werden, der von menschlichen Gedanken und Gefühlen pulsiert … Sie bindet alle Völker der Erde durch eine lebenswichtige Schnur zusammen. Es ist unmöglich, dass alte Vorurteile und Feindseligkeiten weiter bestehen, während ein solches Instrument für den Gedankenaustausch zwischen allen Völkern der Erde geschaffen wurde.«[12]

Bald waren nicht nur die Länder auf einem Kontinent, sondern auch die Kontinente selbst verbunden. Ein erster Versuch eines transatlantischen Kabels von Irland nach Neufundland im Jahr 1854 konnte aufgrund mangelnder Qualität der Übertragung nicht als restloser Erfolg bezeichnet werden. Immerhin kam es zum ersten Austausch zweier weit voneinander entfernter Staatsoberhäupter, als Queen Victoria einige Worte des Glückwunsches an den amerikanischen Präsidenten James Buchanan »kabeln« ließ. Erfolgreicher war die Verlegung zweier technisch fortgeschrittenerer Kabel in den Jahren 1865 und 1866, für die das damals größte Schiff der Welt, die »SS Great Eastern«, eingesetzt wurde. Der Koloss begann mit der Verlegung vor Valentia Island, einem der westlichsten Punkte auf der Landkarte Irlands, und dampfte dann über Wochen langsam in Richtung Nordamerika, wo das Kabel bei Heart's Content auf Neufundland aus dem Wasser auftauchte und auf eine Telegrafenstation zulief. Seither wurde die Nachrichtenverbindung zwischen Amerika und Europa nie wieder unterbrochen.

Nach erfolgreicher Verlegung und kurz vor der Testung des Transatlantikkabels schrieb die *Times* in London seherisch: »Morgen werden die Herzen der zivilisierten Welt in einem einzigen Pulsschlag schlagen, und von diesem Zeitpunkt an werden die kontinentalen Trennungen der Erde in gewissem Maße die Bedingungen von Zeit und Entfernung verlieren, die jetzt ihre Beziehungen kennzeichnen.«[13]

Bei aller zeitgenössischen Bewunderung dieser Innovation und, aus doch schon recht beträchtlicher zeitlicher Distanz, unserem Respekt für die schnelle Ausbreitung dieses ersten wirklich modernen Kommunikationssystems sind Vergleiche mit modernen Technologien überzogen, wie der

Historiker Jürgen Osterhammel in seiner umfassenden Geschichte des 19. Jahrhundert betont: »Der Telegraphenverkehr war viel zu schwerfällig, überlastungsgefährdet und teuer (1898 gab die *Times* 15 Prozent ihres Jahreserlöses für Telegraphiegebühren aus), um schon als ›viktorianisches Internet‹ bezeichnet werden zu können, aber zumindest die Grundmuster eines historisch beispiellosen *world wide web* waren gelegt. Es war viel stärker zentriert als das heutige Internet. Die Telegraphenleitungen und ebenso die finanziellen Fäden eines weltweiten Kabelgeschäfts, das stärker den Bedürfnissen des Handels als denen der Presse diente, liefen in London zusammen.«[14]

Das Herzklopfen, das über viele Jahre bei Empfängern von Telegrammen einsetzte – vor allen in Kriegszeiten, in denen die Nachricht vom Tod eines Familienmitgliedes vielfach auf diesem Weg die Angehörigen erreichte – ist ein Relikt der Vergangenheit. Das Telegramm ist in Deutschland Geschichte, wie die Post auf ihrer Website die geneigte Kundschaft wissen lässt: »Bitte beachten Sie: Das Produkt Telegramm wurde leider zum 31.12.2022 eingestellt, da die Nachfrage nach diesem Produkt auf Privatkundenseite in den letzten Jahren immer mehr gesunken ist.«[15]

Der Telegraf war in einer schnelleren, unmittelbaren Form als der Buchdruck und mit diesem der Aufschwung der Zeitungen und anderer Druckerzeugnisse der Beginn des modernen Informationszeitalters. Nachrichten erreichten über den elektrischen Draht weite Teile der Bevölkerung und verbreiteten sich, wenn es sich um dramatische Neuigkeiten handelte, nicht selten aus dem Telegrafenbüro hinaus, vor dem Erreichen der Nachrichtenagentur oder der Zeitungsredaktion, auf die urtümlichste Weise, verbal von Mensch zu Mensch. Dies geschah in den USA überall dort, wo Telegrafenleitungen verliefen, am Morgen des 15. April

1865, als die Drähte die Worte von Kriegsminister Edwin Stanton transportierten: »Abraham Lincoln starb heute morgen, zwanzig Minuten nach Sieben.« Der Telegraf, den der Präsident während des Bürgerkrieges so intensiv genutzt hatte, trug die Nachricht vom Attentat im Ford's Theater durch das Land. Viele Amerikaner erfuhren davon noch an diesem Samstag. In London traf die Nachricht 13 Tage später ein – es war ein Jahr vor Inbetriebnahme des Transatlantikkabels. Als im März 1881 Zar Alexander II. ermordet wurde, wusste man es in der britischen Hauptstadt, die inzwischen über mehrere Kabel mit vier Kontinenten verbunden war, binnen 12 Stunden.[16]

5 Eines der großen Bilddokumente zum Siegeszug der Technik: Orville Wright fliegt mit dem »Flyer« am 17. Dezember 1903, sein Bruder Wilbur bestaunt den Erfolg der jahrelangen Planung und Konstruktion der Wright Brothers.

Mobilität II – Der Traum vom Fliegen

Orville Wright, Wilbur Wright, Charles A. Lindbergh, Juan Trippe

Es war der Tag, an dem ein alter Menschheitstraum in Erfüllung ging. Doch der Schauplatz hätte kaum abgelegener, das Publikum kaum spärlicher sein können. Die hohen Dünen auf der dem nordamerikanischen Festland vorgelagerten Inselkette wurden von einem kräftigen, die oberste Sandschicht vor sich hertreibenden Sturm aufgewirbelt, der Geschwindigkeiten bis zu fünfzig Stundenkilometern annahm. Es war kalt, fast kälter noch als sonst an einem Dezembermorgen in North Carolina üblich. Dementsprechend suchten die fünf Zuschauer, die sich eingefunden hatten – drei Männer von einer nahe gelegenen *Life-Saving Station*, ein Farmer[1] aus der Gegend und ein achtzehnjähriger Bursche, der zufällig vorbeigekommen und neugierig geworden war –, solange es ging Schutz in oder neben dem scheunenähnlichen Gebäude, eines der wenigen Bauwerke in dieser im Winter weithin verlassenen Region.

Diese Zeugen beobachteten die Vorbereitungen der beiden Männer mittleren Alters und halfen ihnen mit ein paar Handreichungen. Beide waren gekleidet, als wären sie in einer Stadt und auf dem Weg zu einer geschäftlichen Besprechung, nicht in einer fast menschenleeren Gegend ohne nennenswerte Infrastruktur: Anzug, Weste, gestärkte weiße Hemden und Krawatte; lediglich die dicken Winterjacken waren ein Tribut an die klimatischen Umstände. Orville und Wilbur Wright waren in der Tat Städter, wenn auch nicht aus eine der rasch expandierenden Metropolen der USA stammend. Die beiden Brüder kamen aus dem mittelgroßen Dayton im Bundesstaat Ohio, einer Stadt, die in ihrer bürgerlichen Prosperität typisch war für den erblühenden Mittelwesten des Landes in einer Epoche des Aufbruchs – des wirtschaftlichen wie des technologischen.

Als es ernst wurde, packten alle mit an. Sie schoben die rund 600 Pfund schwere Konstruktion der Brüder aus dem Schuppen, ein aus zwei stoffbespannten Tragflächen bestehendes Vehikel, für das der bislang für derartige experimentelle Geräte benutzte Begriff »*glider*« gerechtfertigt gewesen wäre, hätte die Konstruktion nicht einen mit Benzin gefüllten Motor und zwei Luftschrauben – oder Propeller – gehabt. In gut einhundert Metern Entfernung waren zwei Metallschienen auf den sandigen Boden installiert und, so gut es ging, befestigt worden. Auf diese wurden die Kufen des Gerätes gesetzt, dem die Brüder mit einem gehörigen Vertrauensvorschuss den Namen »*Flyer*« gegeben hatten. Noch ein weiteres Stück zeitgenössischer Technologie war Teil der Szene: eine auf einem Stativ befestigte Kamera der Marke Gundlach Kodak V. Einer der Männer, John T. Daniels, seit langem ein Vertrauter der Brüder, sollte sie bedienen, wenn der Augenblick, auf den die beiden seit Jahren hingearbeitet hatten, gekommen war.

Sie mussten sich gedulden, zu stark war der Wind, in dessen hier übliche Richtung – aus Nordosten – die etwa zwanzig Meter langen Startschienen ausgerichtet waren.

Dann ließ er etwas nach und Orville Wright begab sich in Bauchlage auf eine Position in der Mitte des unteren Segments, an dem die Vorrichtungen angebracht waren, mit denen er die Ruder des *Flyer* betätigen konnte. Orville war an der Reihe, weil sein Bruder wenige Tage zuvor, bei einem missglückten Versuch, das Gerät zu lenken versucht hatte. Es war Donnerstag, der 17. Dezember 1903 in Kitty Hawk, North Carolina. Um 10 Uhr 35 startete Orville Wright den Motor. Das Halteseil wurde gelöst und der *Flyer* bewegte sich auf der Schienenkonstruktion vorwärts; wegen des Gegenwindes nicht allzu schnell, so dass Wilbur mühelos neben dem Flugzeug – wie wir es von diesem Moment an nennen sollten – herlaufen und mit einer Hand die Tragfläche stabil halten konnte. Fast haargenau am Ende der Startschienen hob der *Flyer* mit einem Ruck ab. John T. Daniels betätigte durch Drücken eines pneumatischen Gummiballs den Auslöser der Kamera, so dass deren fünf mal sieben Inch (knapp 13 mal 18 Zentimeter) große Glasplatte belichtet wurde. Es wurde eines der berühmtesten Fotos des noch jungen 20. Jahrhunderts.

Der *Flyer* wurde vom Wind hoch und zur Seite geworfen; Orville hatte alle Mühe, ihn einigermaßen stabil in der Luft zu halten. Dann, nach etwa zwölf Sekunden Flug, senkte sich seine Spitze und er setzte verhältnismäßig sanft auf dem Boden auf. Die zurückgelegte Strecke betrug etwa vierzig Meter. Ob er Angst gehabt habe, fragten die Helfer den sich aus seiner nicht allzu bequemen Lage erhebenden Orville. Angst? Nein, dazu sei keine Zeit gewesen.

Sie schoben den *Flyer* zurück auf seine Startposition. Gegen elf Uhr hatte der Wind weiter nachgelassen und Wilbur begab sich nun in das Gestell des Doppeldeckers. Der *Flyer* hob abermals zuverlässig ab und trug seinen Piloten über etwa sechzig Meter. Nach einer kurzen Pause, in der sich die inzwischen deutlich euphorischen Männer, die Gebrüder Wright ebenso wie die wenigen Zeugen, in der Scheune aufwärmten – mit der Entwicklung der Luftfahrt sollte der Begriff »Hangar« für einen solchen Gebäudetyp aufkommen –, unternahmen sowohl Orville als auch Wilbur noch je einen Flug. Der letzte ging über eine Strecke von fast 300 Metern und dauerte 59 Sekunden. Fast wurden sie übermütig. Man wollte einen Versuch wagen, vom Startplatz bis zur Wetterstation am Strand zu fliegen. Eine heftige Windbö setzte diesem Ansinnen ein Ende. Der *Flyer* wurde wie ein im Sturm umgerissener Schirm aus seiner Halterung geworfen und Daniels, der die Maschine mit ihrem bereits gestarteten Motor festzuhalten suchte, verfing sich in den Kabeln und Verstrebungen der Konstruktion. Einige Meter flog die Maschine mit dem gut 200 Pfund schweren Mann, bevor sie niederging und in mehrere Teile zerbrach. Daniels hatte einige Hautabschürfungen erlitten, aber nicht Schlimmeres. Bis zum Ende seines Lebens würde er erzählen, dass er der Überlebende des ersten Flugzeugabsturzes gewesen war.

Der Totalschaden des *Flyer* drückte die Stimmung bei den Anwesenden mitnichten. Seine Herstellungskosten waren gering und die beiden mechanisch enorm begabten Brüder Wright würden keine Probleme haben, ihn wiederherzustellen oder durch einen Neubau zu ersetzen.[2] An ihren Vater, der wegen seiner hohen klerikalen Position daheim in Dayton meist nur »der Bischof« genannt wurde, setzten sie ein Telegramm auf: »Erfolg – vier Flüge am Donnerstagmorgen – alle gegen Wind von 21 Meilen – starteten vom Boden nur mit Motorkraft – durchschnittliche Geschwindigkeit in der Luft 31 Meilen – längster Flug 57 Sekunden – informiert die Presse – sind Weihnachten zuhause – Orvelle Wright.«[3] Was sich, so der amerikanische Historiker David McCullough, »an jenem Tag im Jahr 1903, in den steifen Winden und der Kälte der Outer Banks, in weniger als zwei Stunden ereignete, war einer der Wendepunkte der Geschichte. Es war der Beginn einer Veränderung der Welt, die größer war, als es sich jeder der Anwesenden hätte vorstellen können. Mit ihrer selbstgebauten Maschine hatten Wilbur und Orville Wright ohne einen Zweifel gezeigt, dass der Mensch fliegen konnte. Und wenn es der Welt noch nicht klar war, die beiden wussten es.«[4]

Orville und Wilbur Wright waren nicht die ersten Menschen, die sich in die Luft erhoben hatten. Aber sie waren die ersten, die abgesehen von frühen bereits getesteten und sehr langsamen Luftschiffen dafür eine von der Natur – vom Wind – unabhängige Kraft einsetzen. Es war jene Kraft, die ein von fossilen Stoffen betriebener Verbrennungsmotor lieferte. Sie würde dieses neue, das zwanzigste Jahrhundert prägen, zum Guten wie zum Schlechten; nicht nur in der Luft, sondern auch auf den Straßen, den Weltmeeren und jeder anderen für den Verkehr von Menschen und Waren zu nutzenden Strecke. Fasziniert hatte der Gedanke, sich den Vögeln gleich in die Lüfte zu begeben, in vielen Kulturen seit archaischen Zeiten. Der römische Dichter Ovid erzählte zu Beginn des ersten Jahrhunderts die griechische Sage von Dädalus und Ikarus, die mit Vogelfedern der Gefangenschaft entkamen; für Ikarus indes endete der Flug tödlich. Leonardo da Vinci dürfte der erste gewesen sein, der sich konkrete technische Gedanken machte, fernab von Sagen und Mythologien, und Skizzen von Fluggeräten anfertigte. Sein Zeitgenosse Hieronymus Bosch hatte bereits um 1500 eine düstere Vision von der Nutzung der Luftfahrt. In seinem Gemälde »Die Versuchung des heiligen Antonius« sind Luftschiffe zu sehen, die zur Zerstörung beitragen und sich offenbar auch bekämpfen. Bosch war sich vermutlich sicher, dass der Mensch das Fliegen, wenn es ihm denn möglich wäre, auch für militärische Zwecke, vielleicht gar mit apokalyptischen Auswirkungen einsetzen würde.

Entwürfe von Vorrichtungen und Konstruktionen folgten über die nächsten Jahrhunderte. Der erste Flug, der diese Bezeichnung verdient, fand passenderweise im Zeitalter der Aufklärung statt, in der Wissenschaft und Technik sich entwickelten wie kaum jemals zuvor. Man ließ Vorsicht walten. So waren die ersten Passagiere ein Hammel, eine Ente und ein Hahn, die unter den Augen von König Ludwig XVI. vor dem Schloss von Versailles in einem von dem anderen großen Brüderpaar in der Luftfahrtgeschichte, von Joseph Michel und Jacques Étienne Montgolfier entworfenen und gebauten Heißluftballon zu einem achtminütigen Flug aufstiegen. Ein unbemannter Ballon der Brüder war wenige Wochen zuvor erfolgreich getestet worden. Da die drei Wegbereiter des Fluges – deren Namen uns leider nicht bekannt sind, so man ihnen welche gegeben hatte – diesen unter den Augen von *Le Roi* unversehrt überstanden hatten, gab der Herrscher die royale und gnädige Erlaubnis, Menschen mit einem Ballon (er wurde schnell »Montgolfière« genannt) fliegen zu lassen. Als kleine Randnotiz: Ludwig XVI. spielte in der Technikgeschichte eine weitere und weitaus tragischere Rolle: Er ließ zehn Jahre nach dem Jungfernflug von Versailles sein Leben unter einer Guillotine, der Erfindung eines Arztes, um das Hinrichten effizienter und für den zum Tode Verurteilten weniger schmerzhaft zu machen.

Die Montgolfiers und ihre Mitstreiter gingen stufenweise vor – fast wie beim Apollo-Programm stand zunächst ein wenig gefährlicher Flug auf dem Programm. Am 15. Oktober 1783 stieg – abermals: wie passend für *The Age of Reason*! – mit Jean-François Pilâtre de Rozier ein Wissenschaftler mit einem Heißluftballon auf, der gleichwohl mit einem Seil gehalten wurde. Wenige Wochen später, am 21. November 1783, kam es zum ersten wirklichen, weil freien Ballonflug.[5] Rozier und François Laurent, Marquis d'Arlandes, ein wohlhabender Aristokrat, starteten im Garten eines Schlosses in Passy und landeten 25 Minuten später wohlbehalten in der Gemeinde Gentilly. Traurigerweise blieb es nicht die einzige Gelegenheit, bei der sich Rozier mit einem »erster« in die Annalen der Luftfahrt eintragen sollte. Zwei Jahre darauf kam er zusammen mit einem weiteren Passagier, Pierre Romain, ums Leben, als sich der teilweise mit Wasserstoff gefüllte Ballon entzündete und abstürzte. Die beiden waren die ersten Todesopfer in der Luftfahrt. Und noch etwas anderes kann man als traurig bezeichnen: Wie es Hieronymus Bosch vorhergesehen hatte, wurde die neue Erfindung schnell in der Kriegführung eingesetzt. Primär konnte von einem Ballon aus militärische Aufklärung betrieben werden. Aber kaum zwanzig Jahre nach Roziers Erstaufstieg schien bereits einigen Planern in den Stäben Napoleons eine Invasion Englands aus der Luft, mit Hunderten von Gardegrenadiere tragenden Ballons, etwas durchaus Mögliches zu sein.

Gegen Ende des 19. Jahrhunderts nahm die Zahl der Luftfahrtenthusiasten zu, entstanden Aero-Clubs, die mit Modellen arbeiteten. Oder mit Gleitern. Der bekannteste dieser Experimentierer wurde der meist im Großraum Berlin verschiedene Modelle bauende und erprobende Otto Lilienthal. Er erkannte, welche zentrale Rolle die Tragfläche bei einem Fluggerät spielt. Mindestens 21 verschiedene Gleiter baute Lilienthal, der dem Prinzip des »schwerer als Luft« in der Avionik zur ersten menschlichen Anwendung verhalf – die in seinen letzten Lebensjahren gebauten Luftschiffe, die bald nach einem ihrer wichtigsten Konstrukteure »Zeppeline« genannt wurden, arbeiteten wie Heißluft- und Gasballons nicht nach diesem Prinzip; sie waren insgesamt trotz ihrer Ladung, ihrer Passagiere und den bei Luftschiffen zunächst schwachen Motoren leichter als Luft. Lilienthal schrieb ein Werk, das als Klassiker über die theoretischen Grundlagen des Fliegens gilt, das 1889 erschienene Buch *Der Vogelflug als Grundlage der Fliegekunst*. Er war überzeugt, dass mit dem Fliegen ein ganz neues, ein besseres Zeitalter anbrechen würde: »Die Grenzen der Länder würden sich verlieren, weil sie sich nicht mehr absperren lassen, die Unterschiede der Sprache würden mit der zunehmenden Beweglichkeit der Menschen sich verwischen. Die Landesverteidigung, weil zur Unmöglichkeit geworden, würde aufhören, die besten Kräfte des Staates zu verschlingen, und das zwingende Bedürfnis, die Streitigkeiten der Nationen auf andere Weise zu schlichten als mit blutigen Kämpfen um die imaginär gewordenen Grenzen, würde uns den ewigen Frieden verschaffen.«[6]

Er hätte nicht mehr im Irrtum sein können. Das Flugzeug wurde in unzähligen Kriegen zu einem wichtigen, die meisten dieser Konflikte entscheidenden oder mitentscheidenden Faktor. Es blieb Otto Lilienthal erspart, diese Entwicklung miterleben zu müssen. Nach einem Absturz im brandenburgischen Gölln starb er am 10. August 1896 in Berlin.

Die frühen Gleiterpioniere wie Lilienthal und Albrecht Ludwig Berblinger, der Schneider von Ulm, der am 31. Mai 1811 mit seinem Hängegleiter unter dem Gejohle der Zuschauer in der Donau landete, hatten höchstwahrscheinlich einen Vorläufer: Der englische Mönch Eilmer von Malmesbury soll nach dem Sprung von einem Turm mit einer Flügelvorrichtung, die er sich angelegt hatte, gut 200 Meter weit geflogen sein. Allerdings brach er sich der Überlieferung nach bei der harten Landung beide Beine – Lilienthals vermeintlich letzte Worte »Opfer müssen erbracht werden« galten somit auch für diesen Mann der Kirche. Das Datum seines Fluges soll um das Jahr 1000 christlicher Zeitrechnung gewesen sein. Während zahlreiche Zeitgenossen für dieses Jahr den Weltuntergang und das Jüngste Gericht erwarteten, wies Eilmer mit seinem Flug in eine weitaus optimistischere, eine von Technik geprägte Zukunft.

Die Erfindung des Verbrennungsmotors durch Gottlieb Daimler im Jahr 1883 sollte sich nicht nur für das eine Straße nutzende Fahrzeug, das bislang durch Pferdekraft oder durch menschliche Anstrengung betrieben wurde, sondern auch für die noch embryonale Luftfahrt der buchstäbliche Gamechanger werden. Der Motor war – vor allem im Vergleich zu den bislang das Feld der maschinellen Energiegewinnung dominierenden Dampfmaschine – relativ klein und konnte in eine zarte Konstruktion wie den *Flyer* eingebaut werden. Eine bemerkenswerte ironische Pointe der Geschichte: In der Gegenwart sind Luftfahrtzeuge in den Augen von Klimaschützern und Klimabesorgten einer der Hauptübeltäter, die zum anthropogenen Klimawandel entscheidend beitragen sollen – was freilich beispielsweise die geschätzt 40 000 Teilnehmer des Klimagipfels der Vereinten Nationen in Baku im November 2024 nicht davon abhielt, in überwältigender Mehrzahl mit dem Flugzeug und nicht auf einem Esel nach Aserbaidschan zu reisen. Geradezu als Antithese von fossile Brennstoffe verbrauchenden Verkehrsmitteln gilt vielen klima- und umweltbewussten Menschen des frühen 21. Jahrhunderts das Fahrrad. Mit dieser wirklich emissionsfreien, leider auf verhältnismäßig kurze Distanzen beschränkten Mobilitätstechnologie erwarben die Wright Brothers ihre Fähigkeiten als Mechaniker und Tüftler, die ihnen äußerst hilfreich waren, um zu den berühmtesten Pionieren des alles andere als emissionsarmen Flugzeuges zu werden.

Wilbur und Orville Wright wurden im Abstand von gut vier Jahren – Wilbur im April 1867, Orville im August 1871 – in die bildungsbürgerlich geprägte Familie von Bischof Milton Wright und seiner deutschstämmigen Frau Susan Koerner Wright geboren. Insgesamt hatten die Wrights sieben Kinder, die allesamt – damals bei weitem keine Selbstverständlichkeit – das Erwachsenenalter erreichten. Besonders eng war unter den Geschwistern die Beziehung von Wilbur und Orville zu der 1874 geborenen Katherine, die eine wichtige Mitarbeiterin ihrer später so berühmten Brüder und außerdem eine bedeutende Frauenrechtlerin wurde. Orville und Wilbur zeigten früh ein Talent für technische Basteleien; sie waren gute Schüler, ohne letztlich das in etwa einem deutschen Abitur entsprechende High School Diploma zu erwerben. Wilbur erlitt in seinen Teenagerjahren einen schweren Unfall – wenn man das Geschehen so bezeichnen will – bei der beliebtesten Sportart der nördlichen USA und Kanadas. Bei einem Eishockeyspiel auf einem der damals fast in jedem Winter zugefrorenen Seen wurden ihm durch den Schläger eines anderen Freizeitathleten die oberen Schneidezähne ausgeschlagen. Zwar ist das ein häufiger Unfall in dieser Sportart; die weitere Biografie des Mitspielers lässt indes den Verdacht aufkommen, dass es vielleicht Absicht war. Denn dieser war kein freundlicher Mensch: Sein Name war Oliver Crook Haugh, er wurde 1906 als Serienmörder hingerichtet.

Monatelang von Schmerzen geplagt und entsprechend dem damaligen Stand der Zahntechnik nur ungenügend mit künstlichen Zähnen versorgt, wurde Wilbur zunehmend introvertiert. Orville wurde zu seinem wichtigsten Vertrauten; die beiden waren stets füreinander da und blieben ihr Leben lang unverheiratet. 1889 wandte sich Orville einer (wie gezeigt) historisch sehr signifikanten Technik zu: Er eröffnete eine Druckerei und gab, natürlich bald zusammen mit Wilbur, eine Zeitung heraus. Die beiden waren gleichermaßen technisch versierte Tüftler wie begabte Geschäftsleute. 1892 eröffneten sie ihr eigenes Geschäft an der 1034 West Third Street in Dayton. Das Schild über dem Schaufenster lautete: »Wright Cycle Company«.

Es waren die Jahre des *bicycle craze*, in denen die Öffentlichkeit geradezu verrückt nach den in vielerlei Hinsicht deutlich verbesserten Fahrrädern war. Die Straßen waren voll von diesen neuerdings mit Transmissionsketten und mit aufblasbaren Reifen ausgestatteten Fahrzeugen, ob in Dayton auf der Main Street oder in New York auf der Fifth Avenue, ob in Düsseldorf auf der Königsallee oder in Berlin Unter den Linden. Fahrrad zu fahren war chic und eine Gelegenheit, sich sportiv-modisch in der Öffentlichkeit zu zeigen – gerade auch für Frauen. Dass es darüber hinaus gesund ist, wurde einer in den Städten zunehmend in Büros und damit überwiegend sitzend erwerbstätigen Mittelschicht schnell bewusst. Vergessen war es, dass das Fahrrad aus der Not, als Folge einer der großen Natur- und Klimakatastrophen des Jahrhunderts geboren war. Die gewaltige Eruption des Vulkans Tambora in Südostasien im April 1815 hatte zu einer globalen Abkühlung mit extremem Schlechtwetter in vielen Teilen der Welt geführt.[7] Es folgte eine ganz Europa erfassende Hungersnot, nicht nur unter den Menschen, sondern auch bei deren Nutztieren. Für Pferde (von denen Zehntausende, wenn nicht Hunderttausende in den gerade zu Ende gegangenen napoleonischen Kriegen umgekommen waren) gab es nicht genug Hafer oder andere Futtermittel. Ein Pferd konnten sich immer weniger Menschen leisten. Im Großherzogtum Baden konzipierte aufgrund dieser wirtschaftlichen Situation der Forstlehrer Karl Friedrich Christian Ludwig Freiherr Drais von Sauerbronn ein Laufrad, die Urform des Fahrrads, mit dem er am 12. Juni 1817 auf seiner Jungfernfahrt bei Mannheim eine Strecke von sieben Kilometern deutlich schneller und weniger mühselig als zu Fuss zurücklegte. Seine Erfindung pries Drais in einem Flugblatt mit den Worten an: »In Kriegszeiten, wo die Pferde und Futter oft selten werden, könnte ein solcher Wagen wichtig seyn.«[8]

Die Wright-Brüder waren erfolgreich beim Bau und Verkauf ihrer Fahrräder, das Geschäft blühte. Fahrräder aus den USA hatten einen hohen Standard, wie ein zeitgenössischer deutscher Experte notierte: »Bei der Konstruktion seiner Fahrradmodelle entwickelte der Amerikaner einen ganz außergewöhnlichen Scharfsinn. Aufgrund der richtigen Beobachtung, dass der Mensch beim normalen Gehen seine Beine eng aneinander geschlossen hält – selbstverständlich ist hier nur der von Mutter Natur mit wohlgeformten Beinen ausgestattete Mensch gemeint – passt er die Fußbewegung beim Radfahren jener beim Gehen möglichst an durch die Konstruktion von engen Kurbelantrieben.«[9]

Wilbur und Orville machten sich zunehmend Gedanken über eine Art von Antrieben und eine Fortbewegung, die nicht länger an eine Straße gebunden war. Ihre Blicke gingen nach oben, sie beobachten den Flug der Krähen und anderer Vögel des amerikanischen Mittelwestens und waren fasziniert davon, wie mühelos die Tiere durch leichte Veränderungen der Spitzen ihrer Flügel elegante Kurven fliegen konnten. Das Interesse der beiden an den Grundlagen des Fliegens wurde durch die Lektüre der englischen Ausgabe von Lilienthals Buch nachhaltig stimuliert. Der deutsche Pionier habe, so erinnerten sich die Brüder später, »uns mit unstillbarem Enthusiasmus infiziert und hat aus müßiger

Neugier den aktiven Eifer eines Arbeiters gemacht«.[10] Sie lasen von anderen Pionieren des Gleitfluges, die im eigenen Land experimentierten und unter Luftfahrtenthusiasten schon einen hohen Bekanntheitsgrad erreicht hatten. Es waren der französisch-stämmige Ingenieur Octave Chanute, der - durch den Bau von Brücken und Eisenbahntrassen wohlhabend geworden - Gleiter baute. Und vor allem einer der führenden Wissenschaftler der USA hatte mit seinen Experimenten das Interesse der Reporter geweckt. Samuel Pierpont Langley war eigentlich Astronom, stand aber als *Secretary* der Smithsonian Institution an der Spitze einer der bedeutendsten wissenschaftlichen Institutionen der Vereinigten Staaten - und hatte an deren Standort Washington und aufgrund seiner Prominenz einen guten Draht zu Politikern; auch zu jenen, die über die Vergabe staatlicher Fördermittel entschieden.

Wilbur und Orville begannen den Bau von Gleitern, erst von Modellen, dann von solchen, die eine Person tragen konnten - die richtigen Windverhältnisse und die Stabilität der Konstruktion vorausgesetzt. Sie fokussierten dabei auf einen Faktor, den die anderen Pioniere bislang nicht in den Griff bekommen und teilweise auch kaum beachtet hatten: die Kontrolle des Fluggerätes, das Wenden, das Bestimmen der Flugrichtung. Während andere Gleiterkonstrukteure die Vorstellung von einem Manöver in einer Ebene hatten - wie eine Eisenbahn, die eine Kurve fährt - sahen die Brüder Wright in einer Verlagerung der Achse die Lösung. Ein Flugzeug würde sich wie ein Vogel leicht zur Seite legen (müssen), wenn der Pilot die Flugrichtung ändern wollte. In ihrem bisherigen Berufsleben hatten sie ein weiteres und einprägsames Beispiel für eine Kontrolle durch Verkippung: die Art und Weise wie ein Radfahrer sich in einer Kurve in die neu eingeschlagene Richtung neigt. Sie sahen in einem steifen Ruder, jenem des Schiffes nachempfunden, keine Option, sondern stattdessen in der Methodik, die in der Luftfahrttechnik als »Flügelverwindung« oder »*wing warping*« bezeichnet wird und bei der die Brüder mit einem nach zahlreichen Versuchen und Adjustierungen ausgefeilten System von Kontrollkabeln die Spitzen der Tragflächen in benötigtem Ausmaß gegen einander verkippen konnten.

Dayton war nicht der ideale Platz für Experimente mit einem Gleiter. Sie fragten Chanute, wo in den USA Windstärke und -richtung am ehesten für Gleitflüge geeignet schienen. Unter den genannten Orten waren die Outer Banks von North Carolina noch die ihrer Heimat am nächsten gelegene Lokalität. Neben dem Wind war noch etwas anderes essenziell: Sand – um eine harte Landung unverletzt zu meistern und einen Absturz zu überleben. Als Wilbur im September 1900 erstmals in Kitty Hawk war, konnte er Orville zufrieden berichten, den idealen Ort gefunden zu haben. Hügel wie die Kill Devil Hills, bis zu 30 Meter hohe Sanddünen, waren ideal für einen Gleiterstart. Und vor allem beeindruckte ihn die Abgeschiedenheit. Die Brüder wollten öffentliche und mediale Aufmerksamkeit vermeiden – zumindest so lange, bis der große Tag da war. Längst war ihnen die Vision aufgegangen, etwas Außerordentliches erreichen zu können – fliegen zu können, kontrollierter und länger, als es allen bisherigen Pionieren geglückt war.

Im Oktober 1900 starteten sie in Kitty Hawk ihren daheim in Dayton gebauten Gleiter, einen Doppeldecker. Die erhaltenen Fotos zeigen das unbemannte Gerät in der Luft über dem sandigen Boden. Doch Wilbur – mit dem Vorrecht des Älteren – machte eine nicht dokumentierte Zahl von Flügen, einige über eine Strecke von gut einhundert Metern. Die Bedingungen waren ideal und die Brüder kamen im nächsten Jahr zurück nach Kitty Hawk. Hatten sie im ersten Jahr noch in einem Zelt gelebt, so errichteten sie jetzt ein hölzernes Gebäude, das Unterkunft, Werkstatt und Hangar in einem war. Daheim in Dayton hatten sie einen Windkanal gebaut und begonnen, zahlreiche Varianten von Flügelgeometrien zu testen und Auftriebe und Luftwiderstände zu berechnen. Auch 1902 waren sie wieder am Strand; das Geschäft in Dayton war in vertrauenswürdigen Händen: denen des fast pausenlos Zigarren rauchenden Mechanikers Charlie Taylor. Sie hatten einen neuen Gleiter gebaut, und eine Werkstatt direkt neben dem Startplatz zur Verfügung zu haben bedeutete, umgehend nach einem Flug Veränderungen vornehmen zu können. Es waren mehrere Hundert Flüge in diesem Sommer, der längste trug den Gleiter über 190 Meter. Sie bekamen prominenten Besuch: Octave Chanute. Die Experimente der Brüder hatten sich in Fachkreisen herumgesprochen und Chanute war von dem Modell 1902 der Wrights und dem inzwischen ausgeklügelten Steuerungssystem erkennbar beeindruckt. Auf der Rückreise von North Carolina machte Chanute in Washington Station: Er berichtete Langley von dem, was er gesehen hatte. Bei allem freundschaftlich-professionellen Austausch dürften die Brüder ein feines Gespür dafür gehabt haben, dass sich längst ein Wettlauf abzeichnete, ein Streben zu einem noch unscharf wahrnehmbaren Ziel. Rein biologisch waren die Brüder, die Anfang 40 waren, im Vorteil – Langley war 68 und Chanute 72 Jahre alt. Finanziell und bezüglich anderer Ressourcen waren die beiden reifen Herren indes deutlich besser ausgestattet; was immer Wilbur und Orville in ihre Entwicklungen investierten, musste durch den Verkauf und die Reparatur von Fahrrädern verdient werden.

Sie gingen den nächsten Schritt. Ein Motor sollte das nächste Modell antreiben. Die Motoren, die sich anboten – für Autos, vor allem aber für die gerade eine immense Popularität gewinnenden Motorräder konzipiert –, gefielen ihnen nicht. So baute ihnen ihr Mitarbeiter Charlie Taylor mit den Mitteln der für die Epoche exzellent ausgestatteten Fahrradwerkstatt ein Unikat. Taylor schuf den Motor innerhalb von sechs Wochen. Aus Gewichtsgründen war Aluminium das wichtigste Baumaterial. Er wog knapp 80 Kilogramm und würde eine inklusive des Piloten etwas mehr als 300 Kilogramm schwere Konstruktion mit seinen 12 PS antreiben müssen. Katherine war während der Abwesenheit ihrer Brüder verschiedentlich mit Charlie aneinandergeraten und hatte moniert, dass der Mechaniker oft vorgab, alles zu wissen. Die mit simplen Mitteln und zu geringen Kosten hergestellte Kraftquelle dürfte sie davon überzeugt haben, dass das professionelle Selbstwertgefühl des Angestellten seine Berechtigung hatte.

Der Motor trieb zwei Propeller an, die aus einer Serie von unzähligen Tests und Änderungen hervorgegangen waren. Im Juni 1903 hielt Wilbur vor einer Fachgesellschaft, der Western Society of Engineers, in Chicago einen Vortrag. Er sprach über aerodynamische Herausforderungen beim Gleiten, über einen Benzinmotor an Bord seines Fluggerätes verlor er kein Wort. Im September wurden die einzelnen Bestandteile des *Flyer* in mehreren Kisten mit der Eisenbahn gen North Carolina geschickt. In Kitty Hawk bauten sie ein zweites Gebäude, einen noch größeren Hangar, in dem sie den *Flyer* zusammensetzten. Allein die richtige Installation der Kabel und Verstrebungen beschäftigte Wilbur und Orville mehrere Wochen; »*had much trouble with the wires*« lautete ein typischer Tagebucheintrag Orvilles am 24. Oktober.[11] Am 2. November begannen sie, den Motor einzubauen. Dann änderte sich das Wetter; es begann zu schneien, das Wasser im Waschbassin der Brüder – die über Wochen auf jedweden Komfort verzichteten – fror zu einem festen

Eisblock. Die Stimmung der beiden trübte dies offenbar mitnichten; sie ließen sich nicht aus der Ruhe bringen – und blieben entschlossen, den letzten Schritt zu gehen. Dann endlich war es so weit – der 17. Dezember 1903 wurde zum wahrscheinlich markantesten Datum in der Geschichte der Luftfahrt. Der Tag wurde zum Erfolg, weil Wilbur und Orville mit ihrem Fluggerät vertraut waren, als sei der *Flyer* ein körperlicher Teil von ihnen. Hundert Jahre später schaffte es ein erfahrener Pilot nicht, eine exakte Replika des *Flyer* so stabil in der Luft zu halten, wie es Orville und Wilbur in ihren vier Flügen an jenem Montagmorgen gelungen war. John T. Daniels merkte an: »Es war nicht Glück, das sie fliegen ließ. Es war harte Arbeit und *common sense*. Sie haben ihre Herzen und ihre Seelen und all ihre Energie in diese Idee eingebracht. Und sie hatten den Glauben daran.«[12]

Der Hinweis in dem Telegramm an Bischof Wright und Katherine, die Presse zu informieren, hatte seine Berechtigung. Es war ein Wettlauf entstanden zwischen Anwärtern auf den Ruhm, den ersten wirklich kontrollierten Flug durchgeführt zu haben – ganz ähnlich wie es sich im Mai 1927 abspielen sollten, als verschiedene Kandidaten für den ersten Solo-Flug über den Atlantik in den sprichwörtlichen Startlöchern standen und schließlich Charles Lindbergh diesen Meilenstein erreichen sollte. Den beiden war bekannt, dass ein viel beachteter, weil unter den Augen von Öffentlichkeit und Presse abgelaufener Versuch fehlgeschlagen war. Samuel Langley hatte ein Fluggerät mit der Bezeichnung »*Great Aerodrome*« (auch »*Aerodrome A*« genannt) konstruiert, das mit einem 52 PS starken Motor ausgestattet war. Die Startvorrichtung Langleys war weitaus ungewöhnlicher als die Sandhügel von Kitty Hawk: Er ließ die Maschine auf das Dach eines im Potomac ankernden Hausbootes setzen, welches mit einem Katapult ausgestattet war.

Am späten Nachmittag des 8. Dezember 1903 wurde dieses Katapult betätigt und der mit dem Piloten Charles Manly besetzte *Great Aerodrome* in die Luft geschleudert. Das mit seinen Tandemflügeln höchst ungelenk aussehende Fluggerät stürzte wie ein Stein in den Fluss; Manly konnte ebenso wie bei einem weiteren gleichfalls gescheiterten Versuch unverletzt gerettet werden. Besonders frappant mag in den Augen der Washingtoner Ressourcenverwalter die Tatsache gewesen sein, dass Langley aus öffentlichen Mitteln großzügig mit rund 50 000 Dollar ausgestattet worden war. Die Wrights hatten für den erfolgreichen *Flyer* rund 1.000 Dollar aus eigener Tasche investiert. Wenn es denn ein Trost für Langley gewesen wäre: Das Katapultprinzip ist heute auf dem sichtbarsten Symbol US-amerikanischer Machtpolitik, den Flugzeugträgern, unverzichtbar. Und das erste Schiff dieses Typs für die Marine, 1922 in Dienst gestellt und 1942 von den Japanern versenkt, trug als *USS Langley* den Namen des glücklosen Innovators.

Eine größere Gefahr drohte dem Anspruch der Wrights, den ersten erfolgreichen Motorflug absolviert zu haben, aus einer ganz anderen Richtung. Der 1874 im mittelfränkischen Leutershausen geborene Gustav Weißkopf, der seinen Namen nach der Auswanderung in die USA zu Gustave Whitehead anglisiert hatte, arbeitete in verschiedenen Jobs und beschäftigte sich nebenbei mit seinem Hobby, dem Bau von Flugmaschinen. Er konstruierte einen Gleiter nach Lilienthals Vorbild und gab ihm die prosaische Bezeichnung »*No. 21*«. Im August 1901 berichtete eine Zeitung in Bridgeport im Bundesstaat Connecticut, wo Whitehead sich mit seiner Familie niedergelassen hatte – bei der Eheschließung mit seiner aus Ungarn stammenden Frau hatte er auf dem Trauschein als Beruf »Aeronaut« angegeben – dass Whitehead mit einem motorbetriebenen Flugzeug am 14. August aufgestiegen und eine halbe Meile, also etwa 800 Meter, weit geflogen sei. Die Maschine sei variabel einsetzbar gewesen; wenn ihre Tragflächen eingeklappt waren, konnte sie als Fahrzeug auf der Straße benutzt werden. Die Zeitung, die als seriös galt, listete mehrere Zeugen des Fluges, ebenso wie eine andere Zeitung aus Bridgeport, die kurz darauf ebenfalls über den Flug berichtete. Als Jahre später in großen Publikationen über den Flug des Gustave Whitehead geschrieben wurden, traten weitere Zeugen auf, die dies beobachtet haben wollten – ein Motorflug, immerhin mehr als zwei Jahre vor dem großen Tag von Kitty Hawk.

Über den Prioritätsanspruch Weißkopfs gegenüber den Wright Brothers gibt es seither Streit zwischen jenen, die sich die Sache des Einwanderers zu eigen gemacht haben und den Anhängern des klassischen Narrativs, das in Wilbur und Orville die Väter des Motorfluges sieht – ein Streit, der mit dem Aufkommen des Internets und den im Netz gegebenen Optionen zur Meinungsäußerung noch einmal Fahrt aufgenommen hat. Die erstgenannte Gruppe wirft den Wrights vor, sich mit Hilfe der Presse profiliert und Whitehead verleugnet zu haben. Freilich waren die Brüder – verständlicherweise – bemüht, für ihre Leistung auch gewürdigt zu werden. Mit der Smithsonian Institution, die ihren ehemaligen Chef Langley als eigentlichen Wegbereiter zu feiern suchte, gab es später einen langen Rechtsstreit, der erst nach Orvilles Tod mit einer Einigung im Jahr 1948 endete, gemäß der die Smithsonian Institution die Priorität der Wright Brothers anerkennt und im Gegenzug in ihrem Museum den *Flyer* ausstellen darf. Ein Passus des Vertrages sieht vor, dass bei einem Abweichen von dieser Vereinbarung – wenn also die Smithsonian den Anspruch Whiteheads anerkennen oder vielleicht auch nur über ihn recherchieren würde – die Rechtsnachfolger der

Wrights etwas salopp ausgedrückt den *Flyer* wieder abholen können.

Den Anhängern Weißkopfs schien in ihrem Bemühen endlich Erfolg beschieden, als das Fachbuch *Jane's All the World's Aircraft* in seiner Ausgabe von 2013 den fränkischen Konstrukteur tatsächlich an die Position setzte, die bis dahin die Gebrüder Wright einnahmen und sein (vermeintlicher) Flug vom August 1901 anerkannt wurde. Der lokalpatriotische Jubel des Bayrischen Rundfunks »Die Fluggeschichte muss neu geschrieben werden«[13] war allerdings verfrüht: Die Publikation distanzierte sich schnell und bezeichnete den Beitrag als persönliche Meinung ihres leitenden Redakteurs.

Zunächst waren die Bemühungen der Wright-Brüder um mediale Anerkennung alles andere als erfolgreich. Die führende Tageszeitung ihrer Heimatsstadt Dayton weigerte sich, einen Artikel zu drucken, als ein Freund des Bischofs mit dem Inhalt des Telegramms vorstellig wurde. Der Chefredakteur fand die darin erwähnten 57 Sekunden Flugzeit nicht sehr beeindruckend. Doch die Nachricht verbreitete sich schließlich, wenn auch höchst inkorrekt: In Schlagzeilen wurde eine noch utopische Flugstrecke von drei Meilen (knapp fünf Kilometer) genannt. Doch Wilburs und Orvilles Bekanntheitsgrad stieg, zunächst national, dann international – nicht nur aufgrund der Pionierleistung, sondern auch, weil die Brüder sich nicht auf ihrem Erfolg ausruhten, sondern zielstrebig an der Verbesserung des Motorfluges arbeiteten. Sie verlagerten ihre Flugexperimente heimatnah, auf ein »Huffman Prairie« genanntes, bislang von grasenden Kühen bewohntes Gelände unweit von Dayton. Mit Nachfolgern des ursprünglichen *Flyer* wurden neue Bestleistungen erzielt. Im Jahr 1904 flog Orville den ersten vollständigen Kreis, was für die zunehmend bessere Steuerung des Modells sprach. Dass er bald darauf abstürzte und sich leicht verletzte, minderte den Enthusiasmus der Brüder nicht im Geringsten. Im nächsten Jahr, am 4. Oktober 1905 flog Orville eine Strecke von 20 Meilen und blieb 33 Minuten in der Luft; der Flug endete nur, weil der Tank leer war. Am Tag darauf flog Wilbur 29 Runden über die Huffman Prairie, die inzwischen Zuschauer von nah und fern angezogen hatte. Dayton war auf der noch weitgehend weißen Landkarte der Luftfahrt zu einer Hochburg des Fliegens geworden.

Nach 105 Starts auf der Huffman Prairie hielten die Brüder die Zeit für gekommen, ihre Innovation zu vermarkten. Sie gaben bekannt, dass sie nur noch dort fliegen würden, wo ihnen ein Vertrag zum Verkauf des neuesten *Flyer*-Modells, den sie in ihrer eigenen Firma herzustellen planten, angeboten würde. Ein logischer Partner war natürlich das Militär. Im eigenen Land indes stießen sie auf Ablehnung; nach der Fehlinvestition in Langleys gescheiterten *Aerodrome* war die amerikanische Armee zunächst nicht interessiert. Erst 1908 wurde ihnen von der U.S. Army eine Zusammenarbeit angeboten. Zu diesem Zeitpunkt waren die Brüder mit einem französischen Konsortium einig geworden. Wilbur begab sich mit dem neuesten Modell aus der Wright-Werkstatt auf einen Ozeanliner und fuhr nach Frankreich. Seine öffentlichen Vorführungen in Le Mans machten ihn zu einem Superstar für das in Scharen in den Ort pilgernde Publikum und den Namen »Wright« synonym für Flugzeugbau und meisterhaften Umgang mit den Fliegern in der Luft. Überall in Europa kündeten die Schlagzeilen von den Begeisterung auslösenden Flügen des Amerikaners und *Le Figaro* schwärmte: »Es ist nicht nur ein Erfolg, es ist ein Triumph … ein entscheidender Sieg für die Luftfahrt. Die Nachricht wird überall auf der Welt in wissenschaftlichen Kreisen eine Revolution auslösen.«[14]

Doch es gab auch Rückschläge. Während Frankreich

seinem Bruder zujubelte, demonstrierte Orville in Zusammenarbeit mit der nun kooperativen Armee das Potenzial des neuesten *Flyer* bei Vorführungen über dem Armeestützpunkt Fort Myer bei Washington. Am 9. September 1908 unternahm er den ersten Flug, der länger als eine Stunde dauerte. Am 14. September machte sich Orville zu einem weiteren Flug bereit. In Fort Myer hatten sich rund 2600 Zuschauer versammelt, die neue Bestleistungen oder andere dramatische fliegerische Ereignisse zu sehen hofften. Mit auf den Flug genommen werden sollte als Passagier ein junger Offizier, Leutnant Thomas Selfridge. Orville mochte ihn nicht; er vermutete, dass Selfridge selbst am Bau und dem Verkauf von Flugmaschinen interessiert war. »Ich traue ihm keinen Inch«, ließ Orville seinen Vater wissen. »Selfridge wird sich bemühen, uns Schaden zuzufügen, wo er nur kann. Aber er versteckt es hinter übergroßer Freundlichkeit.«[15] Außerdem war Orville skeptisch, weil der groß gewachsene West-Point-Absolvent mit 175 Pfund schwerer war als die wenigen anderen Personen, die er bislang mitgenommen hatte. Wenige Minuten nach dem Start sahen die Zuschauer, wie sich ein Teil vom Flieger löste; ein Offizier rief – richtigerweise – aus, dass ein Propeller abgefallen war. Orville versuchte, nachdem der Motor mehrere laute Knallgeräusche von sich gegeben hatte, den *Flyer* wie einen Gleiter zu landen. Doch das Flugzeug stürzte nach den Worten eines Zuschauers wie ein Vogel, den man im Flug erschossen hatte, aus rund 40 Metern Flughöhe zur Erde. Leutnant Selfridge erlitt einen mehrfachen Schädelbruch und verstarb noch am selben Abend. Orville hatte sich ein Bein, die Hüfte und vier Rippen gebrochen und würde Monate der Rekonvaleszenz benötigen. Das Unglück hätte beinahe unabsehbare politische Konsequenzen gehabt: kurz zuvor hatte sich hartnäckig das Gerücht gehalten, dass der Präsident der

USA, der bekannt abenteuerlustige Theodor Roosevelt, mit Orville aufsteigen würde.

In den Augen einiger weniger Zeitgenossen stellte das Flugzeug kaum fünf Jahre nach seiner Premiere nicht nur eine Gefahr für die mit ihm in die Lüfte aufsteigenden Personen dar, sondern für die menschliche Zivilisation. Der britische Schriftsteller H. G. Wells, Autor berühmter Science-Fiction-Romane wie *Krieg der Welten* und *Die Zeitmaschine*, gab im gleichen Jahr 1908 seine Novelle *The War in the Air* heraus. In der angesichts des Kommenden fast prophetischen Handlung wird zwar nicht Hiroshima oder Rotterdam oder Dresden zerstört, sondern New York – wie angesichts des damals in Großbritannien herrschenden Zeitgeistes und der gängigen Feindbilder nicht überraschend von deutschen Luftstreitkräften. Wells' Zukunftsvision ging den Leserinnen und Lesern zweifellos unter die Haut, vor allem in seiner Heimat, da England sich traditionell durch den Ärmelkanal und die sämtliche Weltmeere beherrschende Royal Navy geschützt fühlte: »Kein Ort ist sicher, kein Ort lebt in Frieden. Der Krieg kommt durch die Luft, Bomben fallen in der Nacht. Menschen gehen in aller Ruhe morgens hinaus und sehen über sich die Luftflotten – sie werfen den Tod ab, sie werfen den Tod ab.«[16] Bereits im nächsten Jahr war es eine fliegerische Meisterleistung, welche den Menschen in Großbritannien eindringlich vor Augen führte, dass ihnen ihre geografische Isolation nicht länger Schutz bot. Am 25. Juli 1909 überflog der Franzose Louis Blériot den Ärmelkanal und setzte 36 Minuten nach dem Start von einem Strandabschnitt in der Nähe von Calais wenige Schritte von Dover Castle entfernt hart auf. Die Maschine wurde beschädigt, Blériot blieb unverletzt. Er hatte sich mit dem Flug das von der Daily Mail ausgesetzte stattliche Preisgeld von 1.000 Pfund[17] redlich verdient.

Wilbur und Orville hatten ebenfalls erwogen, einen Flug über den Kanal zu wagen, hielten dann aber – inzwischen durch ihre Verträge in Frankreich und den USA zu Geld gekommen – das Preisgeld für den potenziellen Gefahren des Unternehmens nicht angemessen. Drei Jahre später hatte die so fruchtbare Zusammenarbeit der Brüder ein frühes und tragisches Ende. Körperlich erschöpft, erkrankte Wilbur Wright im Mai 1912 an Typhus. Er starb am 30. Mai im Elternhaus der Wrights in der 7 Hawthorn Street in Dayton.[18] Er war 45 Jahre alt. Orville Wright starb am 30. Januar 1948. Wenige Wochen zuvor war erstmals ein Pilot, Chuck Yeager, mit einem raketenähnlichen Flugzeug, der Bell X-1, schneller als der Schall geflogen.

Die Entwicklung ging schnell und wieder einmal war der Krieg wenn nicht der Vater aller Dinge (wie es der griechische Philosoph Heraklit formuliert hatte), so doch der große Beschleuniger der technischen Entwicklung. Bald nach dem Beginn des Ersten Weltkrieges im Sommer 1914 wurden in den wichtigsten kriegführenden Nationen Flugzeuge in großer Zahl gebaut, mit immer besseren Flugeigenschaften, höherer Reichweite und vor allem immer effektiverer Bewaffnung. Die von Wells vorhergesagten Luftflotten, die ganze Städte in Schutt und Asche legten, blieben noch aus – sie kennzeichneten den nächsten, den Zweiten Weltkrieg. Für den Rest des zwanzigsten Jahrhunderts war ein bewaffneter Konflikt ohne eine oft entscheidende Teilnahme von Flugzeugen kaum vorstellbar. Erst in den Kriegen des 21. Jahrhunderts, diesen Eindruck erwecken die oft von Militärzensoren gefilterten Informationen aus Krisenregionen wie dem Nahen Osten oder der Ukraine, scheint das Flugzeug als Instrument der Zerstörung seinen Rang an ein anderes Fluggerät abzutreten: die Drohne.

Hier sei die andere Art, in der die Luftfahrttechnik die

Geschichte veränderte, gewürdigt und nicht ihre zerstörerische Kraft. Das Flugzeug vervielfachte noch einmal die Mobilität der Menschen gegenüber dem sprichwörtlich bahnbrechenden Verkehrsmittel, der Eisenbahn, und gegenüber dem fast gleichzeitig seinen Siegeszug antretenden Automobil. Es ließ die Distanzen schwinden und bot – zunächst freilich einigen wenigen zahlungskräftigen Reisenden – die Gelegenheit, fremde Kulturen aus eigener Anschauung kennenzulernen. Schließlich würde es Kontinente verbinden und den Europäern die Reise nach Amerika oder Asien ermöglichen. Kaum etwas faszinierte in den ersten Dekaden des Fliegens die Öffentlichkeit so sehr wie das Bemühen, die großen Ozeane zu überwinden, vor allem den Atlantik.

Er erschien den Zeitgenossen als die ultimative Barriere, die das Flugzeug zu überwinden hatte, um seine Zukunftsträchtigkeit unter Beweis zu stellen. Zum einen waren die fliegerischen Herausforderungen auf einer meist von Schlechtwetter und Stürmen geprägten Strecke enorm, zum anderen weckte die Überwindung des Ozeans mit diesem neuen Verkehrsmittel Erinnerungen an frühere und für die Entwicklung des modernen Amerika existentielle Expeditionen durch Christoph Columbus und andere – aus europäischer Perspektive – »Entdecker« einer neuen Welt; mit allen dramatischen Folgen für die dortigen indigenen Menschen, die ihre eigene Welt freilich längst entdeckt hatten.

Im Juni 1919 überflogen John Alcock und Arthur Witten Brown den Atlantik in ihrem bis zum Rand mit Benzin vollgefüllten Doppeldecker auf einer nördlichen Route. Die beiden Briten starteten von St. Johns (Neufundland) und erreichten nach 16 Stunden und 28 Minuten Irland, auch wenn der Abschluss des Fluges alles andere als bilderbuchreif war. Die Maschine setzte auf dem sumpfigen Boden auf und bohrte sich fast sofort mit der Nase ins Erdreich, die Piloten trugen jedoch keinen Schaden davon. Andere Flieger waren weniger erfolgreich, der Atlantik sollte jahrelang immer wieder Todesopfer fordern. Der Medienrummel um die beiden Flieger war ungeheuer, die Liste offizieller Empfänge ebenso. Den Preis erhielten sie aus der Hand des für Luftfahrt zuständigen Ministers Seiner Majestät, eines Mannes namens Winston Churchill.

Die Krönung jenes Pionierzeitalters musste jedoch ein Direktflug von den USA zum europäischen Kontinent sein, vorzugsweise in das stets die amerikanische Imagination beflügelnde Frankreich und ganz speziell von New York nach Paris. Eine Reihe mehr oder weniger bekannter Flieger versammelte sich auf den Flugplätzen der amerikanischen Millionenstadt, ihre Vorbereitungen wurden von Journalisten aufmerksam verfolgt und einem gespannt wartenden Publikum mitgeteilt. Unter den Aspiranten waren einige Berühmtheiten, so die Mannschaft um Polarflieger Richard Byrd, und auch Frankreichs Weltkriegs-As René Fonck. Dieser hob am 21. September 1926 mit zwei Begleitern ab, um nur wenige Meter hinter dem Ende der Startbahn niederzugehen. Die Maschine brannte lichterloh, Fonck entkam, die beiden anderen Besatzungsmitglieder fanden den Tod. Auch der Versuch der anderen Kultfigur der französischen Luftfahrt endete als Tragödie. Charles Nungesser, wie Fonck ein hochdekorierter Weltkriegs-Veteran, stieg im Mai 1927 mit seinem Copiloten Francois Coli in Paris auf, um den Atlantik in westlicher Richtung zu überqueren. Die Abendzeitung berichtete von einem glanzvollen Empfang durch Hunderttausende in New York. Ganz Frankreich feierte, lag sich in den Armen, bis schließlich die bittere Erkenntnis die Runde machte, dass der Pressebericht nichts weiter als ein Musterbeispiel eines unverantwortlichen, voreiligen Journalismus war. Nungesser und Coli wurden nie wieder gesehen, ihre

Namen waren die berühmteren unter jenen, die das höchste Opfer auf dieser Strecke brachten.

Es schien fast, als stieße der technische Fortschritt hier auf eine naturgegebene Grenze, als die Presse der ungeduldig wartenden Leserschaft plötzlich einen neuen Aspiranten vorstellte: Charles Augustus Lindbergh. Der am 4. August 1902 in Detroit als Sohn eines schwedischen Einwanderers, der es bis zum Kongressabgeordneten gebracht hatte, geborene Lindbergh hatte sowohl in der Armee als auch als Postflieger trotz seines Alters von 25 Jahren eine beträchtliche fliegerische Erfahrung gewonnen. Der Orteig-Preis in Höhe von 25000 Dollar, der für den ersten Nonstop-Flug von New York nach Paris (oder in umgekehrter Richtung) ausgesetzt war, reizte auch ihn. Mit Hilfe von Sponsoren erwarb er eine Maschine der Firma Ryan zum Preis von 10580 Dollar, taufte sie auf den Namen »*Spirit of St. Louis*« und flog sie nach Roosevelt Field, einem Flugplatz auf Long Island vor den Toren New Yorks. Der Hochdecker war mit einem Minimum an technischen Hilfsmitteln ausgerüstet und vergleichsweise unbequem. Die Sicht nach vorn war teilweise eingeschränkt, was jedoch durch die hohe Treibstoffzuladung und durch die Zuverlässigkeit und Robustheit ausgeglichen wurde. Eine Schlechtwetterfront zwang Lindbergh und andere sprichwörtlich in den Startlöchern stehende Piloten im Mai 1927, als Pläne über einen solchen Pionierflug in den USA und in Frankreich fast täglich die Schlagzeilen dominierten, wiederholt zur Untätigkeit. So kam es, dass der hoch gewachsene, etwas wortkarge junge Mann aus dem puritanischen Mittelwesten sich am Abend des 19. Mai 1927 eine Broadway-Show mit dem verheißungsvollen Titel »*Rio Rita Girls*« ansehen wollte. Die Wolkenkratzer Manhattans waren von tiefhängenden Wolken verschleiert, als ein Begleiter Lindberghs auf der Fahrt in die Innenstadt auf die

Idee kam, an einer Telefonzelle zu halten und beim diensthabenden Meteorologen anzurufen. Über dem Atlantik, so lautete die Prognose des Wetteramtes, sei innerhalb der nächsten Stunden mit einem vorübergehenden Aufklaren zu rechen. Lindbergh entschloss sich, für wenige Stunden zu schlafen und fuhr zu seinem Hotel zurück; den Rio Rita Girls war die einmalige Chance genommen, jenen Mann persönlich kennenzulernen, der in wenigen Tagen der berühmteste der Welt sein sollte.

Lindbergh hob am frühen Morgen des 20. Mai von Roosevelt Field ab. Während die *Spirit of St. Louis* über Long Island flog, die Küste Neuenglands entlang und schließlich über der kanadischen Provinz Neufundland den amerikanischen Kontinent hinter sich ließ, verband sein Abenteuer Menschen auf der ganzen Welt. Wie am New Yorker Times Square, so wurden auch in London, Berlin und Paris den Zeitungsboten die Extrablätter aus den Händen gerissen. »In dem Moment, da Lindbergh jeden Kontakt mit der Erde verlor«, schreibt sein Pulitzer-Preis-gekrönter Biograf A. Scott Berg, »und auf zehntausend Fuß, über den Nebel hinweg, stieg, erklomm er im Bewusstsein der Menschen olympische Höhen. Sein Erfolg würde auf die ganze Menschheit zurückstrahlen und ihn die einzigartige Position versetzen, jeden lebenden Helden in den Schatten zu stellen. Die Welt hatte in der Tat eine lange Abfolge von Athleten, Schauspielern, Künstlern, Wissenschaftlern, politischen wie religiösen Führern, sogar Königen erlebt, zu denen man aufblickte, doch eine solche Verehrung hing stets vom Geschmack und vom Glauben ab. An Lindbergh hatte ein jeder Interesse. Als am 20. Mai 1927 die Nacht hereinbrach, erkannte der moderne Mensch, dass niemals jemand sich einem so extremen Test des Mutes und der Befähigung ausgesetzt hatte. Selbst Columbus war nicht allein gesegelt.«[19]

Der einsame Pilot kämpfte gegen die Witterung, die Dunkelheit, die Kälte, gegen gelegentlichen Verlust der Orientierung, vor allem aber gegen die Müdigkeit. Nach mehr als 24 Stunden sah er die ersten Möwen, schließlich schemenhaft eine ferne Küste, die sogleich wieder im Nebel verschwand, ihn im Ungewissen lassend, ob sie Chimäre oder Realität gewesen war. Schließlich tauchten Fischerboote auf. Lindbergh umkreiste sie in niedriger Höhe und rief »*Which way is Ireland?*« aus dem Fenster. Er erhielt keine Antwort von den verblüfften Seeleuten. Bald darauf tauchte eine Küstenlinie vor ihm auf. Es war keine Täuschung der Sinne – er verglich ihre Form mit seinen Karten und identifizierte sie als Dingle Bay im Südwesten Irlands. Nach 28 Stunden Flug war Charles Lindbergh in einem Zeitalter ohne Funkverbindung, ohne Radar, ohne wirklich hochmoderne Navigationsmittel nur knapp fünf Kilometer vom vorausberechneten Kurs abgekommen.

Als er die Mündung der Seine überflog, nahm er zum ersten und einzigen Mal während des Fluges Nahrung zu sich: ein unter seinem Sitz verstautes, nicht mehr ganz frisches Sandwich. Dann ging es dem Flugplatz von Paris entgegen. Merkwürdig, dachte Lindbergh beim Anflug, dass alle zum Flugplatz führenden Straßen verstopft waren. Erst nach dem Aufsetzen dämmerte es ihm, dass diese unüberschaubaren Menschenmassen allein seinetwegen gekommen waren und dass er, Charles Augustus Lindbergh, von nun an keinen Schritt mehr würde tun können, ohne die Aufmerksamkeit seiner Zeitgenossen zu erregen. Die Pariser Polizei konnte nur mit Mühe verhindern, dass Lindbergh von der enthusiastischen Menge erdrückt wurde. Bemerkenswerterweise nahm die *Spirit of St. Louis* nur geringen Schaden in der Aufregung, die Flugbegeisterten von Le Bourget waren offensichtlich keine rücksichtslosen Souvenirjäger. Gefeiert wurde Charles Lindbergh in den folgenden Wochen und Monaten wie wohl kein Sterblicher seit den Tagen des Römischen Reiches mit seinen Triumphzügen. Er wurde allen Berühmtheiten, Regierungschefs und gekrönten Häuptern vorgestellt, deren jeweiliges Land er betrat. Ausgerechnet der englische König entpuppte sich als besonders am Praktisch-Menschlichen interessiert, als er Lindbergh zur Seite nahm und das fragte, was His Majesty offenbar am meisten bewegte: »Nun sagen Sie schon, Captain Lindbergh, da gibt es eine Sache, die ich unbedingt wissen muss: Wie haben Sie gepinkelt?«[20]

Doch Lindbergh sollte für seinen Ruhm einen hohen Preis zahlen. Im März 1932 wurde sein Baby Charles Jr. – der längst zu Wohlstand gekommene Flieger hatte 1929 die Diplomatentochter und spätere Schriftstellerin Anne Morrow geheiratet – entführt und Wochen später ermordet aufgefunden. Der Medienrummel um das »Verbrechen des Jahrhunderts« kannte keine Grenzen und auch kein Schamgefühl: Lindberghs Glauben an die Segnungen einer »freien« Presse wurde für immer erschüttert, als Reporter in die Leichenhalle in New Jersey eingebrochen waren und Fotos von der halbverwesten, von Ratten angefressenen Leiche des Babys gemacht hatten. Machten die üblen persönlichen Erfahrungen mit den Medien Lindbergh anfällig für die »Ordnung« totalitärer Staaten? Seine sechs Reisen nach Deutschland in den Jahren 1936 bis 1939 galten schon vielen Zeitgenossen als dunkle Flecken auf der bis dahin weißen Weste der nationalen Ikone. Den Heldenstatus verlor Charles Lindbergh für viele Amerikaner wenige Jahre später vollends, als er sich zum Fürsprecher der Isolationisten machte (die Amerika aus dem Zweiten Weltkrieg heraushalten wollten). Mit dem Kriegseintritt im Dezember 1941 wurde Lindbergh endgültig zur Unperson für die Regierung von Präsident Franklin D. Roosevelt und für weite Teile der Öffentlichkeit. Sein mutiger Einsatz als Kampfpilot im Pazifik (ohne Genehmigung durch das Kriegsministerium) und seine Beratertätigkeit für verschiedene Nachkriegsregierungen führten allmählich zu einer milderen Beurteilung dieses problematischen Starrkopfes, der für seine nachdenklichen, fast pazifistischen Memoiren 1954 den Pulitzer-Preis erhielt. Als alter Mann setzte er sich für bedrohte Völker und gegen hemmungslosen Raubbau an der Natur ein – zu einer Zeit, als Umweltschützer noch belächelt wurden. Auch darin wurde Lindbergh, der 1974 auf Hawaii starb, seinem Beinamen gerecht: »*The Lone Eagle*« – der einsame Adler.

Als Lindbergh im Sommer 1927 der umjubelte Superstar der Luftfahrt war, schien es vielen Beobachtern noch höchst unwahrscheinlich zu sein, dass in absehbarer Zeit Passagiere in großer Zahl und in Flugzeugen, die in ihren Dimensionen die *Spirit of St. Louis* um ein Vielfaches übertrafen über den Atlantik fliegen würden. Ein Mann namens Juan Terry Trippe indes war überzeugt, dass dies die Zukunft war. Und er war entschlossen, seinen Teil dazu beizutragen, dass sie Realität wurde. Der am 27. Juni 1899 in eine alteingesessene Familie, die ihre Vorfahren bis zu den legendären Auswanderern auf der Mayflower zurückverfolgte, hineingeborene Trippe war keineswegs, wie sein Vorname anzudeuten schien, hispanischer Herkunft. Der Name rührte von der im Familienkreis offensichtlich verehrten Großtante her, die aus Venezuela stammte und Juanita hieß. Wie viele junge Männer in jenen Jahren war Trippe vom Fliegen fasziniert und erlernte es 1918 im Dienst der U.S. Navy. Falls er von einem Einsatz auf dem europäischen Kriegsschauplatz träumte, so machte ihm der Waffenstillstand zur elften Stunde am elften Tag des elften Monats jenes Jahres 1918 einen Strich durch die Rechnung.

Trippe studierte an der renommierten Yale University, wo er 1921 das Examen bestand. Sein Talent als Geschäftsmann war unzweifelhaft und so arbeitete er kurzzeitig an der Wall Street. Er langweilte sich und träumte weiter vom Fliegen. Juan Trippe war überzeugt, dass die Zukunft des Reisens in der Luft lag. Durch eine Erbschaft finanziell gut ausgestattet, investierte er in eine neue Fluggesellschaft namens Long Island Airways. Die wenigen kleinen Wasserflugzeuge wurden eingesetzt, um eine extrem wohlhabende Klientel von New York zu ihren meist gigantischen Häusern auf Long Island zu fliegen. Dem Unternehmen war keine Zukunft beschieden, und so wandte sich Trippe einer anderen Gesellschaft zu: Colonial Air Transport, die den ersten Luftpostvertrag der USA zwischen New York City und Boston erhielt. Seiner eigentlichen Lebensaufgabe ging Trippe indes nicht im manchmal recht kalten Neuengland entgegen, sondern in der sonnenverwöhnten Karibik. Eine neugegründete und bald von ihm geleitete Airline nahm am 28. Oktober 1927 mit einer Maschine vom Typ Fairchild FC-2 den Flugbetrieb von Key West in Florida nach Havanna auf. Der Name der Gesellschaft wurde für Jahrzehnte zum Synonym für den internationalen Luftverkehr, für Service und auch Komfort beim Reisen schlechthin: »Pan American Airways« oder, in der Kurzform, »Pan Am«.

Trippe hatte ein unglaubliches Gespür für künftige Märkte, für Regionen, die für den Luftverkehr interessant sein könnten. Das Streckennetz der Gesellschaft dehnte sich zunächst auf andere Inseln in der Karibik aus, erreichte dann Mexiko und schließlich (mit Routen, die mehrere Zwischenstopps aufwiesen, da die Reichweite der zur Verfügung stehenden Flugzeuge noch sehr begrenzt war) Südamerika. Doch Trippe agierte nach dem Motto »*Think Big!*«. Er hatte noch weit Größeres im Sinn: den Pazifik und den Atlantik für den Luftverkehr zu erschließen. Die Interessen einer wachsenden Fluggesellschaft befruchteten die Planungen der Konstrukteure. Trippe war vor allem für die über die Inselwelt des Pazifiks führende Route nach China an großen Flugzeugen interessiert, die vom Wasser aus starten konnten und die in ihren Kabinen den Passagieren nicht nur Bequemlichkeit, sondern Luxus anbieten konnten. Das Ergebnis waren Flugboote, die als Pan Am Clipper berühmt wurden. Der beeindruckendste dieser Flugzeugtypen war zweifellos die Boeing 314, die je nach Konfiguration mit Schlafkabinen und einer Bar sowie weiteren Annehmlichkeiten ausgestattet war. Am 30. März 1939 flog erstmals eine Maschine mit der Bezeichnung »*Yankee Clipper*« von Baltimore über die Azoreninsel Horta (allein diese Teilstrecke nahm mehr als 17 Stunden in Anspruch) nach Lissabon. Im Juli nahm auch die nördliche Route mit Zwischenlandungen auf New Brunswick, Neufundland und Irland zum Zielflughafen Southampton den Passagierverkehr auf. Eine große Zukunft war dem friedlichen Transatlantikflug zunächst angesichts des Kriegsausbruchs am 1. September 1939 nicht beschieden. Immerhin blieb die südliche Route nach Lissabon bis zum Kriegseintritt der USA im Dezember 1941 in Betrieb – Cineasten, die sich gern fragen, wie eine Handlung wohl weitergegangen wäre, können sicher sein: Victor Laszlo und seine Elsa wären auf diesem Wege weitergereist, nachdem sie Casablanca hinter sich gelassen hatten.

Während des Krieges flogen die Maschinen der Pan Am für Uncle Sam, nach seinem Ende sollten sie in bislang nicht bekanntem Ausmaß normalen US-Bürgern zur Verfügung stehen. Trippe »glaubte daran, dass Flugreisen etwas für Normalsterbliche und nicht nur für eine weltumspannende Elite sein sollten«, erklärt mit Richard Branson ein anderer Gründer einer Fluglinie. »Im Jahr 1945 dachten und handelten andere Fluggesellschaften nicht so. Trippe beschloss, einen ›Touristenklasse‹-Tarif von New York nach London einzuführen. Er senkte den Hin- und Rückflugpreis um mehr als die Hälfte auf 275 Dollar. In der Branche, in der die Flugpreise von einem Kartell, der International Air Transport Association (IATA), festgesetzt wurden, schlug dies ein wie eine Bombe; man wollte nichts von der Touristenklasse hören. Unglaublicherweise schloss Großbritannien seine Flughäfen für Pan Am-Flüge mit Touristensitzen. Pan Am war gezwungen, auf das abgelegene Shannon in Irland auszuweichen. Trippe gelang es, eine Route zu finden, auf der das Kartell ihn nicht behindern konnte: New York nach San Juan, Puerto Rico. Der einfache Flugpreis bei Pan Am betrug 75 Dollar, und die Flüge waren voll. Schließlich, 1952, zwangen Trippes unerbittliche Angriffe auf die IATA alle Fluggesellschaften, die Unvermeidlichkeit der Touristenklasse zu akzeptieren.«[21]

Obwohl kein ausgebildeter Techniker oder Ingenieur, hatte Trippe ein feines Gespür dafür, ob eine Technik erfolgversprechend war – oder potenziell tödlich. Er war fest entschlossen, das Zeitalter der Düsenflugzeuge im Passagierbetrieb auf den von Pan Am betreuten Strecken zu eröffnen. Ein erstes Passagierflugzeug mit einem solchen Antrieb gab 1952 sein Debüt: die britische de Havilland Comet. Trippe war zurückhaltend und sah sich bald bestätigt: Noch im ersten Jahr stürzten drei Comet ab. Stattdessen waren Aufträge von Pan Am der entscheidende Antrieb zur Entwicklung zweier das Zeitalter prägenden Passagierflugzeuge, der DC-8 von Douglas und vor allem der Boeing 707. Letztere wurde Teil und Sinnbild der Erfolgsgeschichte von Pan Am. Am 26. Oktober 1958 wurde mit dem Flug einer 707 von New York nach Paris der transatlantische Flugverkehr eröffnet.

Pan Am war in jenen Jahren mehr als eine Fluggesellschaft. Die Maschinen mit dem weltweit bekannten blauen Globus (auch »*blue meatball*« genannt) wurden zum Symbol des Jet Age und auch des Jet Set. Gekrönte Häupter und gewählte Staatsoberhäupter flogen mit Pan Am, aber auch die Zelebritäten, die das Publikum aus den Illustrierten und den Kinos kannte – darunter der Hauptdarsteller einer den Geist der Epoche atmenden Filmserie: Sean Connery alias James Bond. Die in von angesehenen Modedesignern entworfenen Uniformen gekleideten Stewardessen waren auf den Flughäfen und den Hotels der Metropolen ein weithin bewunderter Anblick. Es war eine Zeit, in der Unternehmen es sich erlauben konnten – in der es geradezu erwartet wurde – Mitarbeiterinnen auch nach Aussehen einzustellen; das heute *ad nauseam* zelebrierte Sexismus- und »Objektifizierung«-Wehklagen hätte in den 1950er- und 1960er-Jahren nur Kopfschütteln ausgelöst. Vor allem aber wurde Pan Am zu einem freundlichen Symbol der USA und der freiheitlichen Grundordnung, für die das Land und seine Verbündeten im Kalten Krieg gegenüber dem System der Sowjetunion eintraten. An wohl keinem anderen Ort wurde dies so deutlich wie im geteilten Berlin. West-Berlin mit seiner Insellage wurde von drei westlichen Fluggesellschaften angeflogen, welche die Verbindung zur Bundesrepublik Deutschland über alle befestigten Grenzanlagen und das militärische Drohpotenzial hinweg aufrechterhielten. Eines dieser drei Symbole der westlichen Demokratien war Pan Am. Der Autor dieses Buches gehörte im Kleinkindesalter zu jenen, die an Bord einer Pan Am-Boeing einem Leben in dem freiheitlich-demokratischen der beiden deutschen Staaten entgegenflogen.

Trippe kam in den 1960er Jahren »zu dem Schluss, dass der Massenflugverkehr auf internationalen Strecken nur mit einem größeren Flugzeug möglich sein würde – einem viel größeren Flugzeug«, so erzählt Branson die Entstehung des wohl ikonografischsten aller Passagierflugzeuge. »Trippe wandte sich mit dieser Idee an seinen alten Freund Bill Allen, den Chef von Boeing, und forderte ein Flugzeug, das zweieinhalb Mal so groß sein sollte wie die 707. In Anbetracht der Entwicklungskosten der 707 war dies eine erstaunliche Forderung. ›Wenn Sie es bauen‹, sagte Trippe, ›werde ich es kaufen.‹ ›Wenn Sie es kaufen‹, sagte Allen, ›dann baue ich es.‹

Pan Am unter Trippe war bei jedem neuen Flugzeug, das sie bestellte, immer als Beifahrer dabei. Trippe engagierte Charles Lindbergh, um inkognito in seinen Flugzeugen mitzufliegen, und Lindberghs Ideen trugen zur Gestaltung der Kabine der ersten Jets bei. Er diente auch als Wegbereiter und erkundete mögliche kommerzielle Flugrouten über den Atlantik und über die Polarregionen Asiens. Pan Am-Ingenieure drehten bei Boeing jeden Stein um, als das Unternehmen den Entwurf für den neuen Jet, die 747, erstellte. Wie es der Zufall wollte, war es Trippe selbst, der dem Jumbo seine charakteristische Wölbung verlieh. In einem seltenen Aussetzer dachte Trippe, dass die 747 von einem großen Überschallflugzeug abgelöst werden würde, das genauso billig zu betreiben wäre wie ein Unterschallflugzeug (wozu es nicht kam). Er ordnete an, dass die Piloten der 747 oberhalb des Flugdecks sitzen sollten, damit die Nase aufgeklappt werden konnte, um Fracht aufzunehmen. Das endgültige Schicksal der 747, so dachte er, würde ein fliegender Mack-Truck sein. Boeing zeigte ihm ein hölzernes Modell des Flugdecks der 747, das sich in dem Buckel über der Nase befand. Er stöberte herum und stieß auf den Raum hinter dem Flugdeck, den Rest des Höckers. ›Wofür ist das?‹, fragte er. ›Ein Ruheraum für die Besatzung‹, sagte ein Boeing-Ingenieur. ›Ruhebereich?‹, bellte Trippe. ›Der wird für die Passagiere reserviert sein.‹«[22]

Die erste Boeing 747 – genannt »Jumbo-Jet« – für Pan Am wurde im Januar 1970 von First Lady Pat Nixon in einer Feierstunde auf den Namen »*Clipper Young America*« getauft. Die Boeing 747 war eine große Erfolgsgeschichte; das im Wesentlichen auf Betreiben Trippes konzipierte Flugzeug stand bei fast allen großen Fluggesellschaften der Welt (außerhalb der kommunistischen Länder) in Dienst, insgesamt wurden 1573 Exemplare gebaut. Doch auch dieser Innovation, mit der Millionen Menschen in aller Welt gereist sind, blieben schmerzliche Einschnitte nicht erspart. Eine Boeing 747 von Pan Am war an der größten Katastrophe der Zivilluftfahrt – zusammen mit einer Boeing 747 der KLM – beteiligt, dem Zusammenstoß der beiden Maschinen auf dem Flughafen von Teneriffa im März 1977 mit 583 Toten. Zu jener Zeit hatten sich die Rahmenbedingungen, nicht zuletzt durch Ölpreiserhöhungen, für Pan Am bereits geändert. Das einst so erfolgreiche Unternehmen geriet zunehmend in finanzielle Schwierigkeiten. Juan Trippe starb im April 1981. Ihm blieb es erspart, eine letzte Tragödie miterleben zu müssen. Der libysche Diktator und Massenmörder Gaddafi ließ eine Bombe an Bord des Pan-Am-Fluges 103 von Frankfurt nach New York platzieren; die Explosion am 21. Dezember 1988 über dem schottischen Lockerbie kostete 270 Menschenleben. Drei Jahre später, am 4. Dezember 1991, stellte die bankrotte Pan Am den Flugbetrieb für immer ein.

In einer wieder kriegerischen Zeit bleibt zu hoffen, dass das Urteil des Juan Trippe sich als dauerhaft erweist: »Die durch das Düsenzeitalter möglich gewordenen Massenflüge könnten sich für das Schicksal der Welt als bedeutender erweisen als die Atombombe. Denn es gibt keine mächtigere

Atombombe als den Flugtouristen, der voller Neugier, Enthusiasmus und gutem Willen die vier Ecken der Welt bereist und dabei die Menschen anderer Nationen und Ethnien in Freundschaft und Verständnis trifft.«[23]

6 Das Fernsehen hatte wie viele andere Technologien mehrere Innovateure. Philo T. Farnsworth dürfte der wichtigste sein – hier bei der Vorführung eines frühen von ihm konzipierten Gerätes im August 1929.

Kommunikation II – Die Macht des Fernsehens

Philo T. Farnsworth und Manfred von Ardenne

Über Europa hatte sich längst die Nacht gesenkt und die Menschen in den Wirtschaftswunderländern im Herzen des Kontinents schliefen mehrheitlich einem neuen schaffensreichen Tag in ihrer 48-Stunden-Arbeitswoche entgegen. Die wenigsten der Bürgerinnen und Bürger in den noch jungen Nachkriegsdemokratien der Bundesrepublik Deutschland und Österreichs sowie der schon weitaus länger etablierten Demokratie in der Schweiz konnten sich vorstellen, dass jenseits des Atlantik eine neue Epoche im Erleben dieser Staatsform inauguriert wurde. Denn rund 70 Millionen Amerikaner hatten sich am Abend des 26. September 1960, ein Montag, vor ihren Fernsehgeräten niedergelassen und wurden Zeuge, wie sich »die Welt der Politik für immer veränderte«.[1] Das Medium Fernsehen betrat die Bühne des politischen Willensbildungsprozesses und übernahm eine Hauptrolle, die es bis heute trotz des Aufstiegs der sozialen Medien nicht wieder abgegeben hat – in den USA nicht, in den europäischen Demokratien nicht und erst recht nicht in Autokratien, wo es zum Instrument der Staatspropaganda wurde.

Zum ersten Mal würde es zu einer landesweit, von Maine bis Hawaii, übertragenen Debatte zwischen den beiden Spitzenkandidaten für die in knapp sechs Wochen stattfindende Präsidentschaftswahl kommen. Die Zahl der Zuschauer, die dem Ereignis beiwohnten, übertraf alles in der Geschichte des Mediums Fernsehen Dagewesene. Rechtzeitig vor Sendebeginn betraten die beiden Kandidaten das Studio in Chicago: der Republikaner und amtierende Vizepräsident Richard Nixon und der demokratische Senator aus Massachusetts John F. Kennedy.

Beide Kandidaten hatten die letzten Stunden mit Vorbereitungen im Kreise ihrer Berater verbracht, hatten versucht, auf alle denkbaren Fragen des sorgfältig ausgewählten Panels von Journalisten die effektvollsten Antworten zu konzipieren. So zumindest die offizielle Historiographie. Gerüchteweise hingegen soll sich Kennedy in seiner Hotelsuite noch bei einer oder, nach anderer Überlieferung, zwei jener jungen Frauen entspannt haben, die im Umfeld des Senators stets als »Sekretärinnen« bezeichnet wurden. Stenographie-Kenntnisse waren nicht unbedingt notwendig.

Nixon war etwas früher im Studio, versuchte trotz eines gerade überstandenen Krankenhausaufenthalts wegen einer Knieverletzung auf die Anwesenden einen gut gelaunten und vitalen Eindruck zu machen. Einige Minuten erfreute sich der Vizepräsident der allgemeinen Aufmerksamkeit. Dann erlebte er eine unangenehme Überraschung. Als Senator Kennedy das Studio betrat, stürzten sich die Pressefotografen auf ihn und ließen den verblüfften Nixon stehen. Der Mann aus Massachusetts, so entfuhr es einem der Reporter, sah aus wie Adonis. Kennedy war braun gebrannt, trug einen dunklen Maßanzug und ein unwiderstehliches Siegerlächeln zur Schau: »Von dem Moment, da Kennedy hereinschritt und ihm die Aufmerksamkeit der Fotografen stahl, war Nixon nicht mehr derselbe Mann. Er war von der Filmstar-Aura seines Rivalen geradezu leergepumpt, spürte die eigene Minderbedeutung. Er sank in seinen Stuhl, seinen Kopf abgewandt, ein Mann auf dem Rückzug.«[2]

Die Debatte lief nicht gut für Nixon. Kennedy erschien ihm nicht unbedingt argumentativ überlegen – Zu*hörer*, die das Geschehen im Radio verfolgt und die dazugehörende Übertragung nicht gesehen hatten, gaben später bei Umfragen mehrheitlich an, dass Nixon auf sie den überzeugenderen Eindruck gemacht habe. Doch das Radio hatte an diesem Tag das kleinere Publikum. Die allermeisten politisch interessierten Amerikaner waren an jenem Abend Zu*schauer*. Und in deren Einschätzung schnitt Kennedy deutlich besser ab. Der optische Kontrast zwischen beiden Kandidaten war unübersehbar. Kennedy hob sich in seinem dunklen Anzug vorteilhaft von der grauen Studioumgebung ab, er zeigte geradezu symbolhaft Profil. Nixons grauer Anzug hingegen schien in den Hintergrund überzugehen und gab dem Vizepräsidenten eine verwaschene Erscheinung, die noch durch seine Physiognomie unterstrichen wurde. Nixon sah nach dem Krankenhausaufenthalt elend aus, hatte Ringe unter den Auge und einen schlecht sitzenden Hemdkragen. Ein zusätzliches Problem war sein starker Bartwuchs, den Karikaturisten gern benutzten, um den Vizepräsidenten als dunkle, wenig Vertrauen einflößende Person zu porträtieren. Nixon benutzte Puder, um die Stoppeln abzudecken, lehnte aber ansonsten das Auftragen von Make-up ab. Im Laufe der Debatte begann der sich erkennbar unwohl fühlende Kandidat zu schwitzen, was gleichfalls wenig attraktiv wirkte. Der Spott, der sich über Nixon nach diesem Auftritt ergoss, war teilweise grausam. »Mein Gott!«, rief Chicagos Bürgermeister Richard Daley, ein Demokrat, aus, »Die haben ihn ja schon einbalsamiert, bevor er überhaupt gestorben ist!« Wenig freundlich war auch das Fazit von Nixons Vize-Präsidentschaftskandidaten Henry Cabot Lodge, das am wirkungsvollsten im Original klingt: »*That son of a bitch just lost the election*«.[3]

Der erste 43 Jahre alte Kennedy erwies sich in der Fähigkeit, seine Kompetenz zu kommunizieren, dem Vizepräsidenten als haushoch überlegen. Für diese Begabung würde sich schnell ein neues Adjektiv etablieren: »telegen«. Nach Begrüßung des Moderators und Nixons drehte Kennedy sich in Richtung Kamera und nahm eine Position ein, wie sie in späteren Phasen des Fernsehzeitalters von Staatspräsidenten und Regierungschefs eingenommen wird, die sich an ihr Volk wenden. Die Wirkung auf Amerikas Fernsehzuschauer war außerordentlich: Der junge Senator sah viel vertrauenerweckender und auch seriöser aus als der Politiker, der die letzten acht Jahre ihr Vizepräsident gewesen war. Diesem gelang es kaum, gegenüber Kennedys Auftritt an Profil zu gewinnen.

Der Eindruck nach Ende der Debatte war im Kennedy-Lager der eines eindeutigen Sieges – was Meinungsumfragen unter Zuschauern bestätigten: 43% sahen Kennedy als Sieger, nur 23% hatten von Nixon den stärkeren Eindruck. Auch die Körpersprache desjenigen Kandidaten, der sich gerade nicht an die Zuschauer wandte, ließ die Sympathien eher in Richtung Kennedys ausschlagen. Nixon blickte bei den Ausführungen des jugendlichen Senators oft finster mit rastlosen Augenbewegungen im Studio umher. Kennedy wirkte auch als Zuhörer souveräner. Er machte sich Notizen (oder deutete dies zumindest an) und hob gelegentlich mit angedeutetem Lächeln eine Augenbraue. Es war eine völlig neue Form der politischen Auseinandersetzung, wenig kalkulierbar, stets mit der Gefahr, durch einen Fehler, einen Missklang im Angesicht von Millionen Wählern, den eigenen Wahlchancen irreparablen Schaden zuzufügen. Zu Beginn der 50er Jahre fand sich ein Fernsehapparat in einem von zehn amerikanischen Haushalten. 1960 verfügten neun von zehn Haushalten über ein TV-Gerät.

Nach der Premiere vor 70 Millionen Zuschauern am 26. September fanden im Herbst 1960 drei weitere Debatten zwischen Kennedy und Nixon statt, doch keine von ihnen erreichte die Zuschauerzahlen der ersten. Nixon erlebte am 7. Oktober im NBC-Studio in Washington ein »Comeback«, sah besser aus als beim ersten Aufeinandertreffen (er hatte mit zahlreichen Milkshakes versucht, Gewicht zuzulegen) und konnte Kennedy bei der Diskussion um das damals wie heute existierende Taiwan-China-Problem vorübergehend in die Defensive drängen. Zum Nachteil des Republikaners hatte sein deutlich besserer Auftritt rund zwanzig Millionen Zuschauer weniger als die erste Debatte. Am 13. Oktober bekam die Auseinandersetzung ein anderes Format, als sich Kennedy und Nixon nicht im gleichen Studio gegenüber standen, sondern über mehr als 4.000 Kilometer getrennt waren: Kennedy sprach aus einem Studio in New York, Nixon blickte in Los Angeles in die Kameras. Die vierte und letzte Debatte am 21. Oktober in New York schien bereits Routine geworden zu sein; die Zuschauer hatten sich an den Verlauf einer solchen Diskussion und den Austausch der Argumente inzwischen gewöhnt. Die Stoßkraft des Mediums Fernsehen hat sich 1960 in vollem Umfang manifestiert, Fernsehdiskussionen der Spitzenkandidaten gehören nicht nur in den USA, sondern in vielen Demokratien der Welt zum festen Ritual des Wahlkampfes. John F. Kennedy hatte die Bedeutung des Fernsehens richtig eingeschätzt, als er ein Jahr vor den Großen Debatten geschrieben hatte: »Nichts ist mit dem revolutionären Einfluss des Fernsehens vergleichbar. Das TV hat die Art unserer politischen Kampagnen, Parteitage, Kandidaten und Kosten drastisch verändert.«[4]

Technische Innovationen machten im 20. Jahrhundert oft in vorher nie dagewesener Geschwindigkeit enorme Verbesserungen durch und erlangten vielfach binnen weniger Jahre Serienreife. Man kann argumentieren, dass die Perfektionierung im 21. Jahrhundert noch zusätzlich an Fahrt aufgenommen hat, wie unter anderem die rasante Evolution des Mobiltelefons von einem kleinen aufklappbaren Kommunikationsinstrument zum allwissenden täglichen Begleiter, dem Smartphone, binnen der ersten zwei Jahrzehnte dieses Saeculums aufzeigt. Der kleine in der Jacken- oder (bei Frauen häufig zu beobachten) Gesäßtasche der Jeans zu verstauende Begleiter hat ein Vielfaches der gesamten Rechnerkapazität der bei den zur Mondlandung führenden Apollo-Missionen eingesetzten Computer – Magnetband tragende Instrumente von der Größe mehrerer Wohnzimmerschränke. Es war im Vorfeld des Apollo-Programms, bei der Planung der ersten amerikanischen Raumflüge, dass der nach seinen erfolgreichen TV-Debatten im November 1960 gewählte John F. Kennedy seine Landsleute auf die Schnelligkeit des technologischen Fortschritts hinwies, indem er sie in einer Rede daran erinnerte, dass der erste US-Astronaut nur 34 Jahre nach dem legendären Transatlantikflug des Charles Lindbergh sich in das allerdings noch sehr erdnahe Weltall vortasten würde.

Ähnlich rasant war auch der Aufstieg der Technik des Fernsehens, der Übertragung bewegter Bilder von einem Ort zum anderen verlaufen. Nur 26 Jahre lagen zwischen den heute als historische Wegmarke für Wahlkampfstrategie und gelebte Demokratie wahrgenommenen *Great Debates* zwischen Kennedy und Nixon und einem höchst bescheidenen Ereignis auf dem Dach einer renommierten Kulturinstitution, in welcher der Blick vornehmlich zurück ging, wenn auch mit einem Schwerpunkt auf Erfindergeist und Technik. Auf der Dachterrasse des Franklin Institutes in Philadelphia stand am 25. August 1934 ein hagerer junger Mann mit einem auffallend schmalen, länglichen Kopf, dessen obere Hälfte so überdimensioniert erschien, als wolle sie die Leistungsfähigkeit des sich in ihm verbergenden Gehirns unterstreichen, hinter einem kastenförmigen Gerät. Mit dieser von ihm selbst konstruierten Kamera filmte Philo Taylor Farnsworth den Grußworte sprechenden Direktor des Instituts, eine kurze Ansprache, die auf in dem Gebäude aufgestellten »Empfängern« zu sehen war. Das Franklin Institute ist ein Wissenschaft und Technik gewidmetes Museum, das den Namen des in der ersten Hauptstadt der USA lebenden Publizisten, Erfinders und Diplomaten Benjamin Franklin trägt. Franklin, einer der Gründerväter der Vereinigten Staaten, erfand unter anderem den Blitzableiter und die Bifokalbrille. Im jenem Sommer 1934 zeigte eine Ausstellung der seinen Namen tragenden Institution eine aktuelle Erfindung, die wesentlich, wenn auch nicht exklusiv dem 28jährigen Farnsworth zugesprochen wurde. Diese Innovation schlug die Besucher schon beim Betreten des Museums in ihren Bann. Denn dort sahen die Menschen sich plötzlich selbst: Ihre Abbilder wurden von einer Kamera auf ein an den Boden einer dicken Glasflasche erinnerndes Empfängergerät übertragen. Was heute Normalität ist – sich selbst auf von Sicherheitskameras in Kaufhäusern, Tiefgaragen oder eben auch Museen aufgenommenen Bildern zu sehen – war für die das Franklin Institute betretenden Zeitgenossen eine Sensation. Denn bewegte Bilder kannte man nur aus den damals allgegenwärtigen Kinos. Ob die eine oder andere Besucherin ahnen mochte, dass diese elektronische Kuriosität einst die Freizeitgestaltung von Menschen überall auf diesem Planeten neu gestalten würde? Und dies nicht unbedingt zum Besseren?

Farnsworth war nicht *der*, sondern einer der Erfinder des Fernsehens. Immerhin hatte seine Innovation mittelfristig die signifikantesten Folgen: In den USA wurde *television* schneller als anderenorts zu einem Bestandteil des Lebens der Bevölkerungsmehrheit, sahen die 1950er Jahre eine massenhafte Verbreitung von Fernsehgeräten und die Produktion von TV-Serien, die nicht nur das Jahrzehnt prägten, sondern auch vielfach – wenn auch meist mit zeitlicher Verzögerung – in andere Länder exportiert wurden wie *I Love Lucy* mit dem ersten von der neuen Unterhaltungstechnologie geschaffenen Superstar, Lucille Ball, und mit Dauerbrennern wie *Gunsmoke* (im Deutschen: *Rauchende Colts*) und *Lassie*. Letztere brachte es von 1954 bis 1973 auf ganze 591 Folgen, wenn auch – durch die Lebenserwartung von Hunden bedingt – mit traurigerweise mehreren Hauptdarstellern.

Das Fernsehen hatte Wegbereiter und Wurzeln in verschiedenen Ländern und Kulturen. In Deutschland wurde der 1860 in Lauenburg (heute: Lębork, Polen) geborene Paul Nipkow als Vater der Fernsehens und als »deutscher Fernsehpionier« gefeiert – vor allem von dem Regime, das 1935 den ersten öffentlichen Fernsehsender der Welt etablierte. Nipkow, dann im achten Lebensjahrzehnt stehend, wurde Ehrenpräsident der Fernseharbeitsgemeinschaft der Reichsrundfunkkammer. Während seiner Zeit als Student an der Friedrich-Wilhelms-Universität in Berlin (heute: Humboldt-Universität) kam ihm nach eigenen Angaben an Heiligabend 1883 die entscheidende Idee: ein Bild punktweise und zeilenweise zu zerlegen. Durch die punktweise Abtastung des Bildes mit einer rotierenden spiralgelochten Scheibe in Verbindung mit einer lichtempfindlichen Selenzelle konnte eine optische Vorlage in elektrische Signale umgewandelt werden.[5] Das recht einfache Instrument sollte als Nipkow-Scheibe für einige Jahrzehnte ein Grundbestandteil bei der als »mechanisches Fernsehen« bezeichneten rudimentären Fernsehtechnik sein, welches später durch das elektronische Fernsehen – zu dem Philo T. Farnsworth entscheidende Ansätze liefern sollte – verdrängt wurde. Als »elektrisches Teleskop« meldete Nipkow seine Erfindung zu Beginn des Jahres 1884 beim Kaiserlichen Patentamt in Berlin an. Die Zerlegung und Übertragung der Lichtpunkte konnte sich das von dem schottischen Ingenieur Alexander Bain schon 1843 als Patent angemeldete Prinzip des »Kopiertelegrafen« zunutze machen, der als Vorläufer des Faxgerätes gilt.

Zwei der wichtigsten Entwickler des Fernsehens hätten keinen gegensätzlicheren sozialen Hintergrund haben können: Im Abstand von wenigen Monaten wurden Philo T. Farnsworth (im August 1906) in einer Blockhütte in einem kleinen Ort auf der nordamerikanischen Prärie und Manfred von Ardenne (im Januar 1907) in der Villa eines Adligen in Hamburg geboren. Sein Vater war Baron Egmont von Ardenne, seine Mutter Adela entstammte einer wohlhabenden Hamburger Familie. Der Baron war Regierungsrat und arbeitete ab 1913 im Kriegsministerium des wilhelminischen Regimes, was den Umzug der Familie von der Hansestadt in die Hauptstadt erforderte. Der im nächsten Jahr ausbrechende »Große Krieg« (wie er zunächst in der Erwartung genannt wurde, dass er ein Unikat bleiben würde) war der erste Krieg im Leben des noch kleinen Manfred und wurde durch die Erzählungen des Vaters ein prägendes Erlebnis. Vor ihm lag eine ganz besondere deutsche Karriere des 20. Jahrhunderts, die ihn zum Teilnehmer an zwei weiteren Kriegen machte, darunter einem kalten – nicht an der Front, sondern aufgrund seiner hohen Intelligenz als Mitschöpfer neuer Waffensysteme.

Fast schien er zu intelligent für das herkömmliche Ausbildungssystem: Manfred von Ardenne brach sowohl das Gymnasium als auch das Studium an der Berliner Universität ab. Mit 16 Jahre meldete er sein erstes Patent an (»Verfahren zur Erzielung einer Tonselektion, insbesondere für die Zwecke der drahtlosen Telegraphie«). Er baute ein privates Forschungsinstitut, das Forschungslaboratorium für Elektronenphysik in Berlin-Lichterfelde (heute unter der Bezeichnung »Villa Folke Bernadotte« ein Jugend- und Kulturzentrum) und Netzwerke in Politik, Industrie und Wissenschaft auf, wobei ihm neben den exzellenten Verbindungen seiner Familie seine spürbare Innovationskraft und sein immenser persönlicher Charme halfen. Menschen wie ihn braucht jedes System, und so verwundert es nicht, dass Manfred von Ardenne ein erfolgreicher und geschätzter Techniker ideologisch höchst unterschiedlicher Staatsformen wurde, in der Demokratie der Weimarer Republik ebenso wie in den Diktaturen der Nazis und des Kommunismus. Oder, wie es die *Sächsische Biografie* würdigt: »Durch Mitwirkung an Forschungsvorhaben von strategischer Bedeutung und die Pflege guter Beziehungen zu den Spitzen von Politik und Gesellschaft gelang es A., als freier Unternehmer zu überleben und in drei totalitären Diktaturen wegweisende wissenschaftliche Leistungen zu vollbringen.«[6]

Manfred von Ardennes Kreativität war in der Tat beeindruckend. So konzipierte er noch als Teenager eine neue Röhre (die »Dreifach-Röhre«) für Rundfunkempfänger, die den Bau kostengünstiger Radios für die breite Masse der Bevölkerung ermöglichte, als dieses neue Medium in den 1920er Jahren Furore machte. Für die Fernsehtechnik war es ein Durchbruch, als von Ardenne im Dezember 1930 die seit 1897 bekannte Braun'sche Kathodenstrahlröhre für die Bildübertragung nutzte; diese Innovation gilt als der Übergang vom mechanischen zum elektronischen Fernsehen. Im kommenden Jahr, im August 1931, stellte er seine Innovation in Zusammenarbeit mit der Firma Loewe auf der Internationalen Funkausstellung in Berlin vor – es war der erste Auftritt des Fernsehens in Deutschland und sorgte für internationales Aufsehen. Die *New York Times* berichtete auf ihrer Titelseite über von Ardenne und seine vollelektronische Bildübertragung.

Wahrscheinlich hörte Philo T. Farnsworth im fernen San Francisco bei dieser Gelegenheit erstmals den Namen Manfred von Ardennes. Wie dieser war der junge Farnsworth hochbegabt – der im Amerikanischen aus dem Deutschen entlehnte Begriff »Wunderkind« scheint angemessen – doch musste er sein Potenzial unter wesentlich bescheideneren Verhältnisse entwickeln als der deutsche Aristokratensohn. Als das älteste der fünf Kinder des Mormonenpaares Lewis und Serena Farnsworth hatte der Zwölfjährige ein Schlüsselerlebnis, als die Familie mit ihren von Pferden gezogenen Planwagen, gefolgt von den Kühen und anderem vierbeinigen Inventar der Farnsworths, von Utah nach Idaho um- und in ein Haus einzog, das nur unwesentlich größer als die Blockhütte war, in der Philo das Licht der Welt erblickt hatte. In dem neuen Heim indes hingen Drähte aus der Decke und dem Jungen entfuhr es: »Die haben hier elektrischen Strom!«[7]

Dies kam ihm bei seinen Tüfteleien sehr gelegen. Er experimentierte mit allen Gerätschaften, die er vorfand oder die er für ein paar Cent im Gemischtwarenladen der Kleinstadt Rigby erwerben konnte. Die Mitarbeit im elterlichen Farmbetrieb war eine Selbstverständlichkeit für Philo und seine Geschwister; in seiner Freizeit verschlang er populärwissenschaftliche Magazine wie *Popular Science* und *Science and Invention*, in denen er von den ihn faszinierenden Relativitätstheorien Albert Einsteins, der Speziellen und der Allgemeinen, las. In der High School von Rigby war er einer der besten Schüler vor allem in Physik und Chemie. Als sein Lehrer Justin Tolman an einem Nachmittag im Frühjahr 1922 den *Science Room* betrat, fand er Philo – nicht zum ersten Mal – an der mehrteiligen Wandtafel, die er mit Kreidezeichnungen, Diagrammen und Formeln überzogen hatte. Auf Tolmans Frage, was das alles darstellen solle, antwortete sein Schüler: »Das ist meine Idee für elektronisches Fernsehen (*television*).« Worauf der Lehrer nur verblüfft zurückfragen konnte: »*Television? What's that?*«[8]

Die prekäre Situation seiner Familie nach dem frühen Tod seines Vaters im Januar 1924 ließ für Philo Farnsworth kein geregeltes Studium zu. So musste er auf eine Ausbildung an der renommierten Marineakademie in Annapolis, die ihn angenommen hatte, verzichten und belegte stattdessen eine Reihe von Kursen und Vorlesungen an der Brigham Young University in Utah. Sein Konzept einer vollkommen elektronischen Bildübertragung hatte er schon 1922 entworfen. Es folgten Jahre des Experimentierens und des Baus der für die Umsetzung dieser Vision notwendigen Geräte. Vor allem aber bedurfte der fast mittellose Farnsworth finanzieller Unterstützung. Zwei in Utah weilende Geschäftsleute aus San Francisco, George Everson und Leslie Gorrell, konnte er überzeugen. Sie stellten ihm zunächst eine Summe von 6.000 Dollar (etwa 105 000 Dollar heutigen Wertes) zur Verfügung. Fast umgehend nach seiner Hochzeit mit der ihm seit der Kindheit bekannten Nachbarstochter Elma Gardner, genannt »Pem«, zog das junge Paar nach Kalifornien, wo Farnsworth an der 202 Green Street, zu Füßen des Telegraph Hill, sein eigenes Labor aufbaute. Am Abend des 7. September 1927 nahm er in einem Raum mit Hilfe eines von ihm erfundenen *image dissectors* (einer frühen Videokamera) ein Bild auf, das in einem anderen Zimmer dem Publikum mit Hilfe eines ebenfalls von ihm konzipierten Empfängers gezeigt wurde. Das Objekt, das dort auf dem flimmernden Schirm zu sehen war, hatte der offenbar mit einem trockenen Humor ausgestattete Erfinder speziell für seine anwesenden Geldgeber ausgesucht: es war ein Dollarzeichen. Die Begeisterung der Anwesenden war groß, Everson brachte es in einem Telegramm an den in Los Angeles weilenden Gorrell auf den Punkt: »*The damn thing works*!« Farnsworths Biograf war viele Jahre später etwas zu enthusiastisch bei der Einordnung des Ereignisses: »Das Informationszeitalter war geboren.«[9]

Ein Jahr später war Farnsworth in seiner neuen Heimatstadt bekannt genug, dass die Zeitung *San Francisco Chronicle* ihn in einer Überschrift feiern konnte: »*SF Man's Invention To Revolutionize Television*«.[10] Dem kann man entnehmen, dass »Television/Fernsehen« ein dem breiten Publikum durchaus vertrauter, wenn auch weiterhin theoretischer Begriff war. Verschiedene Forscher hatten Ansätze geliefert, so dass sie – zumindest in ihren Heimatländern – als »Väter des Fernsehens« gefeiert werden können wie Kenjiro Takayanagi in Japan, Leon Theremin in der Sowjetunion und John Logie Baird in Großbritannien. Baird hatte am 26. Januar 1926 vor rund vierzig Mitgliedern der Royal Institution of Great Britain Bilder von menschlichen Gesichtern mit auf der Nipkow-Scheibe basierenden Technik übertragen.

Farnsworth sollte bald und mit dem kontinuierlichen Fortschreiten der Entwicklungen in seinem größer werdenden Labor in San Francisco merken, dass in den Chefetagen großer Konzerne das ökonomische Potenzial des Fernsehens klar erkannt worden war. Im Dienste des Hollywood-Giganten United Artists trafen zwei der berühmtesten Filmstars der Epoche (in welcher der Stummfilm seinem Ende entgegen ging und der Aufstieg des Tonfilms sich als unaufhaltbar entpuppen würde) zu einem Besuch in Farnsworths Werkstatt ein: Mary Pickford und Douglas Fairbanks. Zu einer Demonstration der Technik kam es aber nicht; später entdeckte man, dass sich in einem der für eine Übertragung notwendigen Geräte ein Draht gelockert hatte. Eine Investition durch Hollywood hätte Farnsworth und sein Team unbestritten zur Nummer Eins unter den Wegbereitern der Fernsehtechnik gemacht und die Unterhaltungsindustrie durch eine denkbare Symbiose von Leinwand und Bildschirm in den 1930er Jahren in eine neue Ära katapultiert.

Noch folgenschwerer war ein anderer Besuch. Im April 1930 traf Vladimir Zworykin in Farnsworths Labor ein. Der exilrussische Ingenieur hatte 1923 die Ikonoskop-Röhre entwickelt, mit der die elektronische Abtastung und die Zerlegung von Bildern in elektrische Signale möglich wurde. Nach Kenntnisstand des arglosen, jedweden Intrigen aversen Mormonen Farnsworth arbeitete Zworykin für die Westinghouse Corporation, einen Konzern, der vorwiegend elektronische Produkte herstellte. Allerdings war Farnsworths Wissen über Zworykins Biografie in diesem Punkt überholt. Dieser arbeitete neuerdings für die unter ihrem Präsidenten, dem ebenfalls aus Russland stammenden und angesichts der dortigen antisemitischen Pogrome in die USA ausgewanderten David Sarnoff, eine aggressive Markt-, Lizenz- und Patentpolitik betreibende Radio Corporation of America (RCA). Farnsworth zeigte dem Besucher seine Erfindungen mit dem Ergebnis, dass dieser das Erlebte umgehend bei seinem neuen Arbeitgeber RCA zur Anwendung brachte. Rechtsstreitigkeiten mit dem Konzern sollten über viele Jahre den Lebensweg Farnsworths begleiten und ihn vorübergehend in den Alkoholismus treiben.

Farnsworth baute seine Erfindungen in den nächsten Jahren aus und suchte den Kontakt mit Baird sowie mit den Wegbereitern des Fernsehens in Deutschland. Dort erlebte die Technik insofern eine Weltpremiere, als erstmals Sendungen für ein – verhältnismäßig – großes Publikum stattfanden. Die Olympischen Spiele in Berlin 1936 waren das erste vom Fernsehen übertragene Großereignis. In speziell eingerichteten Fernsehstuben verfolgten schätzungsweise 150 000 Zuschauer die Übertragungen. Genießen konnte dieses Publikum die Bilder aus dem Olympiastadion nur in Berlin und seinem Umland; die Reichweite des DFR, des Deutschen Fernseh-Rundfunks, war sehr begrenzt. Letzteres galt auch für die Zahl der privaten Haushalte, die sich eines der sehr teuren Empfängergeräte leisten konnten; sie dürfte bei rund fünfzig gelegen haben. Zu Programmbeginn erinnerte man mit der Namensgebung des Senders an den zu dieser Zeit noch lebenden Pionier aus Pommern: »Achtung, Achtung! Hier ist der Fernsehsender ›Paul Nipkow‹, Berlin, mit Ton auf Welle 7,06 Meter und mit Bild auf Welle 6,77 Meter, mit der Olympia-Sondersendung. Es senden gemeinsam die Deutsche Reichspost, die deutsche Fernseh-Industrie und der Fernseh-Programmbetrieb direktes Übertragen der wichtigsten Kampfphasen von den Olympischen Kampfstätten und in Abwechslung Darbietungen erster deutscher Künstler mit Tonfilmen der Film-Industrie und des aktuellen Bilddienstes des Fernsehsenders ›Paul Nipkow‹, Berlin.«[11] Die Offiziellen zogen schnell eine positive Bilanz des Experimentes, das wie die Spiele insgesamt natürlich auch dem propagandistischen Zweck diente, der Welt die Leistungs- und Innovationsfreudigkeit des nationalsozialistischen Deutschland zu demonstrieren: »Vielfach wurden die Besucher der Fernsehstellen von den Vorführungen der Kampfhandlungen so gefesselt, daß sie ebenso wie die

Besucher im Reichssportfeld bei guten sportlichen Leistungen ihren Beifall kundtaten. Immer wieder mußten die Fernsehstuben wegen Überfüllung kurzzeitig geschlossen werden. Mit allen Aufnahmegeräten wurden fast ausnahmslos sehr gut erkennbare Bilder erzielt.«[12]

Aufgrund dieses Erfolges planten die Veranstalter der nächsten Olympischen Spiele ebenfalls Fernsehübertragungen. Die Jugend der Welt sollte sich 1940 erneut in Tokio treffen, wo man ebenfalls über frühe Erfahrungen mit der Fernsehtechnik verfügte. Bereits 1931 hatten japanischen Techniker Bilder eines Baseballspiels übertragen. Zu Olympischen Spielen sollte es in Tokio indes erst 1964 kommen, als man erstmals auf Satelliten zur globalen Übertragung dieses Ereignisses zurückgreifen konnte. Vier Jahre später, 1968 in Mexiko, hatte das Farbfernsehen bei einer Olympiade Premiere.

Gegen alle Widerstände konnte sich Philo Farnsworth mit dem in den späten 1930er Jahren allmählich einsetzenden Wirtschaftsaufschwung seinen Traum von der eigenen Fernsehgesellschaft erfüllen. Die Dokumente zur Gründung der Farnsworth Television and Radio Corporation mit einem Grundkapital von drei Millionen Dollar wurden in New York unterzeichnet; die Gesellschaft wurde 1951 von International Telephone and Telegraph (ITT) aufgekauft. Das Datum war der 14. März 1939. Am nächsten Tag marschierten deutsche Truppen auf Hitlers Befehl in der Tschechoslowakei – oder was nach dem ein halbes Jahr zuvor geschlossenen Münchner Abkommen von dem Staat übrig geblieben war – ein.

Der bald nach dieser neuen Aggression Hitlers ausbrechende Zweite Weltkrieg stoppte eine zivile Nutzung der Fernsehtechnik bei allen beteiligte Nationen. Erst nach Ende des Konflikts konnte der Weg, den von Ardenne, Farnsworth und die anderen Wegbereiter des neuen Mediums aufgezeigt hatten, wieder beschritten werden. Erwartungsgemäß erlebte die Technik in den USA, nach dem Sieg in dem globalen Konflikt nicht nur die militärisch, sondern auch wirtschaftlich stärkste Macht auf dem Planeten, den schnellsten Durchbruch. In den 1940er Jahren wurden die über viele Jahre führenden drei großen Fernsehanstalten NBC, ABC und CBS gegründet. Das Fernsehgerät mutierte bald für die jungen Familien, die sich in den Häusern von Suburbia etablierten und Kinder bekamen, die man dereinst als »Baby Boomer« bezeichnen würde, ebenso zum Symbol des »modernen Lebens« und der eigenen Prosperität wie das Auto, mit dem sich über das während der Eisenhower-Jahre gebaute Interstate-System das große Land erschließen ließ. Die Zahl der in amerikanischen Haushalten laufenden (zumindest bis zum Sendeschluss, der stets mit dem Abspielen von *The Star-Spangled Banner* zelebriert wurde) TV-Geräte schnellte von rund sechs Millionen im Jahr 1950 auf 50 Millionen am Ende dieser fortschrittsgläubigen Dekade empor.

In Deutschland unterlag die erneute Etablierung des Fernsehens wie fast alle anderen Lebensbereiche der Kontrolle und dem Placet der Sieger- bzw. Besatzungsmächte. Die Alliierten verteilten die Rundfunklizenzen und überwachten die Programme. Am ersten Weihnachtstag 1952 nahm der Nordwestdeutsche Rundfunk (der sich später in den NDR und den WDR aufteilte) die Programmausstrahlung auf. Gesendet wurde drei, später fünf Stunden am Tag, und präsentiert wurde das Programm von der inzwischen längst abgeschafften, damals aber immens beliebten Berufsgruppe der Fernsehansagerinnen. »Zu dieser Zeit verstanden die Programmverantwortlichen Fernsehen in erster Linie als Bildungsmedium, das nur zu einem sehr geringen

Teil unterhalten sollte.«[13] Es waren freilich Ereignisse von eher unterhaltendem Charakter, die das Interesse und allmählich – mit dem Einsetzen des Wirtschaftswunders und damit eines beginnenden Wohlstandes – auch die Verkaufszahlen der Geräte ankurbelten. Die Krönung von Queen Elisabeth II. und vor allem die für das Team aus dem westlichen deutschen Staat erfolgreiche Fußball-Weltmeisterschaft 1954 in der Schweiz beförderten diese Entwicklung. Auch im Gastgeberland dieses Ereignisses nahm das Fernsehen zu dieser Zeit Fahrt auf, wenn auch recht langsam. Die Schweizerische Rundfunkgesellschaft (SRG) strahlte 1951 versuchsweise erste Sendungen aus. Aus der Bevölkerung kam es indes zu Protesten. Zum einen glaubten einige Schweizer, dass sie das neue Experiment mit ihren Rundfunkgebühren bezahlten – nicht ganz unberechtigt. Zum anderen wurde gegen das Fernsehen vorgebracht, dass es das Familienleben beeinträchtigen könne – ein Argument, das weit über die 1950er Jahre hinaus zu vernehmen war, und das nicht nur in der Schweiz. Ein reguläres Fernsehprogramm startete die SRG am 20. Juli 1953. Gesendet wurde an fünf Abenden in der Woche und nur für eine Stunde.

In der DDR begann der offizielle Sendebetrieb zu Beginn des Jahres 1956. Eine erste Versuchssendung hatte man indes fast zeitgleich mit den westdeutschen Sendern ausgestrahlt: zu Ehren von Josef Stalins 71. Geburtstag am 21. Dezember 1952. Die Verantwortlichen im »ersten sozialistischen Arbeiter- und Bauernstaat auf deutschem Boden« dürften damals kaum geahnt haben, welche letztlich für ihr Staatsgebilde und ihre Ideologie verhängnisvolle Wirkung das neue Medium haben sollte. Trotz aller Verbote war der Konsum des »West-Fernsehens« für weite Teile der Bevölkerung in der DDR Teil des Alltagslebens. Der Vergleich der Lebensumstände in einer westlichen Demokratie wie der »Bää-Ärr-

Dää« mit der eigenen Realität trug entscheidend zu einer allmählichen Erosion des Vertrauens in die eigene Staats- und Parteiführung bei. Das Fernsehen spielte eine kaum zu überschätzende Rolle auf dem Weg zur friedlichen Revolution des Jahres 1989. Mehr noch: Die entscheidende Begebenheit, weltweit übertragen und von Menschen auf fünf Kontinenten fasziniert und vielfach mit Rührung verfolgt, ließ sich im Fernsehen direkt verfolgen. Es war die Pressekonferenz der Parteiführung am 9. November, bei der SED-Funktionär Günter Schabowski sich zu einem »Neuen Reisegesetz« mit den Worten äußerte: »Und deshalb haben wir uns dazu entschlossen, heute, eine Regelung zu treffen, die es jedem Bürger der DDR möglich macht, über Grenzübergangspunkte der DDR auszureisen.« Nach einigem Hin und Her zu Schabowskis folgenden und recht unklaren Aussagen erklang die Frage aus der Journalistenrunde, ab wann die neuen Regeln – unkomplizierter Besuch des Auslandes unter kurzfristig erteilten Genehmigungen – gelten würden. Schabowskis inzwischen historische Antwort: »Das tritt nach meiner Kenntnis ist das sofort, unverzüglich.«[14] Die Folgen sind bekannt. Die entscheidenden Worte Günter Schabowskis sind in der Gedenkstätte am Platz des 9. November 1989 in Berlin im Boden eingraviert. An jenem Abend machte das Fernsehen in der Tat Geschichte.

Wie die Herkunft, so waren auch die weiteren Karrieren von Manfred von Ardenne und Philo T. Farnsworth, nachdem sie zur Entwicklung der Fernsehtechnik so entscheidend beigetragen hatten, höchst unterschiedlich. Der deutsche Forscher, dem ein langer und wissenschaftlich fruchtbarer Lebensweg von mehr als sechs Jahrzehnten nach seiner Pionierarbeit in der Entwicklung des epochalen Unterhaltungsmediums beschieden war, zeigte eine Vielseitigkeit, die im hochspezialisierten 21. Jahrhundert unvorstellbar erscheint. Das Elektronenmikroskop, spezifischer das Raster-Transmissionselektronenmikroskop (STEM), wurde von ihm 1937 konstruiert. Bald darauf stand sein Wirken unter den Erfordernissen des Krieges. Von Ardenne wandte sich der Kernphysik zu und baute unter anderem einen Teilchenbeschleuniger.

Freilich war von Ardenne auch als Atomforscher angesehen und seine Fähigkeiten vielversprechend genug, dass die Sowjetunion ihn und seine Familie umgehend nach Kriegsende im Mai 1945 in ihre Dienste nahm – ohne dass ihm hier die Möglichkeit eines höflichen »Nein, danke« gegeben war. Ein sowjetischer General, der als Verbindungsoffizier der Roten Armee mit der Sowjetischen Akademie der Wissenschaften fungierte, nahm von Ardenne nur wenige Tage nach der deutschen Kapitulation unter seine Fittiche. Am 21. Mai wurde er zusammen mit seiner Familie nach Moskau geflogen. Die Sowjetunion wurde für ihn ebenso wie für andere deutsche Wissenschaftler und Ingenieure, die es im Gegensatz zu (zum Beispiel) Wernher von Braun nicht geschafft – oder gewollt – hatten, sich zu den amerikanischen oder westalliierten Linien durchzuschlagen, für Jahre zu einer neuen Heimat. Eine Heimat freilich von sehr beschränkter Bewegungsfreiheit, anfangs in lagerähnlichen Unterkünften hinter Stacheldraht, später mit mehr individuellem Freiraum – aber dennoch weit entfernt vom *American Way of Life*, den die Raketenbauer in Alabama oder Florida genossen.

Von Ardenne entwickelte in seinem an der Küste des Schwarzen Meeres aufgebauten Institut unter anderem Verfahren der elektromagnetischen Trennung von Uranisotopen. Auch darüber, in welchem Ausmaß er zur sowjetischen Atombombe und dem sich in den 1950er Jahre füllenden nuklearen Arsenal der Supermacht beitrug, herrscht keine

Einigkeit. Für Belangloses dürften ihm die Sowjets freilich nicht 1953 den Stalin-Preis (wenn auch zweiter Klasse) verliehen haben. 1955 kehrte er nach Deutschland zurück, genauer: in die DDR, und gründete in Dresden – die Stadt machte ihn 1989 zum Ehrenbürger – auf dem Weißen Hirsch das einzige private Forschungsinstitut des sozialistischen Staates. Von Ardenne legte hier den Schwerpunkt seiner Forschungen auf medizinische Themen, vor allem auf die Krebstherapie. Parteimitglied war er nie, weder während der Nazizeit noch in der DDR. Nach der deutschen Wiedervereinigung überführte er sein Institut in drei rechtlich selbstständige Unternehmen. Manfred Baron von Ardenne starb im Mai 1997 an seiner Wirkungsstätte Dresden-Weißer Hirsch.

Auch Philo T. Farnsworth versuchte sich nach dem Krieg in einem gänzlich neuen Metier. Er wandte sich der Kernfusion zu und entwickelte – als eines von rund 300 Patenten in seinem Namen – den *Farnsworth Fusor*, der zwar Fusionsreaktionen auslöste, sich aber nicht zum Wegbereiter der erhofften neuen, unerschöpflichen Quelle friedlich nutzbarer Energie entwickelte. Er erhielt zahlreiche Ehrungen, die seine finanziellen Sorgen freilich kaum linderten. Den Erinnerungen seiner Frau Pem nach hielt das Medium, für dessen Entwicklung er so lange gekämpft hatte, in seinen späten Jahren immerhin eine Sternstunde bereit. Das Ehepaar saß am 21. Juli 1969 vor seinem Fernsehgerät und sah, wie ihr Landsmann Neil Armstrong als erster Mensch einen fremden Himmelkörper betrat. »Dafür hat es sich alles gelohnt«, sagte er zu Pem beim Anblick des historischen Ereignisses.[15] Philo T. Farnsworth starb am 11. März 1971. Im Jahr 1999 nahm ihn das Nachrichtenmagazin *Time* in seine Liste der »100 wichtigsten Personen des Jahrhunderts« auf.

Es waren Ereignisse wie die Mondlandung, wie Olympische Spiele und Fußball-Weltmeisterschaften, vereinzelt sogar kulturelle Events wie das legendäre Live-Aid-Konzert im Juli 1985, die ein wahrhaft globales Publikum hatten und Menschen zu höchst unterschiedlichen Tageszeiten und in diversen ideologischen System vor den Bildschirmen zusammenkommen ließen. Von einem globalen Siegeszug des Fernsehens zu sprechen ist berechtigt, auch wenn die Technik in einigen (wenigen) Teilen der Welt mit Verzögerung Einzug hielt. Im zentralasiatischen Bhutan war Fernsehen lange verboten; erst im Jahr 1999 eroberte *television* auch diesen wahrscheinlich letzten weißen Flecken.

Die Bildröhre von einst ist vielfach verdrängt worden vom *flat screen* und technische Neuerungen wie die Kombination des Fernsehens mit dem Internet und der Kauf von *smart television* oder *intelligent TVs* nimmt zu. Für den Tagesablauf vieler Menschen in unterschiedlichen Kulturen ist fast noch wichtiger, dass Fernsehen *immer* für sie da ist – aus dem wenige Stunden umfassenden Programm von einst ist ein 24-Stunden-Service geworden. Als besonders bedeutsam für unsere Wahrnehmung der Gegenwart, ihrer politischen und gesellschaftlichen Entwicklungen dürfte vor allem in den USA die spezielle Sparte der reinen Nachrichtensender sein. Wer rund um die Uhr Nachrichten verbreiten will, braucht Ereignisse, die den Programmmachern berichtenswert erscheinen. Der Branchenpionier CNN kündigt inzwischen fast jede Neuigkeit als *Breaking News* an. Da in den Medien die alte Weisheit zu gelten scheint, wonach *good news is no news*, scheint bei diesen Vertretern des Mediums, aber auch bei nicht subspezialisierten Sendern die Affinität zur schlechten Nachricht groß zu sein.

Kehren wir zu den eingangs beleuchteten *Presidential Debates* in den USA zurück. Der 46. Präsident der USA, Joseph Robinette Biden Junior, hatte eine keineswegs schlechte Regierungsbilanz, als er sich auf eine TV-Debatte mit seinem Vorgänger Donald Trump einließ. Der Auftritt Bidens am 27. Juni 2024 erschütterte vor allem seine Anhänger und seine Partei; dem 82jährigen war sein Alter deutlich anzumerken, seine kognitiven Schwächen waren klar erkennbar. Für die nächsten drei Wochen gab es in den USA kaum ein anderes Thema bis Biden auf eine erneute Kandidatur, getrieben vor allem von Mandatsträgern seiner eigenen Partei, die um ihre eigene Wiederwahl fürchteten, verzichtete. Die Parteigranden einigten sich schnell auf Vizepräsidentin Kamala Harris als neue Kandidatin. Im November 2024 verlor sie gegen Donald Trump. Wie 1960 hatte das Medium Fernsehen eine Wahl mitentschieden. Die Folgen dieser Intervention für die USA, aber auch für Europa werden sich in den nächsten Jahren zeigen.

7 Air Marshal Sir Hugh Dowding erkannte das Potenzial einer neuen Technik: Radar wurde an einer historischen Wendemarke, der »Battle of Britain«, zu einem entscheidenden Faktor – und trug zu Hitlers erster Niederlage im Zweiten Weltkrieg bei.

Wellen I – Finest Hour

Sir Hugh Dowding

Niemals zuvor und auch seither niemals wieder waren die Verhältnisse in Europa in so kurzer Zeit so gründlich durcheinandergewirbelt worden, war eine für unzerbrechlich gehaltene Machtbalance binnen nur sechs Wochen zerschlagen worden. Ende Juni 1940 schien der Zweite Weltkrieg beendet, bevor er diese Bezeichnung verdient gehabt hätte, bevor der im September 1939 ausgebrochene Konflikt zwischen Nazi-Deutschland auf der einen und den beiden westlichen Demokratien Großbritannien und Frankreich auf der anderen Seite zu einem globalen Ringen werden konnte. Und der Ausgang dieses nur zehn Monate langen Krieges schien eindeutig: Deutschland hatte auf der ganzen Linie gesiegt. Nach den Eroberungen von zunächst Polen, dann im Frühjahr 1940 von Norwegen und Dänemark hatte der am 10. Mai begonnene Westfeldzug der Wehrmacht so schnell und erfolgreich geendet, dass es vielen Menschen in Deutschland fast surreal vorkam. Zu tief saß noch die Erinnerung an den letzten Krieg und die Hunderttausende von Toten in Flandern, vor Verdun, an der Somme. Frankreich, das von 1914 bis 1918 über vier Jahre blutigen Stellungskrieges zusammen mit seinem britischen

Verbündeten sämtlichen Offensiven des wilhelminischen Kaiserreichs standgehalten hatte, war in einem »Blitzkrieg«, geprägt durch schnelle Panzerverbände und die den Himmel beherrschende Luftwaffe, niedergerungen worden. Deutsche Panzer rollten über die Boulevards von Paris; ein unbesetztes, vom Kurort Vichy aus regiertes Rest-Frankreich war kaum mehr als ein Vasallenstaat der Sieger. Großbritanniens Armee – hinter der Royal Navy und, neuerdings, der Royal Air Force lange Zeit nicht der bestausgestattete Teil der Militärmacht des Empire – war mit Mühe und Not zum größten Teil von den Stränden bei Dünkirchen entkommen; unter Zurücklassung aller Fahrzeuge und schweren Geräts.

In Deutschland lösten die Nachrichten vom Kriegsschauplatz, die Siegesmeldungen von den Ardennen bis zur Atlantikküste und erst recht die Kapitulation Frankreichs nach eigenen Verlusten, die alles andere als leicht waren, aber dennoch gering im Vergleich zu den Massengräbern aus vier Jahren des »Großen Krieges« von »Vierzehn-Achtzehn« wirkten, eine Mischung aus nationaler Erleichterung und Ekstase aus. Im Zentrum der Euphorie stand der »Führer«, der – so suggerierte es die NS-Propaganda nun pausenlos – mit seiner Vision das Land zu neuen Höhen und zur beherrschenden Macht auf dem europäischen Kontinent gemacht hatte. Bei Hitlers Rückkehr von der Front (er hatte unter anderem das besetzte Paris besucht) drängten sich Zehntausende von jubelnden Menschen auf den Straßen Berlins und warfen Zentner von Blumen auf die Straßen, über die sein offener Mercedes den Diktator zur Reichskanzlei fuhr. Längst machte die Parole vom »Größten Feldherrn aller Zeiten« die Runde, nachgebetet nicht nur von Parteigenossen.

Was sollte noch passieren? Großbritannien war gedemütigt und stand allein gegen die offenbar unüberwindliche

Militärmaschinerie Hitlers. Zudem hatte das Land mit dem Beginn des deutschen Angriffs im Westen eine Regierungskrise überwinden müssen. Premierminister Neville Chamberlain, dessen Name für immer mit dem Begriff »Appeasement« verbunden sein wird, war durch einen Politiker ersetzt worden, den viele Briten schon längst abgeschrieben hatten: Winston Spencer Churchill. Seine Rhetorik war beeindruckend, doch Worte allein würden Hitlers Streitmacht nicht aufhalten. Von Cap Gris-Nez aus warf die deutsche Generalität durch ihre Scherenfernrohre zufrieden Blicke auf ein England, das reif für eine als Verhandlungsfrieden getarnte Kapitulation schien – oder, bei andauerndem Widerstand, für eine Invasion. Die nur knapp 34 Kilometer entfernt liegenden *White Cliffs of Dover* waren in den Optiken deutlich zu erkennen. Den hohen Metallmasten, welche an der englischen Küste zu sehen waren, widmeten die Sieger kaum eine besondere Aufmerksamkeit.

Ob eine neue Technologie den Ablauf der Geschichte beeinflusst, liegt meist weniger an ihren Erfindern. Entscheidend ist vielmehr der Anwender, der sie innovativ einzusetzen vermag. Im Sommer 1940 gab ein schlanker, hochgewachsener Mann, dessen stoische Physiognomie das Klischee des durch nichts zu erschütternden Briten mit der *stiff upper lip* zu bestätigen schien, den Entwicklungen eine neue Richtung. Sich auf eine bislang nie in größerem Maße eingesetzte neue Technik verlassend, fügten er und seine Untergebenen, aus gutem Grund in Churchills Worten als »*the few*« bezeichnet, Hitler die erste Niederlage zu. Der meist sauertöpfisch bis streng dreinblickende Mann mit dem dünnen Oberlippenbart bewies, dass eine selbstbewusste, aus ihrer Tradition Kraft schöpfende und sich wissenschaftlichen wie technischen Fortschritt entschlossen zunutze machende Demokratie der Tyrannei der Nazis erfolgreich zu widerstehen vermochte. Sein Name war Hugh Caswall Tremenheere Dowding.

Hugh Dowding wurde am 24. April 1882 im schottischen Moffat geboren, fühlte sich nichtsdestotrotz als *Englishman*: seine mehrfach dem geistlichen Stand angehörenden Vorfahren väterlicherseits stammten aus Wiltshire, jener Region im Süden Englands, deren berühmteste Sehenswürdigkeit Stonehenge ist. Sein Vater, Arthur Dowding, war Lehrer und nach Schottland umgezogen, wo er 1879 in Moffat die St. Ninian's Preparatory School, eine Privatschule für Jungen gründete. Hughs Mutter Maud Tremenheere war die Tochter eines in den überseeischen Besitzungen des britischen Empire tätigen hohen Offiziers. Es war dieser Karriereweg, den Hugh ebenso wie sein jüngerer Bruder Arthur Ninian Dowding (der es bis zum Vizeadmiral in der Royal Navy bringen sollte) einschlug.

Hugh besuchte zunächst die Schule seines Vaters, dann das Winchester College und trat im September 1899 in die Militärschule Woolwich ein. In den nächsten Jahren lernte er – seit August 1900 als Second Lieutenant am Beginn einer Offizierslaufbahn – einige der wichtigsten Stützpunkte im Kolonialreich des britischen Empire kennen, das sich zusammen mit den Dominions über weite Teile des Globus erstreckte. Seine erste Station war Gibraltar – eine der wenigen Besitzungen aus jener Zeit, über denen auch heute noch der Union Jack weht –, bevor er mit seiner Artillerieeinheit nach Ceylon, dem heutigen Sri Lanka geschickt wurde. Hier begeisterte ihn die Sportart der britischen Oberschicht, das Polo. Diesem konnte er auch am nächsten Standort frönen: Hong Kong. Schließlich wurde er in das Juwel des Empire transferiert, nach Indien, wo er sechs Jahre lang stationiert war, in seiner Freizeit noch mehr Polo spielte und im Himalaya die Freude am Bergsteigen entdeckte, welche ihm im heimischen England angesichts der 978 Meter des dortigen höchsten Berges (Scafell Pike im Lake District) weitgehend versagt bleiben sollte.

Eine andere Leidenschaft entdeckte Dowding, als er wieder im Vereinigten Königreich stationiert war: das Fliegen. Auf einem Doppeldecker erwarb er im Dezember 1913 die Pilotenlizenz. Nur acht Monate später wurde aus einem Hobby tödlicher Ernst: Mit dem Ausbruch des Ersten Weltkrieges wurde er als Pilot des Royal Flying Corps, dem Vorläufer der 1918 gegründeten Royal Air Force, auf den künftigen Kriegsschauplatz in Nordfrankreich versetzt. Er beeindruckte manche, wenngleich nicht alle Vorgesetzte mit seinem Organisationstalent und seine Piloten mit seiner Fürsorge für sein Personal. Wenig zugänglich, erhielt er den Spitznamen »*Stuffy*«, was im Deutschen in etwa ein Spektrum von »übellaunig« bis »einfallslos« abdeckt. Das wurde ihm nicht ganz gerecht, denn zum einen konnte er in informeller Runde durchaus auftauen und gelegentlich gar einen seltenen Scherz machen. Unzweifelhaft war zum anderen sein Faible für technische Neuerungen wie für eine Frühform der Funkkommunikation. Am Ende des Krieges war er als Brigadegeneral in York im Generalstab tätig.

Wie meist in Demokratien üblich, wurden auch in Großbritannien nach dem Ende eines Krieges die Streitkräfte verkleinert und die Budgets für die verschiedenen Waffengattungen karger. Dowding blieb in Uniform und wurde 1926 vom Luftfahrtministerium zum *Director of Training*, zum Verantwortlichen für die Ausbildung von Piloten und anderem Personal ernannt. Als kühlen Analysten, dessen Berichte in Whitehall wegen ihrer Sachlichkeit geschätzt wurden, schickte man ihn wiederholt in mehr oder weniger von Krisen heimgesuchte Regionen unter britischer Kontrolle – so in den Irak (in den 1920er Jahren eine der friedlicheren

Regionen in Nahost) und in das damals »Palästina« genannte Mandatsgebiet, in dem gewaltsame Zusammenstöße zwischen Juden und Arabern an der Tagesordnung waren.

Dowdings Faszination für neue – oder, in diesem Fall, relativ neue – Techniken ließ ihn den vielleicht schwersten und tragischsten Fehler seiner Karriere begehen. Als Mitglied des obersten Gremiums der Royal Air Force (RAF), des Air Council im Luftstreitkräfteministerium (Air Ministry), unterzeichnete er das Zertifikat, das einem neuen Luftschiff (im Deutschen nach einem Pionier dieser Fluggeräte meist »Zeppelin« genannt), dem R.101, die Flugtauglichkeit zusprach. Am 5. Oktober 1930 stieg das 223 Meter lange Luftschiff in Bedfordshire zu seinem Jungfernflug auf, der es nach Indien bringen sollte. Die Reise war nach rund 350 Kilometern zu Ende, als R.101 bei schlechtem Wetter in Frankreich abstürzte. Achtundvierzig der 54 Personen an Bord kamen ums Leben, darunter der für Luftstreitkräfte zuständige Minister (Secretary of State for Air), Lord Thomson. Eine sich über mehrere Monate erstreckende Untersuchung endete ohne Schuldzuweisungen, auch nicht an Dowding.

Seine letztlich historische Bestimmung begann für Dowding im Juli 1936, als er – inzwischen zum Air Marshall befördert – zum Befehlshaber des neugegründeten RAF Fighter Command ernannt wurde. Jagdflugzeuge hatten bis dahin in den militärischen Planungen eine eher untergeordnete Rolle gespielt. Im Zentrum aller Konzepte eines möglichen künftigen Luftkrieges stand die Vision von Bomberverbänden, die fernab einer klassischen Front Vernichtung und Tod über die Metropolen eines Landes bringen würden. Der mehrmalige Premierminister Stanley Baldwin hatte den Militärstrategen mit seinem berühmten Diktum aus dem Herzen gesprochen: »*The bomber will always get through.*«[1]

Ab Mitte der 1930er Jahre wurde es angesichts der starken Aufrüstung in Nazi-Deutschland, bei der die Luftwaffe erkennbar im Zentrum stand, als zunehmend wahrscheinlich angesehen, dass die Bomber, die durchkommen würden, Hakenkreuz-Insignien tragen würden.

Dowding entwickelte ein Konzept, das später als »Dowding-System« bekannt wurde, das auf Zweifeln an der Machtlosigkeit gegenüber feindlichen Bomberverbänden fußte. Ihm erschien es nicht nur vordringlich, sondern auch machbar, feindliche Bomber abzufangen. Dafür waren einige technische Neuerungen notwendig. Die Jagdflugzeuge der Royal Air Force waren nach wie vor Doppeldecker, die sich seit dem Ersten Weltkrieg kaum verändert zu haben schienen. Dowding förderte nach Kräften neue Entwürfe, aus denen zwei Flugzeugtypen hervorgingen, die in der Historiographie des Zweiten Weltkrieges geradezu ikonografischen Charakter haben: die ab Dezember 1937 eingeführte Hawker Hurricane und die ab August 1938 den Verbänden des Fighter Command allmählich zugeführte Supermarine Spitfire.

Entscheidend würde es in einem Konflikt sein, die anfliegenden Bomberverbände rechtzeitig zu entdecken – so früh, dass Dowdings Jäger aufsteigen und die idealerweise bekannte Flughöhe der Bomber erreichen konnten, bevor diese über ihrem Ziel waren, bei dem es sich mit großer Wahrscheinlichkeit in erster Linie um London handeln würde. Mit Begeisterung griff Dowding bei einer Besprechung des Committee for the Scientific Study of Air Defence am 28. Januar 1935 die Gedanken des Physikers Robert Watson-Watt vom National Physical Laboratory auf. Dieser hatte auf eine Anfrage der Militärs, ob man mit elektromagnetischen Wellen Flugzeuge zum Absturz bringen könne – »Todesstrahlen« waren ein beliebtes Sujet in der zeitgenössischen Science-Fiction-Literatur – geantwortet, dass dies nicht möglich sei. Doch einfliegende Flugzeuge zu entdecken und zu lokalisieren – ja, das könnte gelingen.

Wie die meisten anderen technischen Innovationen hat auch das Radar (das Akronym steht für »*radio detection and ranging*«) keinen einzelnen Erfinder, sondern es ging aus einer Reihe von Entwicklungen hervor. Nachdem schon der Physiker Heinrich Hertz in den 1880er Jahren nachgewiesen hatte, dass Radiowellen von metallischen Objekten reflektiert werden, meldete sein Landsmann Christian Hülsmeyer seine von ihm »Telemobiloskop« genannte Vorrichtung 1904 zum Patent an. Das Gerät nutzte 50-cm-Wellen; mit ihm konnte Hülsmeyer auf dem Rhein bei Köln die Reflexion der Wellen von einem rund drei Kilometer entfernt liegenden Schiff demonstrieren. In Deutschland entwickelten in den 1930er Jahren Techniker von Firmen wie GEMA und Telefunken verschiedene Radarsysteme, die während des Krieges verbessert und unter anderem wie das sogenannte Lichtenstein-Gerät an Bord von Flugzeugen, vor allem Nachtjägern zum Einsatz kamen.

In Großbritannien bewies der wie Dowding aus Schottland stammende Robert Watson-Watt die Praktikabilität seiner Radiowellen als Detektionsinstrument in einem Experiment, das den Chef des RAF Fighter Command begeisterte. Am 26. Februar 1935 nutzte Watson-Watt die von einem Sendeturm der BBC nahe Daventry ausgestrahlten Kurzwellen, um einen Bomber vom Typ H. P. 50 nachzuweisen, dessen Pilot angewiesen war, mehrfach die Strecke Daventry-Farnborough abzufliegen. Binnen sechs Monaten konnte Watson-Watts stetig verbessertes System einfliegende Flugzeuge in mehr als 60 Kilometer Entfernung nachweisen. Dowding erkannte, dass die neue Technik unabhängig von Tageszeit und Wetterbedingungen funktionierte und wusste, dass ihm das Ministerium alle notwendigen Mittel zur Verfügung stellen würde. Sein Biograf fasst den Impuls zusammen, den »eines der folgenreichsten Experimente, das je in Großbritannien durchgeführt wurde«, hatte: »Es war klar, dass eine gewaltige Investition von knappen Ressourcen zur Förderung einer Einschätzung – die noch auf dünner Evidenz basierte – von Dowding und einer Handvoll Wissenschaftler erfolgen würde. Das in jenen Jahren so oft kritisierte Luftfahrtministerium ist nie ausreichend genug für seine kühnen Entscheidungen gewürdigt wurden, die so viel zu Großbritanniens Rettung im Jahr 1940 beigetragen haben. Dank dieses Geldes wurde Radar ›der Katalysator der Verteidigungswissenschaft‹. Kurzum: Watson-Watt brachte es zur Welt, Tizard [Sir Henry Tizard, Chemiker und Mitentwickler des Radar] unterstützte es, und Dowding ergriff die Gelegenheit.«[2]

Bald entstanden die ersten Radarstationen entlang der englischen Süd- und Ostküste, eine jede aus vier rund 120 Meter hohen Türmen bestehend. Einundzwanzig dieser Stationen wurden bis Kriegsbeginn errichtet; sie bildeten das Chain-Home-System und vermochten Flugzeuge auf fast zweihundert Kilometer Entfernung erkennen. Das Personal wurde von Dowding in speziellen Ausbildungsstätten gewissenhaft geschult. Ihm waren die Schwächen bewusst: Chain Home war fix und unbeweglich; waren die feindlichen Flugzeuge erst einmal über die Küste geflogen, konnte das Radar sie nicht mehr wahrnehmen. Hier sollte die zweite Komponente des Dowding-Systems eingreifen, das Royal Observer Corps, eine Vielzahl von mit optischen und Messinstrumenten ausgestatteten Beobachtern, in Kriegszeiten oft von älteren, nicht mehr für den Wehrdienst geeigneten Personen gestellt. Für die Entdeckung tieffliegender Flugzeuge wurde eine zweite Kette von Stationen, die Chain-

Home-Low-Radarkette errichtet. Das integrierte System lieferte seine Informationen in Dowdings Hauptquartier, den ehemaligen Landsitz Bentley Priory im Norden von London, wo an einem großen Kartentisch die Positionierung eigener und feindlicher Verbände sehr zeitnah erfolgte – wenn letztere sich nicht erst über dem Kanal befanden, sondern bereits wenn die Heinkel He 111 und Junkers Ju 88 sich noch über ihren Stützpunkten in Nordfrankreich sammelten. Von Bentley Priory wurden die Informationen an die Hauptquartiere der vier Gruppen (No.10, No.11, No.12 und No.13 Group, von denen die Südostengland abdeckende No.11 Group während der Luftschlacht um England die Hauptlast tragen sollte) und von diesen an die wichtigsten Stützpunkte der einzelnen Geschwader, die Sector Stations, weitergegeben. Bei Kriegsausbruch im September 1939 war Großbritannien in vielfacher Hinsicht wenig auf den Konflikt vorbereitet – Dowding und das Fighter Command waren eine Ausnahme.

Der eigentlich für den Sommer 1939 zur Pensionierung vorgesehene Dowding brauchte nicht lange überredet zu werden, auf seinem Posten in Bentley Priory zu bleiben. Er war dankbar, dass ihm nach Kriegsausbruch noch ein Dreivierteljahr blieb, um sein System zu vervollkommnen und vor allem seinen Staffeln neue Flugzeuge zuzuführen. Als Vorteil erwies sich auch, dass die Deutschen nie einen echten Einblick in sein komplexes System bekamen und die Bedeutung der Radarstationen nicht wirklich erfassten. Ein in den letzten Wochen des Friedens auf Aufklärungsflug an die englische Südküste gesandter Zeppelin konnte bei einem ersten Einsatz nur statische Geräusche sammeln – die Experten an Bord horchten im falschen Bereich des Radiospektrums. Bei einem zweiten Besuch vermochte man an Bord der »Graf Zeppelin 2« überhaupt nichts zu hören. Wie es der Zufall wollte, war das System an diesem Tag zur Durchführung von Reparaturen abgeschaltet.

Wahrscheinlich verspürte Dowding eine Art von Erleichterung, als die Entscheidung in Frankreich gefallen war – mit aller Kraft hatte er sich dagegen gesträubt, weitere Staffeln für eine verlorene Sache über den Kanal zu schicken, die in den kommenden Wochen für die Verteidigung der heimatlichen Insel gebraucht würden. Mit bitterer Zuversicht schrieb er am 17. Juni 1940 (drei Tage vorher war die Wehrmacht in Paris eingezogen) an Churchill: »Well, nun ist es England gegen Deutschland. Und ich beneide sie [*die britischen Streitkräfte*] nicht um ihren Job.«[3] Der Premierminister machte am nächsten Tag in einer seiner berühmten Reden deutlich, was auf dem Spiel stand, als er davon sprach, dass die Schlacht um Frankreich vorbei sei und nun die Battle of Britain, die (Luft-)Schlacht um England heraufziehe: »Von ihr hängt das Überleben der christlichen Zivilisation ab. Wenn wir ihm [Hitler] die Stirn bieten können, kann ganz Europa befreit werden, und das Leben der Welt kann sich in weite, sonnenbeschienene Gefilde bewegen. Aber wenn wir scheitern, dann wird die ganze Welt, einschließlich der Vereinigten Staaten, einschließlich all dessen, was wir gekannt und gepflegt haben, in den Abgrund eines neuen dunklen Zeitalters versinken, das durch die Lichter einer pervertierten Wissenschaft noch düsterer und vielleicht noch langwieriger wird.« Und Churchill schloss: »Wir wollen uns daher unserer Pflichten besinnen und uns [in dieser schweren Stunde] derart wacker schlagen, dass – wenn unser Empire und sein Commonwealth noch eintausend Jahre lang bestehen sollten – man rückblickend sagen wird: Dies war ihre stolzeste Stunde.«[4]

»*This was their finest hour.*« So geschah es. Um England zu erobern und zum Frieden zu zwingen, schien eine Invasion notwendig, der die Wehrmachtführung den Codenamen »Operation Seelöwe« gab. Angesichts der Stärke der Royal Navy und der Tatsache, dass die Wehrmacht über keine nennenswerte amphibische Erfahrung und auch nicht über adäquates Material verfügte, war das Erringen der Luftherrschaft zumindest über Südengland unverzichtbar. Ab Juli stand das Fighter Command im Abwehrkampf, sollte das System Dowding gefordert werden und sich bewähren. Vor allem die Stützpunkte der Royal Air Force im Südosten, im Sektor von No.11 Group, wurden über Wochen angegriffen. Chain Home funktionierte und konnte die anfliegenden Verbände meist rechtzeitig orten, so dass Hurricanes und Spitfires zur Abfangjagd aufsteigen konnten. Die Angriffe der Luftwaffe auf die Radarstationen waren eher sporadisch; ihre Bedeutung für Großbritanniens Verteidigung wurde nicht annähernd in ihrem wahren Umfang erkannt. Verschiedentlich griffen Sturzkampfbomber vom Typ Ju 87 einige Stationen an. Doch die Türme waren kaum zu zerstören und einzelne Stationen allenfalls für wenige Stunden auszuschalten.

Einen vermeintlich entscheidenden Schlag versuchte die Luftwaffe der Royal Air Force am »Adlertag«, dem 13. August 1940, zu versetzen. Wie fast immer während der Battle of Britain hatten beide Seiten Verluste; die der Deutschen wogen jedoch schwerer. An jenem Tag schossen die Piloten des Fighter Command 75 deutsche Flugzeuge ab, bei 34 eigenen Verlusten im Luftkampf und 16 Flugzeugen, die am Boden bei den Angriffen auf die britischen Luftstützpunkte zerstört worden. Auch wenn Dowding über die Verluste besorgt war, sprachen zwei Faktoren für das Überleben seiner Streitmacht: Die britische Industrie ersetzte die verloren gegangenen Maschinen in deutlich höherer Zahl als die deutsche. Und britische Piloten, die über eigenem Territorium abgeschossen wurden, konnten – so sie unverletzt geblieben waren – erneut eingesetzt werden. Für deutsche Besatzungen, die über England »aussteigen« mussten, war der Krieg hingegen zu Ende.

Ende August und Anfang September war Dowding wegen der steigenden Verluste dennoch hochgradig besorgt. Dann kam ihm ein Strategiewechsel der Deutschen zu Hilfe. Sie griffen jetzt mit großen Verbänden London an. Dadurch bekamen Dowdings wiederholt bombardierte Stützpunkte die dringend benötigte Atempause. Dass Dowding bei einem deutschen Großangriff am 15. September mehr als 300 Jäger in die Luft schicken konnte, zeigte den Deutschen, dass die Reserven des Fighter Command alles andere als erschöpft waren. Die Operation Seelöwe, die geplante Invasion Englands, wurde abgeblasen. Mit einem inzwischen über 76 Radarstationen verfügenden Chain Home konnten die deutschen Bomberverbände so zeitig erkannt werden, dass nicht nur Dowdings Jagdmaschinen sich in der berechneten Einflughöhe bereitfanden, sondern auch die Zivilbevölkerung in London und anderen angegriffenen Städten gewarnt werden konnte. Die Verluste, die Dowdings Jäger den deutschen Bombern zufügten, ließen die Luftwaffe von Tagangriffen Abstand nehmen und London sowie unter anderem Coventry in einem besonders verheerenden Angriff am 14. November 1940 nachts angreifen. Das Fighter Command verfügte zu Dowdings Bedauern noch nicht über einen effektiven Nachtjäger. Dies sollte sich erst im nächsten Jahr durch die Einführung des mit Bordradar ausgestatteten Bristol Beaufighter ändern.

Auch nachdem die Entscheidung in der Luftschlacht gefallen war, bombardierte die Luftwaffe weiterhin London und andere Ziele in England; mit wenig Aussicht auf eine kriegsentscheidende Wirkung, sondern vielmehr um die

Zivilbevölkerung zu zermürben. Einen letzten großen Angriff, der mehr als 1400 Londoner tötete, flogen die deutschen Bomber in der Nacht vom 10. auf den 11. Mai 1941. Dann wandte sich die Luftwaffe und mit ihr die gesamte Wehrmacht auf Hitlers Geheiß gen Osten, um sich auf den Angriff auf die Sowjetunion vorzubereiten. Zu diesem Zeitpunkt war Dowding in einem klassischen Fall von institutioneller Undankbarkeit von seinem Posten als Chef des RAF Fighter Command abberufen worden. Er übernahm einige weniger bedeutsame Aufgaben und wurde im Juni 1943 als Baron Dowding of Bentley Priory in den Adelsstand erhoben. Ihm war ein langes Leben beschert und in dessen Abendsonne konnte er im Rollstuhl sitzend 1969 der Premiere eines der besten Spielfilme über den Zweiten Weltkrieg, *Battle of Britain* von Guy Hamilton, beiwohnen. Queen Elizabeth II. begrüßte den Veteranen bei dieser Gelegenheit. Zusammen mit seiner zweiten Frau, Muriel Dowding, widmete er sich im Alter einer weiteren noblen Sache: dem Tierschutz und dem Kampf gegen Grausamkeit gegenüber Tieren. Hugh Dowding verstarb kurz vor seinem 88. Geburtstag im Februar 1970.

Die Luftschlacht um England wurde von den Verteidigern gewonnen; ungeachtet »der exzellenten Hurricanes und Spitfires sowie dem Mut und der Entschlossenheit ihrer Piloten, wäre sie ohne ein radargestütztes Verteidigungssystem verloren gegangen«.[5] Wieder einmal fand Winston Churchill die richtigen Worte, die man im Original auf sich wirken lassen sollte: »*Never in the field of human conflict was so much owed by so many to so few.*«[6]

8 Smart und schön: Hedwig Eva Maria Kiesler – besser bekannt als Hedy Lamarr.

Wellen II – »Red hot«:
Die schönste Frau der Welt und ihre Erfindung

Hedy Lamarr

Es waren Szenen, die den Zuschauern den Atem raubten und den Papst vor einem Verfall der Sitten warnen ließ. Die junge Frau war in idyllischer Waldlandschaft und beim Bad in einem See nackt zu sehen; dass die Kamera aus recht großer Entfernung filmte, nahm der Bildsequenz nichts von ihrer erotischen Ästhetik. Entblößte Frauenkörper – zumindest weitgehend entblößte – hatte man 1933 durchaus schon in Lichtspielhäusern gesehen, wenn auch vielleicht nicht in jenen mit dem höchsten kulturellen Anspruch. Bahnbrechend war indes, was danach auf der Leinwand zu sehen war. Die junge Frau ist mit ihrem Geliebten allein. Sie sinken auf einem Bett nieder. Die Kamera zeigt ihr schönes Gesicht, die Augen sind geschlossen. Schließlich verkrampft sie sich, ihr Mund ist leicht geöffnet, sie schlägt beide Arme vor ihr Gesicht, verbirgt dieses in einem der existenziellen Erlebnisse, zu dem der menschliche Körper fähig ist. Ihre vorher in Großaufnahme gezeigte Perlenkette fällt auf den Teppich neben der Stätte des Beilagers – zerrissen. Defloriert.

In der Filmgeschichte war es der erste gespielte Orgasmus. Wie zu erwarten, löste die Szene in dem österreichischtschechoslowakischen Spielfilm *Ekstase* einen Skandal aus. Was knapp hundert Jahre später keinem Kinobesucher oder Fernsehzuschauer den Blutdruck auch nur um wenige mmHg ansteigen lassen würde, war 1933 noch ein schockierendes Novum. Fast noch mehr empörten sich die Kritiker in Medien, Kulturinstitutionen und vor allem Kirchen darüber, dass die Darstellerin des sinnlichen Glücksmomentes bei Drehbeginn erst 17 Jahre alt war. Ihr Name: Hedwig Eva Maria Kiesler.

Warum Fräulein Kiesler in einem Buch zu einigen wichtigen Stationen der Technikgeschichte in Form eines kleinen Kapitels gewürdigt werden sollte? Weil ihre Biografie aufzeigt, dass man keine Ingenieurin, kein Mechaniker und nicht »vom Fach« sein muss, um Innovatives zu leisten und Konzepte zu entwickeln, die – wenn auch möglicherweise mit zeitlicher Verzögerung – von Fachleuten umgesetzt und weiterentwickelt werden. Denn Hedwig vollbrachte nicht nur eine cineastische Pioniertat, ihr technischer Genius wirkt heute noch nach, wie eine kurze Recherche im Internet deutlich macht: »bahnbrechende Erfindung, die mobiler Telefonie den Weg bereitet hat« (*Südwestrundfunk*), »die Technik-Revolutionärin« (*Deutsche Welle*), ihre Grundidee »findet sich heute in Funktechniken wie Bluetooth und WLAN wieder« (*Deutschlandfunk*); eine Ingenieurspublikation nennt sie kurzum »Lady Bluetooth« (*VDI Nachrichten*). Stets werden in biografischen Notizen zu ihr neben »Erfinderin« Begriffe wie »Diva«, »Hollywoodstar« oder jene Formulierung gebraucht, die ihr auf dem Höhepunkt ihrer Karriere anhing und die wohl auch betrachterunabhängig sein dürfte: »Schönste Frau der Welt«. Berühmt wurde sie als Hedy Lamarr.

Hedwig Eva Maria Kiesler wurde am 9. November 1914 in eine großbürgerliche jüdische Familie in Wien geboren. Ihr

Vater war ein erfolgreicher Bankier und Direktor des Wiener Bankvereins, ihre aus Budapest stammende Mutter war Konzertpianistin. Hedwig wurde auf exzellente Schulen geschickt, darunter ein Internat in der Schweiz, doch die Schule war nichts für sie – möglicherweise war sie intellektuell unterfordert. Mit 16 beendete sie ihre Schulkarriere und bewarb sich bei einem Wiener Filmstudio als Scriptgirl. Nicht nur bekam sie diesen Job umgehend, aufgrund ihres Aussehens ließ man sie gleich eine kleine Nebenrolle übernehmen: In *Geld auf der Straße* war sie als verführerisches Mädchen in einem Nachtclub zu sehen. Hedwigs Eltern trugen es mit Fassung, wie sie sich später erinnerte: »Sie waren etwas verstört, aber nicht überrascht. Sie waren nie durch irgendetwas überrascht, das ich tat. Und überhaupt habe ich soviel vom Kino geredet, dass sie eigentlich vorbereitet waren. Mein lieber Vater lachte und sagte: ›Du bist eine Schauspielerin, seit Du ein Baby warst.‹ Meine Eltern haben mich also nicht gehindert. Sie wollten, dass sich mein Herzenswunsch erfüllt.«[1]

Sie bekam größere Rollen und schließlich die weibliche Hauptrolle in *Ekstase*, die sie weit über die Grenzen Österreichs hinaus bekannt machte. Der Film wurde zwar wegen seiner (nach den Standards der Zeit) Freizügigkeit kritisiert, aber auch von Experten positiv bewertet; auf den Filmfestspielen von Venedig bekam er eine Auszeichnung. Hedwig Kiesler zog sich vorübergehend etwas vom Filmgeschäft zurück und zeigte ihr Talent auf Wiener Bühnen. In einem von Fritz Kreisler geschriebenen Musical über Kaiserin Elisabeth verkörperte sie eben diese »Sissi« – eine Rolle, die rund zwei Jahrzehnte später, dann als Film, eine andere junge Schauspielerin, Romy Schneider, auf den Weg zu einer Weltkarriere bringen würde.

Wie nicht anders zu erwarten, zog eine junge Frau mit

Hedwig Kieslers Ausstrahlung und der so zielstrebig erworbenen Berühmtheit das andere Geschlecht stark an. Vor allem, wie bei einer erfolgreichen Schauspielerin eher die Norm als die Ausnahme, reiche Männer. Friedrich Mandl, genannt »Fritz«, war der drittreichste Mann Österreichs. Über den Quell seines Wohlstandes mochte man die Nase rümpfen, über seine Geschäftspartner noch viel mehr: Mandl war Waffenhändler und zu seinen Kunden gehörten Italiens Diktator Benito Mussolini und in den kommenden Jahren Adolf Hitler. Hedwig reagierte bei ihrem ersten Rendezvous mit Mandl so, wie es Frauen gern und meist mit hoher Effizienz tun, wenn sie das Verlangen eines liquiden Verehrers stärken wollen. Sie war – oder tat – abweisend, behandelte ihn unfreundlich. Die Taktik war erfolgreich; Mandl schickte noch mehr rote Rosen in ihre Theatervorstellungen und bombardierte sie mit Einladungen. Der vierzehn Jahre ältere Mann wusste, dass zwei kräftige Aphrodisiaka zu seinen Gunsten arbeiteten: sein Geld und seine Macht.

Und so kam es dazu, dass die 18jährige Hedwig Kiesler am 10. August 1933 Fritz Mandl in der Karlskirche in Wien heiratete, nachdem sie (mehr oder weniger pro forma) zum katholischen Glauben konvertiert war. Dieses Mal waren ihre Eltern wirklich schockiert. Die Verbindung war ein Vorläufer der insgesamt sechs Ehen der Schauspielerin, die allesamt keine lange Haltbarkeit haben sollten. Mandl wollte seine attraktive junge Ehefrau aus der Öffentlichkeit ziehen; er soll versucht haben, alle Kopien von *Ekstase* aufzukaufen. Hedwig lebte in einem Schloss, das sie als »goldenes Gefängnis« bezeichnete. Ihr wurde zunehmend klar, dass Mandl es nie zulassen würde, dass sie noch einmal vor einer Filmkamera stehen würde. Allenfalls eine Reihe ausgesuchter Gäste, die Mandl einlud, bekamen seine Frau zu sehen. Darunter waren neben Mussolini auch Generäle der nach Hitlers Machtübernahme einer schnellen Vergrößerung entgegengehenden deutschen Wehrmacht. Mandl erwartete von ihr, dass sie als eine Art unnahbare Gastgeberin lächeln und ansonsten still sein würde. Eine später von ihr geäußerte und berühmt gewordene Lebensweisheit lautete: »Jedes Mädchen kann glamourös wirken. Alles, was Du tun musst, ist still zu stehen und dumm auszusehen.«[2] Hedwig war still, aber sie war nicht dumm und vor allem eine gute Zuhörerin. Und an das, was sie über Waffentechnik an den Abenden mit Mandl und seinen Gästen zu hören bekam, erinnerte sie sich wenige Jahre später, als die Welt vor Waffen starrte. Vor allem an das, was sie von einem deutschen Ingenieur namens Hellmuth Walter über Torpedos gelernt hatte.

Dann brach sie aus dem goldenen Käfig aus. Sie verließ Mandl und mit ihm Österreich. Wahrscheinlich spielte auch der stetig ansteigende Antisemitismus in ihrer Heimat eine Rolle; kluge Beobachterin, die sie war, dürfte sie in jenem Jahr 1937 eine Vorahnung gehabt haben, dass der in Deutschland regierende Österreicher in naher Zukunft seine Hand nach dem Land seiner Geburt ausstrecken würde. Ihre Flucht schilderte sie später in verschiedenen blumigen Ausführungen, mal sei sie verkleidet als Dienstmädchen, dann wieder beladen mit allen Juwelen und Pelzen, die sie tragen konnte, Mandl entkommen. Über Paris ging es nach London, wo sie – sicher nicht zufällig – den 53-jährigen Hollywood-Mogul Louis B. Mayer traf. Auch über den Verlauf der Unterhaltung mit Mayer gab sie später unterschiedliche Versionen zum Besten. Fakt war, dass sie im September den Ozeanliner »Normandie« mit Kurs Amerika bestieg und, so erzählte sie in unschuldigstem Ton, »an Bord freundeten – ehrlich gesagt: wie ich gehofft hatte – wir uns an [*became friendly*], Mr. Mayer und ich.«[3] Auf der Reise blieb ihnen genügend Zeit, sich einen neuen Namen auszudenken. Der ebenfalls an Bord befindliche und sich ins Exil begebende Wiener Regisseur und Drehbuchautor Walter Reisch beobachtete die Genese einer Stilikone: »[Mayer] mochte ›Kiesler‹ nicht, das klang ihm zu deutsch. Einige Jahre zuvor war einer von Hollywoods größten Stars, eines der hübschesten Mädchen in Hollywood – noch keine dreißig Jahre alt – gestorben. Ihr Name war Barbara La Marr. Irgendwie gehörte MGM [Metro Goldwyn Mayer] der Name. Louis B. Mayer, nicht im mindesten abergläubisch, wählte den Namen und sagte: ›Wir setzen Leben anstelle des Todes.‹ Als wir in Ellis Island[4] ankamen, ging ein Mädchen, schöner als alles, was man in Amerika gesehen hatte, mit Namen Hedy Lamarr die Gangway hinunter: Ein Star war geboren.«[5]

Ihr Aufstieg war in der Tat kometenhaft. Binnen weniger Jahre war sie nach Rollen in *Algiers, Boom Town, Lady of the Tropics* und *Ziegfeld Girl* und an der Seite männlicher Darsteller ersten Ranges wie Charles Boyer, Spencer Tracy, Clark Gable und James Stewart einer der großen Stars in Hollywood und eine Stilikone: fast unwirklich schön mit einer leicht exotischen Komponente und einem Hauch von Unnahbarkeit. In Drehpausen tüftelte sie an mathematischen, technischen und mechanischen Fragestellungen; als Freizeiterfinderin konzipierte sie unter anderem eine verbesserte Verkehrsampel und Brausetabletten zur Herstellung eines limonadenähnlichen Getränks.

Die Ereignisse in Europa verfolgte sie mit Entsetzen. Ihre Heimat war im März 1938 von Hitler »heim ins Reich« geholt worden, noch im gleichen Jahr läutete das Münchner Abkommen das Ende der Tschechoslowakei ein, die ihr als Drehort von *Ekstase* gut vertraut war. Ein Jahr später brach der Zweite Weltkrieg aus. Ein Ereignis, über das sie in den Zeitungen der zunächst noch neutralen USA las und das sie zutiefst schockierte, war die Versenkung des Dampfers »City of Benares« im September 1940 durch ein deutsches U-Boot. Das Schiff hatte viele Kinder an Bord, die aus Großbritannien nach Kanada in Sicherheit gebracht werden sollten. Die Zahl der Todesopfer wird mit 258 angegeben, darunter 77 Kinder.

Hedy Lamarr begann sich für Seekriegstechnik zu interessieren. Torpedos benutzten natürlich nicht nur feindliche U-Boote und Überwasserschiffe, sondern auch die Einheiten der U.S. Navy. Zur Verteidigungsfähigkeit ihrer neuen Heimat wollte sie gern einen Beitrag leisten. Sie erinnerte sich an das, was sie über Torpedotechnik bei den Soireen ihres Ex-Gatten gelernt hatte. Ihre Gedanken kreisten darum, einen Torpedo für die amerikanische Marine zu entwickeln, dessen Funksteuerung von der Gegenseite nicht gestört werden konnte. Dieses Projekt betrieb sie mit Hochdruck, nachdem die USA mit dem japanischen Überfall auf Pearl Harbor am 7. Dezember 1941 zur Kriegspartei geworden waren. In manchen biografischen Notizen zu Lamarr findet sich die Behauptung, dass ihre Beschäftigung mit dieser technischen Herausforderung sie dazu gebracht habe, das Angebot der weiblichen Hauptrolle in dem Filmprojekt abzulehnen, das wahrscheinlich das berühmteste jener Jahre wurde: an der Seite eines anderen österreichischen Exilanten, Paul Henreid alias Victor Laszlo, Rick's Cafe in *Casablanca* zu betreten.

Stark vereinfachend gesprochen: Lamarr suchte nach einer Lösung, Wellensignale – Funk- bzw. Radiowellen – zu synchronisieren. Einer ihrer Bekannten, der Komponist George Antheil, arbeitete seit längerem an der Herausforderung, Wellen eines anderen Frequenzbereiches, nämlich jene von dem menschlichen Ohr vernehmbaren Töne, bis ins Detail aufeinander abzustimmen. Schon in den 1920er Jahren war

Antheil bei dem Versuch, in dieser Blütezeit des Stummfilms sechzehn mechanische Klaviere untereinander und dann auch noch mit dem musikalisch zu begleitenden Film abzustimmen, auf große Probleme gestoßen. Seine Erfahrungen einer solchen Synchronisation mehrerer der sogenannten Pianolas brachte er in die regelmäßigen und meist abendlichen Treffen mit Lamarr ein. Am Ende zahlreicher derartige Sitzungen stand ein Funksteuerungssystem, welches in den Worten seiner Erfinder »ein Paar synchroner Datensätze verwendet, einen an der Sendestation und einen an der Empfangsstation, die von Zeit zu Zeit die Abstimmung der Sende- und Empfangsvorrichtung ändern, so dass ein Feind ohne Kenntnis der Datensätze nicht in der Lage wäre, festzustellen, mit welcher Frequenz ein Steuerimpuls gesendet wird. Darüber hinaus erwägen wir, Datensätze des seit vielen Jahren in mechanischen Klavieren verwendeten Typs zu verwenden, der aus langen Papierrollen mit Perforationen besteht, die in einer Vielzahl von Längsreihen entlang der Lochkarten unterschiedlich positioniert sind.«[6]

Im August 1942 wurde dem Konzept von der amerikanischen Patentbehörde ein Patent erteilt; den Antrag hatte die Schauspielerin unter ihrem damals aktuellen legalen Namen als Hedy Kiesler Markey unterzeichnet – der Produzent Gene Markey war für gut zwei Jahre der zweite Ehemann Hedys. Als Lamarrs Erfindertätigkeit publik wurde, bezeichnete die *New York Times* ihre Technologie als »*red hot*«. Die U.S. Navy, für die das System eigentlich gedacht war, verzichtete dankend unter dem Hinweis, dass es für die gebräuchlichen Torpedos zu groß sei. Mit seiner Verkleinerung und Weiterentwicklung sollte dies kein Hindernis mehr bleiben: als *SCS, secret communication system*, wurde es während der Kubakrise 1962 zum *frequency hopping* in den Torpedos installiert. Als es Mitte der 1980er Jahre von seinem militärischen Geheimhaltungsstatus befreit wurde, griff die Telekommunikationsindustrie zu.

Das Deutsche Patent- und Markenamt ordnet die Bedeutung von Hedys und Antheils Innovation dementsprechend ein: »Mit dem Frequenzsprungverfahren wiesen die beiden ungewöhnlichen Erfinder der Telekommunikation den Weg in die Zukunft: GPS, WLAN, Bluetooth und Smartphones wären ohne dieses Prinzip praktisch undenkbar. Frequenzsprünge ermöglichen es in drahtlosen Kommunikationssystemen, dass viele Benutzer gleichzeitig mit weniger Signalstörungen kommunizieren. Mehrere Signale können die gleiche Frequenz verwenden; falls eines ausfällt oder blockiert wird, springt es zu einer anderen. Bluetooth-Sender nutzen das Verfahren heute über mehrere Funkkanäle hinweg (Frequenzsprung-Spreizbandtechnik bzw. *Frequency Hopping Spread Spectrum* oder FHSS).«[7]

Verdient haben Hedy Lamarr und George Antheil mit ihrer Technik nichts – was zumindest Hedy dank ihrer beträchtlichen Einnahmen aus ihren Filmerfolgen auch kaum nötig hatte. Als Hollywood hinter ihr lag, wurde sie zunehmend für ihre innovative Leistung gewürdigt. 1997 wurde ihr und Antheil (posthum) eine Auszeichnung, der Pioneer Award der Electronic Frontier Foundation verliehen; später bekam sie als erste Frau den auch als »Oscar für Erfinder« bezeichneten BULBIE Gnass Spirit of Achievement Award. 2014 schließlich wurde Lamarr in die National Inventors Hall of Fame mit Sitz in Alexandria, Virginia, eingeführt. Diese Ehrung einhundert Jahre nach ihrer Geburt erlebte sie nicht mehr mit; Hedy Lamarr war am 19. Januar 2000 im Alter von 85 Jahren an ihrem Wohnsitz in Florida gestorben. Gemäß ihrem Wunsch wurde ihre Asche im Wienerwald verstreut; unweit der Stadt, in der die bemerkenswerte Reise der Hedwig Eva Maria Kiesler begonnen hatte.

SEC.
N
100 METERS

9 In der Wüste von New Mexico in den Morgenstunden des 16. Juli 1945: Die Welt würde nie wieder so sein wie vor der ersten Explosion einer Atombombe.

Energie II – Spaltende Kerne

Lise Meitner und J. Robert Oppenheimer

Dies ist die Geschichte zweier Briefe, welche die Welt für immer verändert haben.

Der erste dieser Briefe traf kurz vor Weihnachten 1938 in Schweden ein. Die Adressatin lebte erst seit einigen Monaten in dem skandinavischen Land und las mit Wehmut die Adresse des Absenders. Der Brief stammte von dem am Kaiser-Wilhelm-Institut in Berlin arbeitenden Chemiker Otto Hahn. Mit ihm hatte sie, Lise Meitner, über viele Jahre fruchtbar wissenschaftlich zusammengearbeitet. Doch dann hatte sich die Dunkelheit über ihr geliebtes Berlin und über ganz Deutschland gesenkt. Sie öffnete Hahns Brief und las, so steht zu vermuten, fast atemlos, was er berichtete. Bei den Experimenten mit Uran, die er zusammen mit seinem Kollegen Fritz Straßmann durchführte, hatten sie eine unerwartete Substanz nachweisen können, das Element Barium. Ob sich Lise, so fragte Hahn in dem Schreiben, das erklären könne? – Uran oder vielmehr seine Atomkerne könnten doch nicht so einfach »zerplatzen«. »Also überleg Dir mal,« so schloss Hahn, »ob sich nicht irgendeine Möglichkeit ausdenken ließe.«[1] Lise Meitner steckte den Brief in ihr Gepäck. Sie war über die Feiertage bei Freunden im westschwedischen Kungälv eingeladen. Dort würde sie auch ihren Neffen Otto Robert Frisch treffen; er war ebenfalls Physiker und arbeitete gerade in Kopenhagen.

Als Lise Meitner im November 1878 in Wien geboren wurde, war es kaum vorstellbar, dass eine Frau nicht nur Physikerin, sondern eine der berühmtesten Vertreterinnen dieser Wissenschaft werden sollte. Sie sollte eine Wegbereiterin für Frauen in der Wissenschaft werden, ebenso wie die von ihr verehrte und fast auf den Tag genau elf Jahre ältere Marie Curie.[2] Langweilig dürfte es ihr in der Kindheit angesichts der Geschwisterschar von nicht weniger als sieben Schwestern und Brüdern kaum geworden sein. Es war eine gutbürgerliche jüdische Familie; ihr Vater Philipp Meitner war Anwalt. Als das zarteste der Kinder fand Lise viel Freude am Lesen. Zusammen mit ihrer Familie, vor allem ihrem Vater, nahm sie am reichen Kulturleben Wiens teil. Mehr als ein halbes Jahrhundert später überkam sie Nostalgie bei der Erinnerung an ihre Kindheit: »Ich fühle beinahe täglich mit Dankbarkeit, wieviel ich an Gutem und Schönen von zuhause mitbekommen habe. Letzten Endes ist es noch heute der Boden, auf dem ich stehe.«[3]

Wie in vielen anderen jüdischen Familien der Epoche war Bildung für die Meitners ein hohes Gut. Die ältere Schwester Gisela gehörte zu den ersten Frauen, die in Österreich zum Medizinstudium zugelassen wurden. Auch Lise strebte in die akademische Welt: »Ich war seit meinem 13. Jahr von dem Wunsch besessen, mich zur Gymnasial-Matura vorzubereiten, um Mathematik und Physik zu studieren.«[4] Sie dürfte eine Vorstellung gehabt haben, welche Widerstände einer jungen Frau – und dazu noch einer jüdischen jungen Frau (sie trat 1908 zur Evangelischen Kirche Augsburgischen Bekenntnisses über) – begegnen würden. Sie hatte den Willen und die Intelligenz, diese Hürden zu überwinden. Im Herbst 1901 nahm sie das Studium der Physik und Mathematik auf. Ihr sie am stärksten prägender Lehrer war der Physiker Ludwig Boltzmann, der mitreißende Vorlesungen hielt, aber schwer krank war – oder sich schwer krank fühlte. Bei ihm wurde die »Modekrankheit« des frühen 20. Jahrhunderts diagnostiziert, die mit zahlreichen und oft nicht miteinander zu vereinbarenden Symptomen einhergehende Neurasthenie,[5] eine Art nervlicher Erschöpfung, in der die Zeitgenossen eine Auswirkung der zunehmend hektischen, weil – ja, weil immer stärker von Technisierung geprägten Lebensweise sahen. Bei Boltzmann dürften Depressionen ein wesentlicher Teil des Symptomenkomplexes gewesen sein. Mit Entsetzen erfuhr Lise Meitner Anfang September 1906, dass sich ihr Professor während eines Ferienaufenthalts in seinem Hotelzimmer erhängt hatte.

Sie spezialisierte sich auf die Erforschung eines jüngst entdeckten Naturphänomens, der Radioaktivität. Als erst zweite Frau im Fach Physik an der Wiener Universität promovierte sie 1906 indes zu einem eher klassischen physikalischen Thema, die Dissertation wurde unter dem Titel »Wärmeleitung in inhomogenen Körpern« in den *Sitzungsberichten der Kaiserlichen Akademie der Wissenschaften in Wien* veröffentlicht. Mit akademischen Würden ausgestattet unternahm sie den nächsten Schritt: Sie strebte danach, ihr Wissen bei dem berühmten, in Berlin wirkenden Physiker Max Planck zu erweitern – sie hatte ihn kurz kennengelernt, als er zu Boltzmanns Beisetzung nach Wien gereist war. Sie ahnte kaum, dass aus dem zunächst geplanten kurzen Studienaufenthalt in Berlin einunddreißig wissenschaftlich fruchtbare Jahre werden würden. Wieder einmal war sie Bahnbrecherin: Frauen war das Studium in Preußen noch verboten. Sie musste das Institut durch den Hintereingang betreten und konnte zunächst nicht die Vorlesungen besuchen; was sie von Max Planck lernte, erfuhr sie als seine unbezahlte Assistentin. Immerhin besserten sich auch in der damals führenden Wissenschaftsnation, dem wilhelminischen Deutschland, die Berufsaussichten für Frauen allmählich: 1909 führte Preußen offiziell das Frauenstudium ein.

Doch es gab auch einen Lichtblick in Berlin. Der wenige Monate jüngere Chemiker Otto Hahn suchte Mitarbeiter für seine Forschungen zur Radioaktivität. Es wurde der Beginn einer langen Kooperation und einer – wenn auch manchmal von Krisen und Missverständnissen erschütterten – Freundschaft, die erst mit beider Ableben im Abstand von nur wenigen Monaten endete. Das noch junge Kaiser-Wilhelm-Institut, an dem Hahn eine Abteilung für Radioaktivität aufbaute, wurde der Ort, an dem die wissenschaftliche Karriere Lise Meitners gedieh und mit den Jahren ihren Namen zu einer in der Fachwelt bekannten Größe machte. Doch die Zeitenwende, die zum Untergang der alten Gesellschaftssysteme Europas führte, unterbrach für einige Zeit auch Lise Meitners Arbeit am Institut. Nach einem Sommer, der vielen Zeitzeugen als der schönste, weil einen Abschied darstellend, in Erinnerung blieb, brach im August 1914 der Erste Weltkrieg aus. Fast sämtliche männlichen Mitarbeiter des Instituts wurden eingezogen und auch Lise Meitner tat, was sie für ihre Pflicht gegenüber ihrer alten Heimat Österreich hielt. Sie machte eine Schnellausbildung zur Krankenschwester und – zu ihrer Expertise in ionisierenden Strahlen passend – Röntgenassistentin durch und arbeitete in mehreren Spitälern an der Ostfront.

Ab 1916 forschte sie wieder in Berlin, wo ihr zusammen mit Hahn die Entdeckung eines neuen Elements gelang. Es war das Protactinium, ein radioaktives Metall, dessen von den beiden entdecktes Isotop ^{231}Pa eine erstaunlich lange Halbwertszeit von mehr als 32 000 Jahren hat. Im Periodensystem der Elemente trägt es die Ordnungszahl 91. Ob sie geahnt haben mag, dass sie selbst dort einmal vertreten sein würde? Sie wird im Periodensystem mit dem Meitnerium, der Nummer 109 unter den Elementen geehrt – eine Würdigung, der auch die sehr kurze Halbwertszeit des langlebigsten Isotops ^{278}Mt von nur acht Sekunden nichts an Bedeutung nimmt.

Nach ihrer Habilitierung 1922 hielt sie Vorlesungen an der Friedrich-Wilhelms-Universität in Berlin, vier Jahre später wurde sie dort die erste Professorin für Physik an einer deutschen Universität. Sie lebte für die Wissenschaft. Sexuelle Beziehungen sind von Lise Meitner nicht bekannt. Sie schrieb in höherem Alter rückblickend: »Ich kann nicht sagen, dass ich mein Unverheiratetsein jemals ernsthaft bereut hätte. Ich wusste zu genau, dass ich ein großes Talent hatte, in einer Ehe unglücklich zu sein.«[6] Sie war nicht nur angesehen, sondern – nach Jahren ohne oder nur mit geringer Bezahlung – endlich auch wohlsituiert; die kultur- und wissenschaftsbeflissene Weimarer Republik stattete ihre wichtigsten Leistungsträger und international angesehenen Innovatoren angemessen aus. Lise Meitner bekam eine geräumige Wohnung in der Direktorenvilla des Instituts und hatte eine Haushaltshilfe. Sonntags besuchte sie die Gottesdienste der evangelischen St. Annen-Kirche.

Dann änderte sich alles. Die in wissenschaftlichen Fragen mit so viel Weitsicht und Spürsinn ausgestattete Frau hatte wenig politischen Instinkt. Die Ernennung Hitlers zum Reichskanzler am 30. Januar 1933 beunruhigte sie nicht: »Ich glaubte nicht an eine längere Dauer seines Regiments und machte mir zunächst keine ernsthaften Gedanken wegen der Zukunft.« Auch ihr Neffe Otto Robert Frisch, der damals bei dem späteren und ebenfalls jüdischen Nobelpreisträger Otto Stern in Hamburg arbeitete, erkannte die Gefahr nicht: »Sogar als er Reichskanzler wurde, quittierte ich dies mit einem Achselzucken und dachte mir, dass nichts so heiß gegessen wird wie es gekocht wurde, und dass er also nicht schlimmer sein könne als seine Vorgänger. In dieser Hinsicht hatte ich Unrecht. Es stellte sich heraus, dass der Antisemitismus kein bloßes Geschwätz war.«[7]

Sie lernte schnell, welch ein »Regiment« sich etabliert hatte und bald alle Lebensbereiche infiltrierte. Schon im April 1933 wurde ihr als Jüdin die Lehrbefugnis entzogen. Ein Angebot des dänischen Physikers Niels Bohr, für ein Jahr zu ihm nach Kopenhagen zu kommen, lehnte sie ab, da sie befürchtete, ihr könne die Wiedereinreise nach Deutschland verweigert werden. Da das Kaiser-Wilhelm-Institut nicht staatlich war, konnte sie dort zusammen mit Hahn und dem neuen Mitarbeiter Fritz Straßmann weiterarbeiten. Schwerpunkt der Forschungen waren die Transurane, Elemente mit höherer Ordnungszahl als Uran. Das einzige von ihr neben ihren zahleichen Artikeln für Fachzeitschriften verfasste Buch erschien 1935 unter dem Titel *Der Aufbau der Atomkerne, natürliche und künstliche Kernumwandlungen.* Noch kritischer wurde ihre Situation mit dem »Anschluss« Österreichs im März 1938 und der von Hitler auf dem Heldenplatz in Wien vor einer jubelnden Menge ausgerufenen Etablierung eines »Großdeutschen Reichs«. Bislang war sie als Staatsbürgerin Österreichs eine Ausländerin gewesen und damit zumindest einigermaßen geschützt. Nun war sie plötzlich Deutsche, und alle Zwangs- und Terrormaßnahmen der Nazis konnten auch sie treffen.

Es wurde immer enger. Gerüchte machten die Runde, dass jüdischstämmigen Wissenschaftlern jedwede Ausreise verweigert werden würde. Auch schien ihre Entlassung aus dem Institut nur eine Frage der Zeit zu sein. Ein befreundeter und in die Sowjetunion emigrierter Physiker, Gustav Hertz, schrieb in jenem Frühjahr 1938 einem anderen Exilanten: »Augenblicklich haben wir eine schwere Sorge. Sie betrifft Lise Meitner. Bisher war sie durch ihre österreichische Staatsangehörigkeit vor der Wirkung der deutschen Rassengesetzgebung geschützt. Das hört jetzt auf, und es scheint leider schon jetzt Gewissheit zu sein, dass sie ihre Tätigkeit im KWI wird aufgeben müssen.«[8]

Schließlich gelang es einer Reihe von Freunden im In- und Ausland, eine Flucht aus Nazi-Deutschland zu organisieren, die einem Agentenroman entsprungen scheint: »Um keinen Verdacht zu erregen, war ich am letzten Tag meines Lebens in Deutschland bis acht Uhr abends im Institut und korrigierte noch eine zu veröffentlichende Arbeit eines jungen Mitarbeiters. Dann hatte ich genau eineinhalb Stunden Zeit, um ein paar notwendigste Sachen in zwei kleine Koffer zu packen und für immer von Deutschland wegzugehen – mit 10 Mark in der Tasche.«[9] Ein am Institut arbeitender Nazi schöpfte Verdacht und zeigte sie beim Sicherheitsdienst (SD) der SS an, den wiederum konnte aber ein befreundeter Wissenschaftler lange genug hinhalten. Meitner fuhr mit der Bahn durch halb Deutschland, bevor sie an dem wenig frequentierten Grenzübergang Bad Nieuweschans unweit von Groningen am 13. Juli 1938 niederländisches Territorium erreichte; die dortigen königlichen Grenzbeamten waren informiert und ließen Meitner ohne Probleme einreisen.

Nach Überwindung einiger weiterer organisatorischer und bürokratischer Hürden nahm sie eine Stelle am Nobel-Institut in Stockholm an, wo die apparative Ausstattung weit schlechter war als in Berlin. Mit Hahn hielt sie einen intensiven Schriftverkehr aufrecht und war dadurch zeitnah über die Experimente ihres langjährigen Vorgesetzten und Fritz Straßmanns vertraut: Sie beschossen (etwas vereinfachend gesprochen) Atomkerne des Elements Uran mit schnellen Neutronen. Statt wie erwartet dabei Transurane entstehen zu sehen oder nach Aussendung radioaktiver Strahlung die Umwandlung des Urans in etwas leichtere Elemente wie Thorium oder Radium zu verfolgen, fanden die beiden Forscher etwas gänzlich Unerwartetes: die Elemente Barium und (mit damaligen Mitteln sehr schwer nachzuweisen) Krypton. Daraus resultierte Hahns briefliche Bitte an Meitner, sich Gedanken darüber zu machen, was bei den Experimenten passiert sein könnte.

Der Inhalt des Briefes beschäftigte Lise Meitner und ihren Neffen Otto Frisch, der bei Niels Bohr in Kopenhagen Zuflucht gefunden hatte und seine Tante über Weihnachten besuchte, an den Feiertagen und darüber hinaus. Das Konzept, das sie entwickelten, war revolutionär – oder, wie es Otto Hahn in seinem Schreiben genannt hatte, physikalisch absurd. Der Atomkern des Urans (Ordnungszahl gleich Anzahl der Protonen: 92) war durch den Neutronen-Beschuss in einen Atomkern des Bariums (Ordnungszahl 56) und einen Atomkern des Edelgases Krypton (Ordnungszahl 36) aufgespalten worden. Es war Frisch, der den neuen Terminus vorschlug: »*nuclear fission*«, »Kernspaltung«. Die Publikation, in der die beiden das Geschehene erklärten, erschien bereits am 11. Februar 1939 in der weltweit angesehensten wissenschaftlichen Zeitschrift, in *Nature*, unter dem Titel »Disintegration of Uranium by Neutrons: A New Type of Nuclear Reaction«. Nicht das Entstehen zweier Elemente aus einem ganz anderen Stoff erregte das größte Aufsehen – sondern die unvorstellbare Energiemenge, die nach Meitners Berechnung aus dem Massenverlust unter Anwendung von Einsteins Formel $E=mc^2$ bei der Kernspaltung freigesetzt wird.

Es war dieses Detail, das Anlass zum Verfassen des zweiten Briefes war.

Dieser Brief wurde in einem idyllischen Sommerhaus auf Long Island, weit weg von dem unter einer Hitzewelle stöhnenden New York, geschrieben. Vorausgegangen war ein Gespräch unter Experten. Der Absender des Schreibens, Albert Einstein, Nobelpreisträger und Physikprofessor in Princeton und im Gegensatz zu Lise Meitner fast umgehend nach Hitlers Machtergreifung emigriert, empfing zwei Kollegen, die wie er jüdischer Abstammung und aus dem totalitären Mitteleuropa geflohen waren. Leo Szilard und Edward Teller hatten die lange Fahrt unternommen, um mit dem weltberühmten Wissenschaftler über die politische Großwetterlage in der Alten Welt zu sprechen. Zwei Wochen zuvor war Szilard bereits bei Einstein gewesen und hatte auf eine ihm real erscheinende Gefahr hingewiesen: Es konnte nicht ausgeschlossen werden, dass die von Otto Hahn und Fritz Strassmann erfolgreich durchgeführte erste Kernspaltung die Machthaber in Nazi-Deutschland auf das gewaltige Energiepotenzial der Radioaktivität aufmerksam machen würde. Nicht nur Kernphysiker, auch Publikumszeitschriften diskutierten in den späten 1930er Jahren fasziniert die Möglichkeiten, die sich aus den Entdeckungen der Atomphysik ergeben konnten. Wie andere Fachleute dachte Szilard nicht nur an eine friedliche Nutzung dieser neuen Energiequelle, sondern an die Entwicklung einer schrecklichen Waffe. Das für die Herstellung einer nuklearen Waffe notwendige Uran – und besonders dessen seltenes Isotop 235 – war ziemlich ungleich über die Rohstofflager der Welt verteilt. Große Vorkommen gab es in der belgischen Kolonie Kongo – und Belgien war bekanntlich ein kleines Land mit Deutschland als übermächtigem und zunehmend aggressiverem Nachbarn.

Szilard wollte Einstein bewegen, einen Brief an Präsident Franklin D. Roosevelt zu schreiben. Einstein tat dies mit der Ortsangabe »Peconic, Long Island« und unter dem Datum des 2. August 1939. Gewisse Aspekte der modernen physikalischen Forschung, so teilte Einstein dem Präsidenten mit, ließen Wachsamkeit und ggf. schnelles Handeln der Regierung ratsam erscheinen: »Im Laufe der letzten Monate ist es wahrscheinlich geworden – durch die Arbeiten von Joliot in Frankreich als auch von Fermi und Szilard in Amerika – dass die Auslösung einer nuklearen Kettenreaktion in einer großen Masse Uran möglich wird. Dabei werden riesige Mengen von Energie und dem Radium ähnliche neue Elemente freigesetzt. Es erscheint jetzt als fast sicher, dass dies schon in naher Zukunft geschehen kann. Dieses neue Phänomen würde auch zur Konstruktion von Bomben führen und es ist denkbar – wenn auch weniger sicher – dass extrem starke Bomben eines neuen Typs auf diese Weise konstruiert werden können. Eine einzige Bombe dieser Bauart, die mit einem Schiff transportiert und in einen Hafen gebracht würde, könnte sehr gut den ganzen Hafen zusammen mit dem umliegenden Territorium zerstören. Allerdings könnten sich diese Bomben als zu schwer erweisen, um sie mit dem Flugzeug zu transportieren … In Anbetracht dieser Situation mögen Sie es für ratsam erachten, einen permanenten Kontakt zwischen der Regierung und jener Gruppe von Physikern zu etablieren, die in Amerika an der Kettenreaktion arbeiten … um die experimentelle Arbeit mit Staatsmitteln zu beschleunigen, die sich bislang innerhalb der Grenzen der Budgets von Universitätslabors abspielt. Ich habe gehört, dass Deutschland gerade den Export von Uranerz aus den tschechischen Minen, von denen es Besitz ergriffen, eingestellt hat. *Yours very truly*, A. Einstein.«[10]

Präsident Roosevelt las den Brief genau und startete ein

Projekt, das bald mit höchster Priorität betrieben wurde. Nach dem japanischen Überfall auf Pearl Harbor waren die bewilligten Ressourcen für Forschung und Entwicklung praktisch unbegrenzt. Das am 18. Dezember 1941 offiziell, aber natürlich streng geheim begonnene Vorhaben trug ab Juni 1942 den Codenamen »Manhattan Project«, zu seinem wissenschaftlichen Manager unter Oberaufsicht durch das Militär wurde der 1904 in New York geborene Atomphysiker J. Robert Oppenheimer ernannt.

Oppenheimer entstammte einer reichen und kunstbeflissenen jüdischen Familie aus New York; in der Kunstsammlung seiner Eltern fanden sich Originale von Pablo Picasso und Vincent van Gogh. Der junge Julius (dafür stand das erste Initial seines Namens) Robert war brillant und übersprang einige Schuljahre seiner Eliteschule, bevor er 1922 sein Studium, zunächst mit dem Schwerpunkt in Chemie, aber auch Philosophie, Literatur und Geschichte abdeckend, an der – natürlich – Harvard University begann. 1924 ging er an die Universität Cambridge, wo er bei Ernest Rutherford, dem »Vater der Atomphysik«, studierte. Oppenheimer scheint eine jener Persönlichkeiten gewesen zu sein, auf die das Sprichwort von Wahnsinn und Genie, die Hand in Hand gehen, zumindest gelegentlich zuzutreffen schien. Es gab eine Reihe von bizarren Zwischenfällen. Ob er wirklich seinen Tutor mit einem vergifteten Apfel umbringen wollte, ist unsicher; seine regelmäßigen Sitzungen bei einem Londoner Psychiater sind besser belegt. Die nächste Station war die Universität Göttingen, wo er bei Max Born, ebenfalls jüdischer Herkunft und ein künftiger Nobelpreisträger (1954), studierte und im März 1927 im Alter von 23 Jahren promovierte.

In die USA zurückgekehrt, war Oppenheimers wissenschaftliche Arbeit umfassend und facettenreich; er publizierte unter anderem über Kernphysik, Quantentheorie, die Relativitätstheorie und Astrophysik. Seine akademische Heimat wurde die University of California in Berkeley, wo er ab Mitte der 1930er Jahre eine Professur innehatte. Oppenheimers politische Heimat lag auf der linken Seite des Spektrums. Dass er Mitglied in kommunistischen Organisationen gewesen sei, stritt er später ab. Seine Assoziation mit Personen aus dem Umfeld der Partei – die man damals und vor allem in den 1950er Jahren für viel gefährlicher hielt, als sie es jemals war – ist indes unstrittig. Seine Freundin und später, während seiner Ehe, neuerliche Geliebte Jean Tatlock schrieb für eine kommunistische Zeitung; seine Frau Katherine Puening, genannt »Kitty«, war Mitglied der Partei gewesen. Sie stammte, als Kuriosität am Rande sei es bemerkt, aus Recklinghausen und mag als Beispiel dafür dienen, dass gegensätzliche politische Extreme innerhalb einer Familie nichts Ungewöhnliches sind. Ihre Mutter war eine Cousine von Wilhelm Keitel, als Generalfeldmarschall Chef des Oberkommandos der Wehrmacht Hitlers und 1946 in Nürnberg als Kriegsverbrecher hingerichtet. Die ideologische Nähe zum Kommunismus war indes in den 1930er Jahren, als die USA eine Regierung hatten, die wahrscheinlich weiter links stand als jede andere in der Geschichte, und während des Zweiten Weltkrieges, in dem man Stalin als Verbündeten hatte, nichts über die Maßen Anstößiges. Nach 1945 sollte sich das grundlegend ändern.

Oppenheimer, der jene kritische Masse von Uran 235 errechnet hatte, die zur Auslösung einer Kettenreaktion notwendig ist, versammelte um sich die Elite der zeitgenössischen Physik, viele von ihnen aus Europa vor den Nazis geflohen. Der militärische Leiter des Projektes, General Leslie Groves, beobachtete den spindeldürren Wissenschaftler mit einer Mischung aus Bewunderung und den Vorurteilen eines

Soldaten gegenüber einem Intellektuellen: »Er ist ein Genie, ein richtiges Genie. Oppenheimer weiß einfach alles. Er kann mit Dir über jedes Thema reden, das Du einbringst. Na ja, nicht hundertprozentig. Es gibt, schätze ich, ein paar Dinge, von denen er nichts weiß. Er hat keine Ahnung von Sport.«[11] Groves besaß hervorragende administrative Fähigkeiten und verstand es, unterschiedliche Institutionen in das gigantische Projekt einzubinden, die Armee ebenso wie Universitäten und Industrieunternehmen. Dass man die im Atom schlummernden Kräfte offenbar zu kontrollieren vermochte, bewies der aus Italien emigrierte Enrico Fermi, dem es im Dezember 1942 gelang, in einem noch recht primitiven Reaktor – unterhalb der Tribüne des Fußballstadions der Universität von Chicago – kontrolliert eine nukleare Kettenreaktion herbeizuführen.

An verschiedenen Stellen im Land wurden riesige industrielle Komplexe angelegt, um waffenfähiges Material herzustellen. In Oak Ridge, Tennessee, wurde ab 1942 eine Anlage errichtet, die Uran 235 gewinnen sollte. Einem vergleichbaren Zweck diente Hanford im Bundesstaat Washington, wo das zweite nach damaligem Kenntnisstand für den Bombenbau geeignete Element, Plutonium, erzeugt werden sollte. Die Nähe zweier großer Flüsse war für Hanford essenziell – die Reaktoren verbrauchten bis zu 100 000 Liter Kühlwasser pro Minute. Neben diesen industriellen Großkomplexen wurde Los Alamos in New Mexico zur dritten Basis der Atombomben-Herstellung. Oppenheimer hatte die abgelegene Gegend ausgesucht, da er hier früher eine Farm für seinen Ferienaufenthalt gekauft hatte. Es entstand eine kleine Stadt in der Wüste, abgeriegelt mit Stacheldraht und umringt von Wachtürmen. Sie wurde das Herzstück der Forschung und zur vorübergehenden Heimat der Wissenschaftler wie Oppenheimer, Fermi, Szilard und Teller.

Mit den Briten arbeitete Amerika beim Bombenbau eng zusammen, ein Abkommen zwischen Roosevelt und Premier Winston Churchill – *Anglo-American Declaration of Trust* – wurde am 13. Juni 1944 unterzeichnet. Churchill hatte bereits ein Jahr zuvor über den Tag – im Sinne von: über das Kriegsende – hinausgedacht, als er nebulös davon sprach, dass man weder Deutschland noch Russland das Rennen nach *something* erlauben dürfe, mit dem die ganze Welt erpresst werden konnte. Eine solch kritische Einstellung gegenüber Stalin und der Sowjetunion war im Weißen Haus des Franklin D. Roosevelt nicht wohlgelitten, was sich nach Harry Trumans Amtsantritt schnell und gründlich ändern sollte. Was Churchill nicht wusste, war, dass die britische Beteiligung am Manhattan Project der Sowjetunion den Weg zur Atombombe bahnte: Einer der britischen Wissenschaftler hieß Klaus Fuchs. Er war ein sowjetischer Spion und lieferte unschätzbares Material.

Nach dem Tod von Franklin D. Roosevelt am 12. April 1945 oblag es den Leitern des Manhattan Projects, den neuen Mann im Weißen Haus über das Programm zu informieren – das Amt des Vize-Präsidenten, das zweithöchste im Staat, war offenbar in Roosevelts letztem Jahre nicht für wichtig genug befunden worden, als dass sein Inhaber von Beginn an hätte eingeweiht werden müssen. Es dauerte immerhin noch zwei Wochen, bis Kriegsminister Henry Stimson und General Groves eine Gelegenheit fanden, Harry Truman unter sechs Augen sprechen zu können. Stimson erklärte Truman, dass »wir innerhalb von vier Monaten aller Wahrscheinlichkeit nach die schrecklichste Waffe in der Geschichte der Menschheit gebaut haben werden, eine Bombe, mit der eine ganze Stadt zerstört werden kann«.[12] Truman nahm die Mitteilung ohne größere Emotionsäußerung zur Kenntnis.

Im US-Militär war ein *Target Committee* gegründet worden, das die potenziellen Ziele in Japan für den Einsatz der neuen Waffe evaluierte. Es kam zu einer Empfehlung: »Hiroshima ist die größte unbeschädigte Stadt auf der Prioritätsliste des 21. Bomber Command. Die Überlegungen sollten dieser Stadt gelten.«[13] Hiroshima durfte noch eine Kirschblüte und einen tropischen Sommer erleben, bevor der Name dieser Stadt ein dramatisches Kapitel der Menschheitsgeschichte bezeichnen sollte. Nagasaki wurde zum zweiten Ziel eines Atombombenangriffs, da das von den Militärs ursprünglich ausgewählte Kyoto auf Drängen des humanistisch gebildeten Stimson von der Liste genommen wurde. Der Minister wollte dem Zentrum des religiösen Lebens in Japan mit seinen Hunderten von Tempeln und Schreinen das Schicksal ersparen, das schließlich über Nagasaki hereinbrach, drei Tage nachdem Hiroshima zerstört worden war.

Doch alle Überlegungen hinsichtlich des Einsatzes waren hypothetischer Natur, solange es keinen Test gegeben hatte. Selbst die Physiker waren sich nicht sicher, wie gewaltig die Explosion, wie stark die Strahlung ausfallen würde. Die Aufgabe, eine passende Lokalität für die Erprobung zu finden, oblag dem Harvard-Physiker Kenneth T. Bainbridge. Das Testgelände sollte möglichst flach und von guten klimatischen Bedingungen sein, es durfte nicht allzu weit von Los Alamos entfernt und abgelegen genug sein, um keinerlei öffentliche Aufmerksamkeit zu erregen. Neben Arealen in Texas und Kalifornien verfügte vor allem der größtenteils wüstenähnliche Staat New Mexico über die erforderliche Geografie. Zusammen mit Oppenheimer, der froh war, gelegentlich dem Labor zu entkommen, nahm Bainbridge die einzelnen Kandidaten in Augenschein. Die Wahl fiel schließlich auf ein Gelände, das etwa sechzig Meilen nordwestlich der Stadt Alamogordo lag und durch das zu spanischen Kolonialzeiten ein Weg mit dem angemessenen Namen »Jornada del Muero« führte – »Dead Man's Trail«. Das Areal, das Teil eines gigantischen Bombenabwurfplatzes war, wurde eingezäunt und hatte die respektablen Ausmaße von vier Meilen Länge und 18 Meilen Breite.

Am vorgesehenen Ort der Explosion wurde ein Stahlgerüst gebaut, an dem die Bombe zur Detonation gebracht werden sollte. Für dieses Zentrum des Geschehens bürgerte sich der technokratische Terminus »Ground Zero« ein – er würde ein Menschenalter später im Herzen New Yorks eine grausige Renaissance erleben. Ein Kommandobunker wurde in rund zehn Kilometern Entfernung errichtet, ein Aussichtsposten für »VIPs« befand sich auf einem in garantiert sicherer Entfernung von 35 Kilometer gelegenen Berg, Compania Hill.

Ab Anfang Juli begannen die Techniker mit dem Zusammenbau des Kerns von »Trinity«, wie der Codename für die Probezündung lautete, zwei Halbkugeln von Plutonium, die zusammengesetzt nicht viel größer als eine Apfelsine waren. Die einzelnen Bestandteile der liebevoll »*Gadget*« genannten Bombe wurden in der Nacht von Los Alamos zur *Trinity site* gebracht, um auf wenig Autoverkehr zu stoßen. Am Nachmittag des 13. Juli wurde *Gadget* unter der glühenden Sonne New Mexicos zusammengesetzt. Mit Verblüffung registrierten die Experten, dass der zylindrische Zünder nicht in die dafür vorgesehene Öffnung zwischen den Plutonium-Halbkugeln passen wollte. Die Ursache war die unterschiedliche Temperatur – der Zünder war von der Sonne aufgewärmt, die Plutoniumkugel war gekühlt transportiert worden. Nach einer kurzen Pause hatten sich beide Bestandteile in ihrer Temperatur angeglichen und passten lückenlos ineinander. *Gadget* war eine Plutoniumbombe und damit jenem *Fat Man* ähnlich, der über Nagasaki zum Einsatz kommen sollte. *Little Boy*, die Hiroshima-Bombe, verfügte über einen Urankern. Dieses Design wurde nicht in Alamogordo getestet, da es simpler als der Plutoniumsprengsatz war und da man außerdem nicht über genügend Uran 235 verfügte. Fast gleichzeitig mit diesen Vorbereitungen wurden die einzelnen Bestandteile von *Little Boy*, der ersten für einen Einsatz vorgesehenen Atombombe von Albuquerque nach San Francisco geflogen, wo der Kreuzer Indianapolis darauf wartete, sie zur Pazifikinsel Tinian zu liefern, auf der die B-29-Langstreckenbomber stationiert waren.

Am Sonntag, dem 15. Juli, war *Gadget* vollständig zusammengesetzt. Groves gab die Devise aus, nach Hasenpfoten, vierblättrigen Kleeblättern und anderen Glücksbringern Ausschau zu halten, und stellte die Überlegung an, ob man einen Pfarrer bitten sollte, in der entscheidenden Stunde geistlichen Beistand zu geben. Oppenheimer bestieg in den Abendstunden das Gerüst von Ground Zero und betrachtete noch einmal *Gadget*, eine dicke metallene Kugel, aus deren dunklem Leib unzählige Drähte herauskamen, die eine auf die Millisekunde genaue Zündung der einzelnen Bestandteile der Kettenreaktion gewährleisten sollten.

Gegen zwei Uhr in der Nacht zog ein heftiges Unwetter über die Wüste hinweg. Das Lager der Techniker und Wissenschaftler wurde völlig durchnässt und von heftigen Winden erschüttert. Die Bombe von Ground Zero zappelte in ihrer Verankerung. Es war, als wollte die Natur mit all ihrer Gewalt gegen die Überschreitung einer Grenze protestieren, zu welcher der Mensch sich gerade bereit machte. Bei einer Konferenz im Kommandobunker erklärte der verantwortliche Meteorologe, dass man in den frühen Morgenstunden mit einer Wetterberuhigung rechnen könne. Die Zündung wurde nun für 5.30 Uhr geplant. Eine Verschiebung war aus politischen Gründen inopportun: Präsident Truman befand sich gerade auf der Siegerkonferenz in Potsdam, die Meldung von dem erfolgreichen Experiment könnte, so hatten die Strategen im Weißen Haus und im State Department argumentiert, der amerikanischen Position bei den Verhandlungen mit Stalin nur nützlich sein, kündete sie doch von Amerikas technologischer Überlegenheit.

Seit den frühen Morgenstunden waren ganze Busladungen von Beobachtern am Compania Hill eingetroffen, neben Militärs war die gesamte Elite der an dem Projekt beteiligten Wissenschaftler erschienen – wenn sie sich nicht mit Oppenheimer und seinem Team im Ground Zero wesentlich näher gelegenen Unterstand befanden. »Es war ein unheimlicher Anblick«, so erinnerte sich Edward Teller, »mit ansehen zu müssen, wie eine Reihe unserer hochrangigsten Wissenschaftler allen Ernstes Sonnenschutzöl in der finsteren Nacht auf ihre Gesichter und ihre Hände auftrugen, zwanzig Meilen vom erwarteten Blitz entfernt.«[14] Um 5.25 Uhr stieg eine grüne Signalrakete in den Himmel auf, als Signal, dass es noch fünf Minuten bis zur Zündung waren. Um 5.29 Uhr zog die Ein-Minuten-Rakete ihre Bahn in den immer noch ziemlich dunklen Himmel. Zehn Sekunden vor der Zündung dröhnte im Basislager, das etwa 20 Kilometer von Ground Zero entfernt lag, eine Sirene. Die Männer warfen sich auf den Boden, nicht ganz ohne Zweifel, ob die Entfernung großzügig genug gewählt worden war.

Um 5.29 Uhr und 45 Sekunden zündeten die 32 einzelnen Detonatoren simultan und lösten in *Gagdets* Innerem eine Reaktion aus, wie es sie auf der Erde seit den Ursprungstagen des Planeten nicht gegeben hatte. Die vom konventionellen Sprengstoff ausgelöste Fusion von Beryllium und Polonium setzte jene Neutronen frei, die in das Plutonium eindrangen und dort, innerhalb von wenigen Millionstel einer Sekunde die Kettenreaktion auslösten, die im Mittelpunkt des Strebens von Wissenschaftlern und Politikern, von Militärs und Technikern gestanden hatte. Es war ein kaum messbarer Bruchteil einer Sekunde, zu dem an Ground Zero Bedingungen herrschten, mit Millionen Grad Hitze und Millionen Atmosphären Druck, wie sie, »bevor die Strahlung sich ausbreitete, dem Zustand des Universums in den Momenten nach seiner Erschaffung ähnelten«.[15] Es waren Bruchteile von Sekunden, die dem Planeten und seinen Bewohnern für immer den Weg zurück in die Welt verbauten, wie sie vor dem 16. Juli 1945 existiert hatte. Der Physiker Isidor Rabi sah im Base Camp eine Zukunft vor sich, die Unheimliches verhieß: »Wir lagen da, sehr angespannt, im allerersten Morgengrauen, es gab nur einige Streifen von Gold am östlichen Himmel. Seinen Nachbarn konnte man kaum erkennen. Diese zehn Sekunden waren die längsten zehn Sekunden, die ich je erlebt habe. Plötzlich war da dieser enorme Lichtblitz, das hellste Licht, das ich oder das, so glaube ich, sonst jemand jemals gesehen hat. Es explodierte, es vibrierte, es fraß sich geradezu durch Dich hindurch. Es war eine Vision, die man mit mehr als nur den Augen wahrnahm. Man würde es für immer sehen. Du wünschtest Dir, es würde aufhören, insgesamt dauerte es zwei Sekunden. Dann war es vorbei, wurde schwächer, und wir blickten zu dem Ort, wo die Bombe gewesen war. Da war ein enormer Feuerball, der wuchs und wuchs und rotierte, während er wuchs. Er stieg in die Luft auf, mit gelben Blitzen, dann roten und grünen. Es sah bedrohlich aus. Es schien auf uns zuzukommen. Etwas Neues war gerade geboren worden. Eine neue Kontrolle, ein neues Verständnis des Menschen, das dieser der Natur abgetrotzt hatte.«[16]

Die Beobachter verfolgten das Schauspiel schweigend, manche fasziniert, andere betroffen. Einige der Physiker hatten sich gefragt, ob die Explosion nicht die ganze Atmosphäre in Brand setzen und den Planeten vernichten würde. Dazu kam es nicht. Robert Oppenheimer sagte nur zwei Worte: »*It worked.*« Nachdem der Feuerball an Kraft verloren hatte und die von nun an ein ganzes Zeitalter prägende *mushroom cloud*, die pilzförmige Wolke, in der Luft schwebte, gratulierten sich die Wissenschaftler und Techniker. Vielleicht fand Bainbridge die passendsten Worte, als er erklärte: »*Now we all are sons of bitches*«.

In Potsdam erreichte Präsident Truman die Nachricht vom erfolgreichen Test. Er erzählte fast umgehend Stalin davon, dass die USA eine verheerende neue Waffe besaßen. Der sowjetische Diktator nickte beifällig und machte ein paar höfliche Bemerkungen – überrascht war er mitnichten, da er durch sein Spionagenetzwerk in den USA und vor allem innerhalb der wissenschaftlichen *community* bestens informiert war. Auch in der Sowjetunion griff man längst nach der Waffe der Zukunft.

Vier Stunden nach der Explosion in der Wüste verließ die Indianapolis mit ihrer für Hiroshima bestimmten Fracht die Bucht von San Francisco. Das Schiff, das tausendfachen Tod in seiner modernsten Form transportierte, fuhr in einer bizarren Ironie des Schicksals einem geradezu archaischen Ende entgegen. Nach Ablieferung von *Little Boy* wurde die Indianapolis auf der Heimreise von einem japanischen U-Boot torpediert. Die meisten Besatzungsmitglieder überlebten den Untergang, viele von ihnen wurden dann in den nächsten Stunden, in ihren Rettungswesten auf den sanften Wogen des Pazifiks dahin dümpelnd, von Haien gefressen.

Nur wenige Waffen sind je erfunden worden, ohne nicht auch angewendet zu werden. Am 6. August 1945 verglühte Hiroshima im Feuersturm von *Little Boy*, drei Tage später brachte *Fat Man* das Verhängnis über Nagasaki. Kurz darauf kapitulierte Japan. Der Zweite Weltkrieg war zu Ende. Die

Büchse der Pandora war geöffnet. Sie wurde nie wieder geschlossen. Wer glaubte, das Ende des Kalten Krieges würde eine vollständige nukleare Abrüstung nach sich ziehen, sah sich getäuscht. Im dritten Jahrzehnt des 21. Jahrhunderts gibt es mehr Atommächte denn je. Die Gefahr für die Menschheit, für ihre Zivilisation, für das Leben auf der Erde existiert nach wie vor.

Nach dem Krieg geriet Oppenheimer, der ungeachtet seiner Warnungen vor dem in der Tat einsetzenden atomaren Wettrüsten weiter in der Waffenentwicklung tätig war, sich aber gegen die Entwicklung der Wasserstoffbombe aussprach, in die Mühlen des Generalverdachts als Folge der eskalierenden Auseinandersetzung mit der Sowjetunion und dem Kommunismus. Nach Aufsehen erregenden Anhörungen wurde ihm die *security clearance*, die Sicherheitsfreigabe entzogen. Damit nicht länger für strategische Projekte geeignet, führte er ein Leben als geachteter Wissenschaftler und Leiter des Institute for Advanced Study an der Princeton University. Starker Raucher – Zigaretten sowie die auf vielen Fotos sichtbare Pfeife dokumentieren das –, der er seit seiner Jugend gewesen war, starb er im Februar 1967 an Kehlkopfkrebs.

Lise Meitner, die Angebote der amerikanischen Regierung, am Manhattan Project mitzuarbeiten, abgelehnt hatte, war schockiert, als sie nach Ende des Krieges von amerikanischen Medien als »Mutter der Atombombe« bezeichnet wurde. Sie setzte sich stattdessen mit Nachdruck für eine friedliche Nutzung der Kernenergie ein. Diese breitete sich ab Mitte der 1950er Jahre aus – naheliegenderweise entstanden Kernkraftwerke zunächst in den Staaten, die über eine nukleare Militärtechnologie verfügten. Ein experimenteller Kernreaktor nahm mit noch sehr geringer Leistung im Dezember 1951 im amerikanischen Bundesstaat Idaho seinen

Betrieb auf. Der im nächsten Jahr ins Präsidentenamt gewählte Dwight D. Eisenhower gab die Losung »*Atoms for Peace*« aus und beschwor eine friedliche Nutzung der Kraft der Atomspaltung zur Energiegewinnung und für die Anwendung in der Medizin. Als erster an das Stromnetz angeschlossene Reaktor gilt das 1954 in Betrieb genommene Kernkraftwerk von Obninsk in der Region (*oblast*) Kaluga südwestlich von Moskau. Großbritannien nahm 1956 das Kernkraftwerk Calder Hall in Betrieb.

In der Bundesrepublik Deutschland stand vor der Einführung der Kernenergie die erregt geführte Debatte über eine nukleare Bewaffnung der Mitte der 1950er Jahre neugegründeten Bundeswehr. Gegen ein solches Ansinnen kam es zu letztlich erfolgreichen Protesten. Im »Göttinger Manifest« bezogen Wissenschaftler, darunter auch Otto Hahn, eindeutig Stellung: Ja zur Kernenergie, Nein zu Atomwaffen. Die kommerzielle Nutzung begann in der Bundesrepublik 1961 mit dem Atomkraftwerk Kahl am Main und in der DDR mit dem Kernkraftwerk Rheinsberg 1966. Ab Mitte der 1970er Jahre formierte sich in der Bundesrepublik eine Anti-Atomkraftbewegung, die zur Gründung der Partei »Die Grünen« entscheidend beitrug. Reaktorunfälle wie jener von Three Mile Island 1979 im US-Bundesstaat Pennsylvania und vor allem von Chernobyl im April 1986, wo zu den der Nukleartechnologie inhärenten Risiken der niedrige Sicherheitsstandard der sowjetischen Technologie und die Unehrlichkeit ihres politischen Systems hinzukamen, wirkten als Katalysatoren der Bewegung. Ein globaler Erfolg blieb dieser letztendlich versagt. Im Jahr 2025 arbeiten weltweit rund 440 Kernkraftwerke in 32 Staaten plus Taiwan; mit Stand von Ende 2024 sind 66 Kernkraftwerke in 16 Ländern in Bau.[17] In zahlreichen Nationen werden Kernkraftwerke explizit mit dem Ziel gebaut, die Abhängigkeit von fossilen

Brennstoffen zu reduzieren und mit der Gewinnung von Kernenergie einen Beitrag zum Klimaschutz zu leisten. Im Zusammenhang mit der Weltklimakonferenz 2024 äußerte der Regierungschef eines EU-Landes die Einschätzung: »Es gibt für mich Grund zu der Hoffnung, dass die Kernenergie überall auf der Welt immer populärer wird. Ich bin fest davon überzeugt, dass die Kernkraft essenziell ist, um die Klimaziele zu erreichen.«[18] Solche Worte sprach freilich kein Regierungschef aus Deutschland.[19] Dort hatte eine breite Koalition aus Grünen, SPD, Unionsparteien und linken Mainstreammedien 2023 »Atomkraft Nein Danke«, die alte Parole von Demonstrationen und Geländebesetzungen in den 1970er Jahren, zur Realität werden lassen.

Lise Meitner dürfte sich gewundert haben, dass die Anti-Atombewegung in ihrer neuen Heimat einen ihrer Ursprünge haben würde. Nach anfänglichen Eingewöhnungsschwierigkeiten in dem skandinavischen Land erwarb sie 1950 die schwedische Staatsangehörigkeit. Sie hatte ein wenig gezögert, da sie unbedingt die österreichische beibehalten wollte. Behilflich war ein junger österreichischer Diplomat in Stockholm: Bruno Kreisky, später Bundeskanzler der Republik Österreich. Lise Meitner, die nie einen Nobelpreis für Physik erhalten hat, starb am 27. Oktober 1968 in Cambridge (wohin sie 1960 umgesiedelt war, um nahe bei ihrem Neffen Otto Frisch zu sein), kurz vor ihrem 90. Geburtstag. Auf ihrem Grabstein steht eine von Frisch formulierte Würdigung: »*A physicist who never lost her humanity*«.

10 Von der Raumfahrt seit seiner Jugendzeit besessen, wurde Wernher von Braun der wichtigste Raketenkonstrukteur der USA im »Wettlauf zum Mond« mit der Sowjetunion.

Weltall – Mit der Rakete »zu den Planetenräumen« – oder nach Armageddon

Wernher von Braun

Der Waldboden erzitterte und nach wenigen Sekunden kam das Geräusch – »wie ein rollender Donner« in den Worten eines Zeugen – im Kommandozentrum an, wo die Ingenieure, Techniker und Militärs ihre Ferngläser auf den fast zwei Kilometer entfernten Punkt richteten, von dem das unheilvolle Grollen seinen Ausgang nahm. Der Befehlshaber erinnerte sich rund zehn Jahre später an den Anblick: »Der Funkenregen verdichtete sich rasch zur Flamme und wandelte sich im Verlauf einer Sekunde zu einem in herrlicher rotgelber Farbe züngelnden Gasstrahl … Aus dem Wald fuhr der hell leuchtende Körper der Rakete senkrecht in die Höhe.« Noch kurz zuvor hatte er das auf seinen Einsatz wartende Objekt in fast poetischer Bewunderung beschrieben, für Generalmajor Walter Dornberger war es »ein Körper von vollendeter Schönheit der Maße«.[1]

Auch der Schöpfer der Rakete war begeistert, als er den Aufstieg des Projektils, am deutlichsten erkennbar an seiner fast weißen Flamme, in den blauen Himmel über dem kalten Wasser der Ostsee verfolgte. Der großgewachsene blonde Mann, der so viel jugendlicher als seine dreißig Lebensjahre wirkte, zuckte wie alle anderen Beobachter zusammen, als 25 Sekunden nach dem Start ein ohrenbetäubender Knall ertönte: Die Rakete hatte die Schallmauer durchbrochen. Stetig höher reckte Wernher Magnus Maximilian von Braun seinen Feldstecher, bis das Objekt kaum noch sichtbar war. Immer ferner wurde das Geräusch, vom Donnern längst zu einem hohen Pfeifen mutiert. Nach fünf Minuten war es vorbei. Die – aus späterer Sicht rudimentären – Instrumente der Rakete hatten die wichtigsten Daten übermittelt. Das Projektil hatte die unglaubliche, selbst für die Experten beinahe surreale Geschwindigkeit von rund fünftausend Stundenkilometern erreicht. Noch beeindruckender war indes die Flughöhe. Der höchste Punkt lag bei 84,5 Kilometern. Zum ersten Mal hatte ein von Menschen geschaffenes Objekt den Weltraum erreicht.

Fast ebenso wichtig war die Rückkehr. Von Braun und ein Kollege stiegen mit einem kleinen Flugzeug auf und flogen über das unruhige Meer. Fast 190 Kilometer vom Startplatz entfernt sahen sie den grünen Farbstoff auf den Wellen, den man der Rakete zur visuellen Ortung beigegeben hatte; dort, wo die Rakete im Wasser der Ostsee versunken war. Es war ein Zeichen, dass sie den Wiedereintritt in die Erdatmosphäre intakt, in einem Stück überstanden hatte. Am Abend versammelten sich die Leiter des Projektes im Offiziersklub des weiträumigen und vollständig abgesperrten Startgeländes. Als sie alle die Gläser erhoben, fasste Dornberger seine Begeisterung in Worte: »Dieser 3. Oktober 1942 ist der erste Tag eines Zeitalters neuer Verkehrstechnik, der Raumschiffahrt!«[2]

Was eine der großen Stunden in der Geschichte der Menschheit hätte sein können, vollzog sich unter strengster Geheimhaltung. Es gab keine Sondersendungen und keine Extrablätter über diesen ersten zaghaften Schritt hinaus, jenseits der Atmosphäre und der Schwerkraft des heimischen Planeten, diesen Durchbruch beim Streben – wie es mehr als vierzig Jahre später der amerikanische Präsident Ronald Reagan aus tragischem Anlass nennen sollte –, »den mürrischen Fesseln der Erde zu entgleiten«.[3] Der historische Start erfolgte kurz vor 16 Uhr am Nachmittag des 3. Oktober 1942 vom Gelände der Heeresversuchsanstalt Peenemünde. Wernher von Braun hatte wie zahlreiche andere an dem Raketenprojekt Beteiligte seit seiner Jugend von der bislang nur in Romanen und in kühnen Zukunftsvisionen beschriebenen Weltraumfahrt geträumt. Doch seine Rakete, die Aggregat 4 oder A 4, war als Waffe konzipiert. Als Waffe im Dienst eines verbrecherischen Regimes. Es war der Triumph im Leben des Wernher von Braun, dass er schließlich zu einem Wegbereiter der Raumfahrt wurde. Es war seine Tragödie, dass auf dem Weg ins All der Dienst für Hitler stand – ein *Faustian bargain*, wie man in seiner künftigen Heimat, den USA, einen Pakt mit dem Teufel zu nennen pflegt. Diesem Schatten auf einer brillanten Lebensleistung konnte von Braun nie entkommen.

Die Idee der Rakete stammt – wie so vieles andere – aus China. Dort wurden wahrscheinlich schon vor rund 2000 Jahren von einem Gemisch aus Schwefel, Salpeter (Kaliumnitrat) und Holzkohle angetriebene Feuerwerkskörper zu Unterhaltungszwecken genutzt. Und wie bei so vielen anderen Erfindungen erkannten die Menschen auch hier vor allem ein militärisches Potenzial. Bereits im zehnten Jahrhundert sollen Raketen in China bei kriegerischen Auseinandersetzungen eingesetzt worden sein; gesicherter ist ihre Anwendung drei Jahrhunderte später bei der Abwehr der Mongolen – der Hauptzweck soll dabei nicht das Töten der Feinde gewesen sein, sondern unter deren Pferden Verwirrung zu stiften. Einer chinesischen Legende nach soll ein

Mann namens Wan Hu davon geträumt haben, der erste Astronaut zu werden. Vermeintlich im 14. Jahrhundert – oder im 16. Jahrhundert oder vor zweitausend Jahren (das Märchen wurde in zahlreichen Varianten kolportiert) soll er 47 Raketen unter seinem Stuhl angebracht und simultan gezündet haben. Über die erreichte Flughöhe gibt es ebenfalls zahlreiche Angaben; die wahrscheinlichste geht von etwa dreißig Zentimeter aus. Wan Hu soll sich entweder schwere Verbrennungen zugezogen oder umgekommen sein – womit er zum ersten Märtyrer der Raumfahrt geworden wäre, sollte er denn existiert haben.

Auch anderen Kulturvölkern wie Byzantinern und Indern wird der frühe Gebrauch von Raketen, primär für militärische Zwecke zugeschrieben. Unzweifelhaft ein Pionier der Raketentechnik war der siebenbürgische Büchsenmacher Conrad Haas. Wahrscheinlich in den 1550er Jahren (als Haas' Lebensdaten gelten 1509 bis 1576) fertigte er ein erst 1961 entdecktes Manuskript an, das in mehrerlei Hinsicht wie eine Vorahnung des Kommenden wirkt. Haas schwebte eine Rakete aus drei Stufen vor, ebenso ein bemannter Flug. Fast zeitlos ist auch seine Mahnung, die Innovation wie auch die von ihm gefertigten Feuerwaffen nicht den Militärs zu überlassen: »Aber mein Rath mehr Fried und kein Krieg, die Büchsen do sein gelassen unter dem Dach, so wird die Kugel nit verschossen, das Pulver nit verbrannt nass, so behielt der Fürst sein Geld, der Büchsenmeister sein Leben; das ist der Rath so Conrad Haas tut geben.«[4]

Dem Rat folgte man nicht. In dem sich fast über ein Vierteljahrhundert hinziehenden Krieg Großbritanniens erst gegen das revolutionäre, dann gegen das napoleonische Frankreich – der Konflikt währte mit nur kurzer Unterbrechung von 1792 bis 1815 – sann man auf neue Waffentechniken, um den Siegeszug des selbstgekrönten Kaisers stoppen zu können. Sir William Cosgreve erfand eine Brandrakete, die zwar wenig gegen eine feindliche Armee im Feld verrichten, aber in größerer Stückzahl eingesetzt durchaus ein Inferno über eine Stadt bringen konnte. Bemerkenswerterweise wurden die in ihrer 32-Pfund-Version rund drei Kilometer weit reichenden Cosgreve'schen Raketen vor allem durch Einsätze gegen andere Länder als Frankreich berühmt oder, besser gesagt, berüchtigt (auch wenn sie mit bescheidenen Erfolgen u.a. gegen die vor Boulogne-sur-Mer vor Anker liegende französische Flotte von schwankenden Booten aus abgefeuert wurden). Als Ergänzung zur Schiffsartillerie beschoss die Royal Navy im Spätsommer 1807 die dänische Hauptstadt Kopenhagen mit Raketen des Baronet, ungeachtet der Tatsache, dass Dänemark neutral war. Das mehrwöchige Bombardement kostete wahrscheinlich zweitausend dänischen Zivilisten das Leben und brachte die Regierung des skandinavischen Landes dazu, seine Rest-Flotte (den größten Teil der dänischen Marine hatten die Briten bereits sechs Jahre zuvor vernichtet) an die Royal Navy zu übergeben. Berühmter noch wurde die Beschießung der amerikanischen Hafenstadt Baltimore im September 1814 während des als *War of 1812* im Angelsächsischen bekannten Krieges gegen die USA. Der Zeitzeuge und Gelegenheitsdichter Francis Scott Key verfolgte als Unterhändler auf einem britischen Kriegsschiff die Beschießung des die Hafeneinfahrt von Baltimore kontrollierenden Fort McHenry und brachte seine Begeisterung darüber, dass die Briten die kleine Festung trotz ihrer fortgeschrittenen Technik nicht zur Kapitulation zwingen konnten, noch am Schauplatz in mehreren Zeilen zu Papier:

And the rockets' red glare,
the bombs bursting in air,

Gave proof through the night
that our flag was still there

Der Vers ist der dramaturgische Höhepunkt des Textes der amerikanischen Nationalhymne *The Star-Spangled Banner.*

Mit einem zunehmend besseren Verständnis vom Platz der Erde im Universum und unter Abkehr von religiösen Dogmen machten sich einige kühne Träumer Gedanken, wie eine Reise zu fremden Himmelskörpern ablaufen könnte. Der römische Schriftsteller Lukian war im zweiten Jahrhundert dieser Entwicklung weit voraus, als er in seinen »Wahren Geschichten« zusammen mit seinen fiktiven Mitreisenden von einem Wirbelsturm erfasst und zum Mond getragen wird – dessen Bewohner praktischerweise seine Muttersprache Griechisch sprechen. Dass es einer starken, vielleicht spirituellen Energie bedarf, um zu fernen Himmelskörpern zu fliegen, war fast eineinhalb Jahrtausende später einem der Begründer der modernen Astronomie, Johannes Kepler, klar. Während seiner Tätigkeit als Kaiserlicher Mathematicus und Hofastronom in Prag verfasste Kepler 1609 in lateinischer Sprache die Schrift *Somnium sive astronomia lunaris*, im Deutschen »Der Traum, oder: Mond-Astronomie«. Es sind Dämonen, die in dieser Traumerzählung nach seiner Vorstellung die Kraft aufbringen, um den Reisenden zum Erdtrabanten zu befördern, wo er auf zwei gänzlich unterschiedliche Gruppen von Bewohnern trifft, geprägt durch die extrem unterschiedlichen Temperaturschwankungen auf der sonnenzugewandten und der sonnenabgewandten Seite des Mondes.

Keine andere phantasievolle Darstellung einer Exkursion zum Erdtrabanten aber erreichte eine solche Verbreitung – alle Pioniere der Raketentechnik wie von Braun, Oberth, Ziolkowski und zweifellos auch Koroljow haben sie gelesen – wie Jules Vernes 1865 erschienener Klassiker »Von der Erde zum Mond« (im Original: *De la Terre à la Lune*). Die »Raumkapsel« der drei kühnen Reisenden Impey Barbicane, Kapitän Nicholl und Michel Ardan (Franzosen wie Ardan sind in Vernes Oeuvre stets die sympathischsten Helden) wird von einer 270 Meter langen Kanone ins All geschossen. Abgesehen davon, dass dies technisch nicht von Erfolg gekrönt wäre, da ein solches Projektil nicht die zum Verlassen der Schwerkraft notwendige Endgeschwindigkeit erreichen würde, hätten die Insassen keine Überlebenschancen; der Druck beim Abschuss würde sämtliche Organe und Blutgefäße im Körper platzen lassen. Verne war indes wie in so vielen anderen seiner Werke aber auch von beeindruckender Vorahnung. Auch die tatsächlichen Mondflüge im Rahmen des Apollo-Programms hatten eine dreiköpfige Besatzung und wie in den realen 1960er und 1970er Jahren lag der Startplatz in Florida. Auch die Erneuerung des Sauerstoffs während des Fluges durch einen chemischen Prozess ahnte Verne voraus.

Den Rückstoß, der ein Projektil aus dem Kanonenrohr treibt, erzeugt eine Rakete selbst. Im Gegensatz zum Verne'schen Geschoß oder jedem anderen von einer Kanone abgefeuerten Gegenstand, der mit Höchstgeschwindigkeit und unter enormem Druck das Rohr verlässt, starten Raketen – wie sie in der Raumfahrt und mehrheitlich auch auf dem Weg der Entwicklung dorthin zur Anwendung kommen und kamen – relativ langsam und werden erst in höheren Schichten der Atmosphäre immer schneller. Deswegen war die Rakete schon für frühe Visionäre das Vehikel schlechthin, wollte der Mensch die Fesseln der planetaren Schwerkraft hinter sich lassen. Die theoretischen Grundlagen des Raketenfluges erarbeitete der Denker Konstantin Eduardowitsch Ziolkowski, der über viele Jahre in der Region Kaluga, südlich von Moskau, als Mathematiklehrer arbeitete. Dass der 1857 geborene Ziolkowski im Alter von zehn Jahren am damals grassierenden Scharlach fast gänzlich ertaubt war, tat seiner Fähigkeit zur nüchternen Analyse technischer Herausforderungen keinen Abbruch. Autodidakt, der er war, baute er sich in seinem Wohnzimmer einen Windkanal und verfasste Schriften über den Bau von Flugzeugen (darunter solchen aus Ganzmetall), die es in den letzten Jahren des 19. Jahrhunderts noch gar nicht gab. Unter seinen Überlegungen und Publikationen zur Raumfahrt ragt seine 1903 erschienene Arbeit zur Raketengrundgleichung heraus, die dem Prinzip der ein und zwei Menschenalter später gebauten Mehrstufenraketen zugrunde liegt. Ziolkowski machte sich Gedanken über die Steuerung von Raketen, die Kühlung ihrer Brennkammern und die für Reisen durch das All notwendigen Geschwindigkeiten. Naheliegenderweise schrieb er auch utopische Romane, in denen freilich auch der Flug zum Mond eine Rolle spielte. Ziolkowskis Credo hätten wohl alle anderen Pioniere von Raketenbau und früher Raumfahrt unterschrieben: »Es stimmt, die Erde ist die Wiege der Menschheit, aber der Mensch kann nicht ewig in der Wiege bleiben. Das Sonnensystem wird unser Kindergarten.«[5]

Von Reisen durch das Sonnensystem träumte mit Robert Hutchings Goddard auch ein weiterer Wegbereiter der Raketentechnik. Wie Ziolkowski wurde der 1882 in Worcester im Bundesstaat Massachusetts geborene Amerikaner als Kind von einer Reihe von Krankheiten heimgesucht, als junger Erwachsener bekam er Tuberkulose, eine der beiden großen Seuchen des 19. Jahrhunderts.[6] Während der langwierigen Rekonvaleszenzen hatte er viel Zeit zum Lesen. Besonders inspirierte ihn der bedrohliche *Krieg der Welten*, ein Roman des neben Jules Verne anderen großen Science-

Fiction-Autors, des Briten H. G. Wells, in dem die Erde von einer Invasion durch Marsbewohner heimgesucht wird. Goddard studierte Physik, schloss mit einem Doktorgrad ab und lehrte lange Zeit an seiner Alma Mater, der Clark University im heimischen Massachusetts, sowie in Princeton. Sein primäres Forschungsgebiet war die Raketenmechanik und die Überwindung der während eines Fluges auftretenden Probleme. Dazu gehörte die Stabilisierung des Flugkörpers, wofür Goddard ein Gyroskop konstruierte (wie bei verschiedenen in diesem Buch beschriebenen Techniken fast zeitgleich mit anderen Innovatoren).

Goddard war sowohl Theoretiker als auch Praktiker. Zusammen mit einem kleinen Team von Technikern begann er, Raketen zu bauen und zu starten. Er meldete die ersten von zahlreichen seiner Patente an (die ihm posthum erteilten mitgerechnet, hält Goddard insgesamt 214), sowohl für Raketen mit flüssigem wie für solche mit festem Brennstoff. Letztere waren Gegenstand seines wichtigsten wissenschaftlich-technischen Werkes, dem Ende 1919 in Zusammenarbeit mit der Smithsonian Institution in Washington publizierten *A Method of Reaching Extreme Altitudes*. In der Schrift legte Goddard die mathematischen Grundlagen und berechnete die Geschwindigkeiten, die notwendig sein würden, um eine spezifische Nutzlast so zu beschleunigen, dass sie die Erdanziehung würde überwinden können. Goddard bevorzugte es, für sich zu arbeiten (für Sponsoring durch das Militär war er gleichwohl während des Ersten und Zweiten Weltkrieges empfänglich), doch ein Pressesprecher der Smithsonian Institution hatte andere Vorstellungen und versandte eine Pressemitteilung, in der einige der kühneren Ideen Goddards beschrieben wurden, wie in diesem Absatz: »Eine interessante Spekulation in der Publikation, die sich aus Professor Goddards Arbeit ergibt, ist die Möglichkeit, eine bestimmte Menge eines *flash powders* [Blitzlichtpulvers] auf den dunklen Teil des Mondes zu schicken, wo es sich beim Auftreffen entzündet, was mit einem starken Teleskop zu beobachten wäre. Dies ist der einzige Weg um nachzuweisen, dass der Apparat wirklich die Anziehungskraft der Erde hinter sich gelassen hat.«[7] Derartige Visionen fielen bei einer sensationsbegeisterten Presse auf fruchtbaren Boden und der Name »Goddard« erreichte – sehr zum Missfallen des Professors – landesweit die oft von ironischen Kommentaren begleiteten Schlagzeilen. »*Science To Try Shooting Moon With Rocket*« titelte beispielsweise die *Chicago Tribune*, während der *Boston American* Goddard mit dem Vater der Science-Fiction verglich: »*Modern Jules Verne Invents Rocket To Reach Moon*«.[8]

Der Mond blieb freilich im realen Leben des Robert Goddard, dieser Pionier des Raumfahrtzeitalters, dessen Namen heute eine der wichtigsten Einrichtungen der NASA trägt,[9] unerreichbar fern. Goddard konstruierte zahlreiche Raketen und nahm Starts zunächst in Massachusetts vor, später an abgelegenen Orten in New Mexico – wie es der Zufall will ausgerechnet in Roswell, das für Anhänger der Existenz von Ufos eine Art Heiliger Gral ist. Wegweisend für die Zusammensetzung des Treibstoffs (Benzin und flüssiger Sauerstoff) war der Start der ersten Rakete mit flüssigem Brennstoff am 16. März 1926 in Auburn, Massachusetts – die erreichte Höhe (zwölfeinhalb Meter) und die Flugdauer (zweieinhalb Sekunden) waren nur für Insider beeindruckend. Länger als der eigentliche Flug war die Brenndauer des Motors, bis dieser genügend Gewicht an Treibstoff verbrannt hatte, um die Rakete abheben zu lassen. Goddards Frau Esther filmte diese fast unendlich scheinende, zwanzig Sekunden dauernde Phase; der Film war zu Ende belichtet, bevor die Rakete abhob. Goddard indes war von dem Ergebnis begeistert und setzte es bald in eine historische Perspektive: »Als Erstflug lässt es sich in positiven Sinn mit dem ersten Flug der Gebrüder Wright vergleichen, der über 40 Meter ging, eine Höhe von gut drei Metern erreichte und 12 Sekunden dauerte. Dies war genau so bedeutsam wie die erste Rakete mit Flüssigantrieb.«[10] Bis zu seinem Tod im Jahr 1945 testete Robert H. Goddard über viele Jahre Raketen unterschiedlicher Größe und diverser Antriebe. Keine erreichte eine Höhe von mehr als 2,7 Kilometern. Der Mond blieb ihm ein fernes Ziel.

An Raketen begeisterte man sich auch im Deutschland der Weimarer Republik. Diese allzu kurze Epoche einer deutschen Demokratie gebar nicht nur ein reiches Kulturleben sondern war von einer weitverbreiteten Technikbegeisterung, die sich im Aufschwung von Radio und Filmtechnik, in der Verbreitung des Automobils und dem Auftauchen futuristisch designter Hochgeschwindigkeitszüge zwischen den Metropolen manifestierte. Auch das unter den Bedingungen des Versailler Vertrages drastisch geschrumpfte, nunmehr als »Reichswehr« bezeichnete Militär war an der Raketentechnologie und deren möglichem Potenzial interessiert. Das Vertragswerk hatte der Republik nicht nur ein Heer von maximal 100 000 Mann vorgeschrieben, sondern auch zahlreiche Verbote auferlegt wie das der militärischen Nutzung von Flugzeugen und U-Booten. An Raketen hatten die Siegermächte nicht gedacht. Wenn es eines Beweises bedurft hätte, wie sehr sich die Öffentlichkeit an Raketen und an der Vision des Raumfluges begeistern konnte, so wurde dies durch den Publikumszuspruch für Fritz Langs 1929 in die Kinos gekommenen Stummfilm *Die Frau im Mond* dokumentiert. Das fast drei Stunden dauernde Meisterwerk (einer der letzten großen deutschen Stummfilme) erzählt die Geschichte eines Mondfluges, untermalt mit allerlei

Liebeskummer, in einem mit für damalige Verhältnisse beeindruckender Tricktechnik dargestellten Raketenschiff.

Der deutsche Verkünder einer möglichen Weltraumfahrt war der wie Conrad Haas aus Siebenbürgen stammende Hermann Oberth, der zunächst Medizin, dann Physik studiert und – selbstverständlich – in seiner Jugendzeit die Romane Jules Vernes gelesen hatte. Seine Überlegungen und Theorien zur Raketentechnik fasste er in seiner Dissertation zusammen, die indes von der Universität Heidelberg abgelehnt wurde, da es dort keinen Experten gab, der sich eine fachgerechte Beurteilung oder gar Benotung des Inhalts zugetraut hätte. Das Manuskript reichte zumindest aus, um im heimischen Klausenburg (heute Cluj-Napoca, Rumänien) als Diplomarbeit anerkannt zu werden. 1923 erschien es als Buch, sein Titel lautete *Die Rakete zu den Planetenräumen*. Wenngleich mit viel Theorie angefüllt, begeisterten Oberths Ideen – zu denen unter anderem Raumfahrzeuge gehörten, die wieder zur Erde zurückzukehren vermochten, sowie der Einsatz von Sonnensegeln zur Energiegewinnung – die Zukunftsgläubigen und Weltallenthusiasten. Es erlebte binnen weniger Jahre drei Auflagen; die dritte – erschienen im gleichen Jahr, das die Premiere von *Die Frau im Mond* erlebte – trug den etwas abgewandelten Titel *Wege zur Raumschiffahrt*. Oberth fristete über viele Jahre das Dasein eines Lehrers in Siebenbürgen, arbeitete während des Krieges in der Rüstungsentwicklung – darunter auch in Peenemünde – und hatte das Glück, alt genug zu werden (er starb 1989 im Alter von 95 Jahren), um einige seiner Visionen in Erfüllung gehen zu sehen (glücklicherweise nur die technologischen, nicht die politischen: Oberth war in den 1960er Jahren vorübergehend Mitglied der Neo-Nazi-Partei NPD). Für die 1964 erschienene vierte Auflage seines Werkes schrieb ihm jener Mann, der für die Öffentlichkeit die Verkörperung des

Raketenbaus und des amerikanischen Mondflugprogramm wurde, ein mehr als geneigtes Vorwort: »Hermann Oberth war der erste, der in Verbindung mit dem Gedanken einer wirklichen Weltraumfahrt zum Rechenschieber griff und zahlenmäßig durchgearbeitete Konzepte und Konstruktionsentwürfe vorlegte ... Hermann Oberth löste nicht nur die theoretischen Probleme der Raketenkunde und entwarf die notwendige Technik, damit Menschen in den Weltraum vordringen, dort leben und arbeiten können. Er war auch entschlossen, all diese Möglichkeiten Wirklichkeit werden zu lassen. Daher ist er fraglos der Vater der Raumfahrt.«[11] Der Autor dieser Zeilen hatte bereits die erste Ausgabe als Teenager begeistert verschlungen. Sein Name war Wernher von Braun.

Child of privilege. Diese Worte in der Sprache seiner künftigen Heimat, der Vereinigten Staaten, beschreiben trefflich den familiären Hintergrund Wernher von Brauns – ebenso wie die Vorzüge seines Wesens, die er so zielstrebig und letztlich erfolgreich für seine Zwecke einzusetzen verstand: die schnelle Auffassungsgabe, die Fähigkeit zu systematisch-analytischem Denken, der immense persönliche Charme, der gelegentlich die Grenze zur Arroganz touchierte. Und nicht zuletzt die Konzentration auf das Wesentliche mit der Kunst, Störendes wie die ungünstigsten und abstoßendsten Begleitumstände auszuklammern, zu verdrängen. Oder zu leugnen.

Wernher von Braun wurde am 23. März 1912 als zweitältester Sohn in eine aristokratische Familie geboren. Seine Mutter, Emmy von Quistorp, konnte eine Reihe gekrönter Häupter zu ihren Vorfahren zählen. Sein Vater, der Gutsbesitzer Magnus Freiherr von Braun, war ein hochrangiger Staatsdiener, der in den ersten Lebensjahren des jungen Wernher als Landrat des Kreises Wirsitz amtierte und auf dem Höhepunkt des Ersten Weltkrieges nach Berlin berufen wurde, wo er Ministerialdirektor und Pressechef des Reichskanzlers wurde. Während der Weimarer Republik war Magnus von Braun Mitglied der Deutschnationalen Volkspartei (DNVP) und in den letzten beiden Kabinetten der Weimarer Republik unter den Kanzlern Franz von Papen und Kurt von Schleicher Reichsminister für Ernährung und Landwirtschaft.

Wernher wuchs zunächst in Berlin auf, bevor ihn seine Eltern auf die Hermann-Lietz-Schule Schloss Ettersburg bei Weimar und später auf das Hermann-Lietz-Internat auf Spiekeroog schickten. Als prägend für den Jungen sollte sich ein Geschenk seiner Eltern zur Konfirmation 1925 erweisen: Statt der bei diesem Anlass oftmals überreichten Armbanduhr bekam er ein Teleskop. »Es war ein Glückstreffer, der weit über unsere Erwartungen hinausging«, erinnerte sich Emmy ein Vierteljahrhundert später.[12] Wernher, der mit dem Instrument in vielen klaren Nächten Planeten, Sterne und selbstverständlich den Mond beobachtete, hatte seinen Lebenstraum gefunden.

Seine vielseitigen Interessen und seine oft hektischen Aktivitäten schienen des Öfteren seine Eltern (wenn er denn in den Ferien zuhause war) zu überfordern. Wernhers Begabungen waren mannigfach, neben dem recht leichten Erlernen fremder Sprache war er von hohem technischen Verständnis und von beträchtlicher Musikalität; Klavierunterricht erhielt er von keinem Geringeren als dem Komponisten Paul Hindemith. »Mal wollte ich Musiker werden, dafür hatte ich einiges Talent«, so erinnerte sich Wernher von Braun viele Jahre später, »Mutter und ich spielten vierhändig, und unser Schulorchester, in dem das Cello mein Instrument war, spielte ein paar brauchbare Musikstücke, aber auch einige dünne Melodien, die ich komponiert hatte.

Mal strebte ich wieder zur Wissenschaft. Mein Held, wie ich mich erinnere, war Kopernikus, der als Erster gesagt hatte, dass das Zentrum unseres Universums die Sonne sei, nicht die Erde, wie vorher angenommen.«[13]

Er fing an, mit Raketen zu experimentieren, als Feuerwerkskörper und als Antrieb für Spielzeugautos. Mit 18 Jahren trat er dem Verein für Raumschiffahrt (VfR), dessen Raketenenthusiasten auf einem stillgelegten Militärgelände in Berlin-Reinickendorf ihre Eigenbauten testeten. Das Areal trug den Namen »Raketenflugplatz Berlin«. Von Braun konnte seine Fähigkeiten als Konstrukteur in einem sechsmonatigen Praktikum beim Lokomotivhersteller Borsig verfeinern, bevor er sein Studium an der Technischen Hochschule Berlin begann. Weitere Stationen seiner Ausbildung waren die ETH Zürich und die Friedrich-Wilhelm-Universität in Berlin, wo er 1934 sein Physikstudium mit dem Doktortitel abschloss.

Auf dem Raketenflugplatz machte von Braun 1932 die Bekanntschaft von Hauptmann Walter Dornberger, der im Heereswaffenamt für die Entwicklung von Raketenwaffen zuständig war. Von Braun verlagerte seine Tätigkeit an Dornbergers Standort Kummersdorf, wo er an mit flüssigem Brennstoff angetriebenen Raketen arbeitete, welche die Bezeichnung »Aggregat 2« oder »A 2« trugen. Von der Insel Borkum wurden im Dezember 1934 zwei auf die Namen »Max« und »Moritz« getaufte A 2 erfolgreich gestartet; einer der beiden Flugkörper erreichte eine Höhe von dreieinhalb Kilometern.

Die Arbeit von Brauns und der anderen Techniker und Ingenieure weckte zunehmend das Interesse der Wehrmachtsführung. Und an noch höherer Stelle: Bereits wenige Monate nach der »Machtübernahme«, im September 1933, hatte Adolf Hitler Kummerdorf besucht – es war eine erste

Begegnung, an die von Braun (den ein Foto von dem Ereignis sehr randständig neben einer großen Gruppe von um den »Führer« versammelten Militärs, Technikern und Offiziellen zeigt) sich später nicht mehr zu erinnern schien, als er rückblickend schrieb: »Ich begegnete Hitler viermal. Als ich ihn 1934 zum ersten Mal etwas aus der Ferne sah, erschien er mir als ein ziemlich schlampiger Typ. Später, als ich ihm im kleineren Kreise begegnete, begann ich, das Format dieses Mannes zu sehen – seine erstaunlichen geistigen Fähigkeiten, den geradezu hypnotisierenden Einfluss seiner Persönlichkeit auf seine Umgebung. Es packte einen irgendwie. … Mein Eindruck von ihm war, dass es sich um einen neuen Napoleon handelte, einen neuen Koloss, der die Welt aus dem Gleichgewicht gebracht hatte. … Bei meiner letzten Begegnung mit ihm erschien mir Hitler plötzlich als ein religionsloser Mann, ein Mann, der nicht das Gefühl hatte, einer höheren Macht verantwortlich zu sein, für den es keinen Gott gab. … Er war völlig skrupellos.«[14] Wernher von Braun trat der NSDAP im September 1937 bei, seine Mitgliedsnummer – die einen Eindruck von der Zahl teilweise oder vielleicht auch überwiegend opportunistischer Eintritte nach der Machtergreifung geben mag – war 5 738 692. 1940 trat er der Allgemeinen SS bei, in der er es bis zum Sturmbannführer (einem Major in der Armee entsprechend) brachte.

1937 entzog man das gesamte Projekt den Augen der Öffentlichkeit und den Blicken ausländischer Reporter und Geheimdienste. Peenemünde auf der Insel Usedom wurde das Zentrum der deutschen Raketenforschung und für einige Jahre zum Lebensmittelpunkt von Brauns. Hier brillierte er nicht nur als Konstrukteur, sondern auch als Organisator und, im Tandem mit Dornberger, als Leiter, oft auch als Motivator eines Teams. Mit dem erfolgreichen Start der A 4 im Oktober 1942 war endgültig der Weg beschritten, auf den das Regime so große Hoffnungen setzte. Nach zahlreichen militärischen Rückschlägen wie bei Stalingrad und in Nordafrika, nach immer intensiverem Bombenkrieg der Alliierten gegen deutsche Städte sann Hitler auf »Vergeltungswaffen«, wurde die Bevölkerung mit der Schimäre von »Wunderwaffen« propagandistisch bombardiert. Der Endsieg, so die Goebbels'sche Diktion über gleichgeschaltete Medien, werde ungeachtet aller Schwierigkeiten kommen, dank dem Genius des Führers. Und dem seiner Konstrukteure.

Die erste Vergeltungswaffe, die V 1, hatte kein kriegsentscheidendes Potenzial. Sie war eine große fliegende Bombe, die von Jagdflugzeugen oder Flugabwehr abgeschossen werden konnte. Terror verbreitete sie, vor allem in London, dennoch. Und sie forderte Opfer, da sie in hoher Stückzahl gebaut und vor allem auf London sowie andere Ziele in Südengland abgefeuert wurde. Gegen Großbritannien allein (Lüttich, Antwerpen und andere im letzten Kriegsjahr von den Alliierten besetzte Städte waren ebenfalls Ziele) kamen rund 10 500 dieser auch als Vorläufer heutiger Marschflugkörper eingestuften Waffe zum Einsatz, mehr als 6000 Menschen (fast ausschließlich Zivilisten) fanden durch sie den Tod.

Von ganz anderer Qualität war die V 2, als welche von Brauns und Dornbergers A 4 bezeichnet wurde. Mit mehrfacher Überschallgeschwindigkeit fliegend, gab es gegen sie keine Möglichkeit zur Abwehr oder zur Vorwarnung. Nach dem erfolgreichen Start im Oktober 1942 arbeiteten von Braun und sein Team kontinuierlich an Verbesserungen, unter anderem an zuverlässigeren Triebwerken, an der Steuerung (für die ein Trägheitsnavigationssystems konzipiert wurde) und an der Flugstabilisierung. Die Teststarts in Peenemünde waren für von Brauns Team frustrierend: Explosionen beim

Start oder nach kurzem Flug übertrafen zahlenmäßig beinahe die erfolgreichen, ihr vorgegebenes Zielgebiet erreichenden Flüge. Nur zu einer kurzfristigen Unterbrechung der Arbeiten führte der Bombenangriff der Royal Air Force auf Peenemünde kurz nach Mitternacht am 18. August 1943, der offenbar gezielt der Führungsschicht gegolten hatte, indes angesichts der Ungenauigkeit der Zielmarkierung durch die sogenannten *Pathfinder* (Flugzeuge des Typs Mosquito) die Unterkünfte der Arbeiter traf, die über keinerlei Schutzräume verfügten; hier kamen rund 600 Menschen um. Gebäude 4, das Hauptquartier der Entwicklungsabteilung, wurde von einer Bombe getroffen und brannte. Von Braun stürzte mit weithin bewundertem persönlichen Mut zum Tresor und rettete die wichtigsten Pläne, was ihm einen Orden einbrachte.

Eine Folge des britischen Bombenangriffs war, dass die Produktion dezentralisiert und weit weg von Peenemünde verlegt wurde. Zur wichtigsten Montageanlage wurde Mittelwerk, eine unterirdische, in Stollen errichtete Anlage in der Nähe von Nordhausen in Thüringen. Hier mussten Häftlinge vor allem aus dem KZ Mittelbau-Dora unter grauenerregenden Bedingungen arbeiten. Sie waren Sklavenarbeiter, die sich regelrecht zu Tode schuften mussten. Unter den vielen Stätten des Grauens, welche die Nazis hinterlassen haben, ist Mittelbau-Dora eine der erschütterndsten; die Zahl der Häftlinge, die allein hier (andere Zulieferstätten für die Raketenproduktion nicht mitgerechnet) starben oder umgebracht wurden, wird auf 16000 bis 20000 geschätzt. Wernher von Braun war offenbar mehrfach an dieser Produktionsstätte, auch als sie erbaut wurde. Er schwieg später darüber, so lange er konnte, und gab nur auf gelegentlich aufquellenden medialen Druck zu, sich vage erinnern zu können. So schrieb er 1966 an die Zeitschrift *Paris Match*:

»Ich stimme gerne zu, dass die gesamten äußeren Bedingungen im Mittelwerk abstoßend und die Behandlung der Gefangenen demütigend waren. Ich schäme mich, dass solche Zustände in Deutschland möglich waren, selbst in einer Kriegssituation, wo es um das das nationale Überleben ging.«[15] Sein ihm alles andere als unkritisch gegenüberstehender Biograf Michael J. Neufeld, langjähriger Kurator am National Air and Space Museum in Washington, resümiert von Brauns Rolle: »Die Theorie, dass Wissenschaft und Technologie neutral und apolitisch seien, mit der er aufgewachsen war, gab ihm einen weiteren Grund, sich von den Folgen seines Tuns zu distanzieren: Er lieferte seiner Regierung nur Sachkenntnis, das wurde von ihm erwartet. Aber dass das Programm der ballistischen Rakete mit großem Druck voranzutreiben auch bedeutete, viele Häftlinge in den Tod zu treiben, war ein Resultat, das er begriffen haben könnte, aber nicht als seine persönliche Verantwortung akzeptierte.«[16]

Im September 1944 schlug erstmals eine V 2 in London ein. Insgesamt rund 3200 dieser Raketen wurden in den verbleibenden acht Monaten des Zweiten Weltkrieges abgefeuert. Die britische Hauptstadt blieb das bevorzugte Ziel, doch die meisten Opfer eines einzigen Projektils gab es am 16. Dezember 1944 in Antwerpen, als eine Rakete ein vollbesetztes Kino traf und 567 Menschen tötete.

Die Alliierten waren geschockt von der Raketentechnik und hatten nichts Vergleichbares in ihrem Arsenal oder in der Entwicklung – ungeachtet der Vorarbeiten von Robert Goddard in den USA. Die deutschen Pläne, Exemplare der Raketen und vor allem die Konstrukteure in ihre Hand zu bekommen, wurde in den letzten Wochen des Krieges ein wichtiges Ziel vor allem für die Amerikaner und ihre Geheimdienste. Als »*Operation Overcast*«, später als »*Operation*

Paperclip« wurde das Geheimprojekt bezeichnet, möglichst viele deutsche Wissenschaftler und Ingenieure dingfest zu machen, in die USA zu bringen und sich dort ihr Knowhow zu Nutze zu machen. Einigen weitsichtigen Beobachtern war auf westlicher Seite klar geworden, dass mit dem Sieg über Nazi-Deutschland und, einige Monate später, über Japan keineswegs konfliktfreie Zeiten anbrechen würden. Der Gegensatz zwischen den USA und ihren Verbündeten einerseits und der Sowjetunion andererseits zeichnete sich ab. Die besseren Raketen zu haben, konnte der entscheidende Vorteil im bald beginnenden Kalten Krieg sein.

Wernher von Braun, seinem Bruder Magnus und seinen engsten Mitarbeitern war bewusst, dass ihnen in amerikanischer Gefangenschaft eine bessere Zukunft offen stand als im Dienste Josef Stalins. In den noch unbesetzten Süden des untergehenden Großdeutschen Reiches geflohen (sie mussten mit einer Festnahme und Hinrichtung durch die SS rechnen, die Wernher von Braun schon einmal in Haft genommen hatte), suchten sie den Kontakt zu den vorrückenden US-Truppen. Am 2. Mai 1945 traf der relativ gut Englisch sprechende Magnus, auf einem Fahrrad ausgeschickt, nahe der (früheren) deutsch-österreichischen Grenze auf einen Gefreiten der 44. US-Infanteriedivision, dem er mit einiger Mühe deutlich machen konnte, welch ein Fang den Amerikanern gelingen würde. Die Nachricht, dass man die vielleicht wichtigsten Personen des deutschen Raketenprogramms in die Hand bekommen hatte, löste bei der amerikanischen Militärführung große Genugtuung aus. Ein am nächsten Tag von den Amerikanern aufgenommenes Foto von Wernher (nach einem beinahe tödlichen Autounfall wenige Tage zuvor mit dem linken Arm in Gips) und Magnus zeigt zwei optimistisch blickende, fast strahlende junge Männer. Trotz der Umstände ahnten sie: Die Zukunft konnte großartig werden.

Im Sommer 1945 begann das zweite, das amerikanische Leben des Wernher von Braun. Im Juni kam er in den Vereinigten Staaten an, wo sich seine Lebensumstände binnen der nächsten Jahre gründlich änderten: vom, wenn auch privilegierten, Gefangenen zum Technik- und auch Medienstar. Zunächst auf verschiedenen Armeestützpunkten stationiert, wurde Huntsville, Alabama, ab 1950 von Brauns neue Heimat, wo er Direktor der Development Operations Division für den Bau ballistischer Raketen wurde. Sein wichtigstes Projekt, die Redstone, war die erste Rakete der USA, die einen Nuklearsprengkopf tragen konnte. Die anfängliche Kritik an der Beschäftigung eines Ex-Nazis durch die US-Regierung flaute mit der Verschärfung des Kalten Krieges schnell ab. Von Braun lebte den amerikanischen Traum: Zusammen mit seiner Frau – er hatte 1947 seine Cousine Maria Luise von Quistorp geheiratet – hatte er ein Haus im Grünen, im nachkriegstypischen Suburbia, fuhr ein schönes Auto und entdeckte die Religion. Die US-Staatsbürgerschaft erhielt er 1955.

Angesichts seiner Karriere in einem zutiefst rassistischen Regime mag es überraschen, dass er ein Kritiker der in Alabama herrschenden Rassentrennung war und sich sowohl in Huntsville wie später bei der NASA für die Einstellung afroamerikanischer Mitarbeiter einsetzte. Er stellte sich dem rassistischen Gouverneur von Alabama und späterem Präsidentschaftskandidaten George Wallace entgegen, was die *New York Times* zu der Schlagzeile motivierte: »*Von Braun Fights Alabama Racism*«.[17] Zwei amerikanische Historiker schreiben: »Von Braun sprach vor Handelskammern in ganz Alabama und hielt Vorträge über ›faire Beschäftigung und die Verbesserung der Rassenbeziehungen‹. Und in einem eher symbolischen Akt besuchte er das Miles College in Fairfield, Alabama, anlässlich der Eröffnung eines neuen

Physikgebäudes. Das historische schwarze College war während der Rassenunruhen in Birmingham das intellektuelle Nervenzentrum der schwarzen Gemeinde.«[18]

Es waren indes vor allem Wernher von Brauns mediale Wirksamkeit und seine Fähigkeit, einem Publikum seinen Traum vom Weltraumflug nicht nur verständlich zu machen, sondern die Amerikanerinnen und Amerikaner dafür zu begeistern, die den Deutschen zu einem höchst effektiven PR-Manager für die Weltraumpläne der US-Regierung machten. Die Zeitungen berichteten immer öfter über seine Arbeit und seine Visionen, im Jahr 1952 legte er in seinem Buch *The Mars Project* seinen Plan einer Expedition (mit zehn Raumschiffen gleichzeitig) zum Nachbarplaneten vor. Einen wirklichen Durchbruch erlebte er indes mit der von Walt Disney produzierten Sendung *Man in Space*, die bei der Erstausstrahlung am 9. März 1955 von rund 40 Millionen Zuschauern verfolgt wurde (und in der neben von Braun unter anderem auch der später aus zahlreichen populärwissenschaftlichen Sendungen der ARD dem deutschen Publikum bekannte Heinz Haber auftrat). Von Braun war nun ein *household name* in den USA und die Verkörperung der zweifellos bald anbrechenden Epoche der amerikanischen Dominanz im Weltraum.

Der Nation stand indes eine unangenehme Überraschung bevor. Am 4. Oktober 1957 (15 Jahre und einen Tag nach dem historischen Start der A 4 in Peenemünde) bekam die Erde ihren ersten künstlichen Satelliten. Er hieß »Sputnik« und wurde vom weltpolitischen Rivalen, der Sowjetunion, gestartet. Der für diesen Erfolg Verantwortliche war im Westen und auch in seinem Heimatland, wo Geheimhaltung allgegenwärtig war, praktisch unbekannt. Es war der 1907 in der Ukraine geborene Sergei Pawlowitsch Koroljow (oder, im Englischen, Korolev). Der Konstrukteur hatte ein für die

Stalinzeit fast typisches Schicksal: Nachdem ihm 1933 der erste Start einer von Flüssigbrennstoff angetriebenen Rakete in der Sowjetunion gelungen war, wurde er 1938 auf dem Höhepunkt des Stalin'schen Terrors verhaftet. Im Gefängnis schlug ihm ein Scherge auf Koroljows Bitte nach Wasser mit einem Krug den Kiefer ein und zertrümmerte die meisten seiner Zähne. Nach mehreren Monaten im Gulag wurde er – wie die Verhaftung geschah auch die Freilassung ohne Angabe von Gründen – entlassen und arbeitete von nun an für die Rote Armee. Nach dem Sieg über Nazi-Deutschland sammelte er dort ein, was die Amerikaner nicht hatten mitnehmen können. Koroljow erkannte, dass die Turbinen und die Navigationssysteme der vorgefundenen A 4 alles übertrafen, was sich die Sowjetingenieure bislang vorstellen konnten. Koroljow, ein Workaholic, der mit wenigen Stunden Schlaf auskam, trieb über die nächsten Jahre das sowjetische Raketenprogramm, auch unter Mitwirkung einiger »Peenemünder«, voran. Der Erfolg war die Interkontinentalrakete R 7, die beim Testflug im August 1957 eine Strecke von mehr als 4.000 Kilometern zurücklegte.

Der wenige Wochen später erfolgte Satellitenstart löste in den USA und im Westen einen »Sputnik-Schock« aus. Die Entwicklung der Raketentechnologie wurde vorrangig betrieben, und auch von Braun bekam Mittel, auf die er bislang vergebens gewartet hatte. Unter dem Blitzlichtgewitter der Medien wurden die ersten nach zahlreichen harten Tests ausgewählten sieben Astronauten, die *Mercury Seven*, der Öffentlichkeit vorgestellt: smarte und athletische junge Männer mit ihren militärischen Hintergrund aufzeigenden Kurzhaarfrisuren, die in den USA schnell zu Superstars wurden. Doch zu einem amerikanischen Triumph kam es nicht. Wieder hatte die Sowjetunion die Nase vorn und schickte mit Juri Gagarin den ersten Menschen ins All.

Wenige Wochen später verpflichtete Präsident John F. Kennedy in einer nachmals berühmten Rede die Nation darauf, noch in dieser Dekade – den 1960er Jahren – einen Menschen zum Mond zu bringen. Und gesund wieder zurück zur Erde. Im Jahr darauf wurde die Menschheit auf drastische Weise daran erinnert, dass Raketen nicht nur gebaut wurden, um den Traum vom Weltraumflug Wirklichkeit werden zu lassen. In den 1950er Jahren hatten die beiden Supermächte Interkontinentalraketen erbaut, welche die immer kleiner werdenden Nuklearsprengköpfe – ein weiterer trauriger Triumph der Technik – binnen einer halben Stunde ins Land des ideologischen Gegners tragen konnten. Im Oktober 1962 wurden daraus wenige Minuten.

Amerikanische Aufklärungsflugzeuge entdeckten, dass die Sowjets Mittelstreckenraketen und auch Nuklearsprengköpfe auf Kuba stationiert hatten. Und auch reichlich sowjetisches Personal (wenngleich kaum in Uniform, sondern zur Tarnung meist in quasi-ziviler Kleidung) entdeckten die amerikanischen Analysten – auf Kuba waren rund 42 000 Sowjets stationiert. Ein Angriff auf die Raketen und die anderen Militäranlagen der neuen Schutzmacht Kubas hätte unweigerlich Verluste unter den Sowjets verursacht und damit zweifellos einen Weltkrieg ausgelöst. Sowjetische Mittelstreckenraketen mit einer Reichweite von 1.600 Kilometer (einige Tage darauf entdeckte man einen anderen Typ mit noch größerem Aktionsradius), nur gut 100 Kilometer von der Küste Floridas entfernt, bedeuteten andererseits eine neue Qualität der Bedrohung. Bevölkerungszentren wie New Orleans, Houston, Atlanta und auch die Hauptstadt Washington lagen im Fadenkreuz des weltpolitischen Rivalen. Mit einer Vorwarnzeit von nur fünf Minuten hätten die Sowjets einen massiven Erstschlag gegen die USA führen können – wenn sie dies gewollt hätten. Nach der Logik des Kalten

Krieges war die Stationierung der Raketen für die Sowjetführung um Parteichef Nikita Chruschtschow indes eher ein Schachzug, um sich geopolitische Vorteile zu verschaffen und in den Ländern der Dritten Welt Eindruck zu machen.

Für die USA waren die Raketen inakzeptabel. Der Schwerpunkt der Vorschläge von Präsident Kennedys militärischen Beratern lag auf der militärischen Option, von Luftschlägen bis hin zur Invasion Kubas mit mehr als einhunderttausend Mann. Doch Kennedy war nicht nur ein geschickter Kommunikator, er wusste auch Risiken rational abzuwägen. Einer weniger gefährlichen Lösung als dem Angriff auf Castros Insel zum Durchbruch – und letztlich zum Erfolg – verholfen zu haben, ist das bleibende historische Verdienst Kennedys, der in der Kubakrise 1962 wohl seine sprichwörtlich größte Stunde hatte. Kennedy wandte sich in einer Fernsehansprache an die amerikanische Bevölkerung, schilderte die von dem *imprisoned island*, dieser zu einem Gefängnis verkommenen Insel ausgehende Gefahr und erklärte, man stelle Kuba unter Quarantäne und würde keine erkennbar mit Kriegsgerät beladenen Schiffe mehr durchlassen.

Dies lies Zeit für Verhandlungen. Die Sowjets erklärten sich schließlich bereit, ihre Raketen abzuziehen, die Amerikaner würden binnen Jahresfrist ihre Raketen in der Türkei abbauen. Überall auf der Welt atmete man auf. Kennedy suchte einen Ausweg aus Konfrontation und Wettrüsten und hielt am 10. Juni 1963 seine vielleicht wichtigste außenpolitische Rede an der American University in Washington. Er streckte den Sowjets die Hand aus und unterstrich, dass Probleme künftig ausschließlich friedlich gelöst werden müssten. Ziel sei »*not peace for our time but peace for all time*«.

Bei John F. Kennedy im Weißen Haus waren Wernher von Braun – zwischen ihm und dem Präsidenten hatte sich eine Art Männerfreundschaft entwickelt – und seine Frau für Montag, den 25. November 1963 eingeladen. Es kam nicht dazu, Staatstrauer lag über dem Land. Drei Tage zuvor war der Präsident bei einem Besuch der texanischen Metropole Dallas ermordet worden. Kennedys Vision, einen Menschen zum Mond zu bringen *before the decade is out*, wurde nun zur nationalen Verpflichtung und von Braun zu einer der entscheidenden Persönlichkeiten auf dem Weg zu diesem Erfolg. Das Raumfahrtprogramm setzte Innovationskraft und *brainpower* frei wie wahrscheinlich kein anderes Projekt in Friedenszeiten; mit den bereitgestellten Mitteln erblühten ganze Industriezweige und Zehntausenden wurden Jobs verschafft, die ganz oder teilweise dem Apollo-Programm dienten. Für von Braun wurde es das sprichwörtliche Rendezvous mit der Geschichte, sein Einsatz war unermüdlich und seine Konzepte wegweisend. Die Idee des *Lunar orbit rendezvous* (LOR), der Trennung eines kleineren Fahrzeuges, der Mondlandefähre, vom Mutterschiff während der Mondumkreisung und die Rückkehr der Astronauten vom Mond mit der Aufstiegsstufe der Mondlandefähre, geht im Wesentlichen auf ihn zurück.

Sein wichtigstes geistiges Kind indes waren die Saturn-Raketen, vor allem die Saturn I-B und die gigantische Saturn V. Auch die Tragödie von Apollo 1, als im Januar 1967 drei Astronauten bei einem Brand in ihrer Apollo-Kapsel während eines Trainings auf Cape Canaveral umkamen, konnte die Entschlossenheit der NASA, das von Kennedy vorgegebene Ziel zu erreichen, nicht brechen. Mit einiger Verzögerung brachte im Oktober 1968 eine Saturn I-B drei Astronauten mit Apollo 7 in eine Erdumlaufbahn. Noch gegen Ende desselben Jahres wurde die Vision Jules Vernes, der Flug zum Mond, Realität. Erstmals brachte die sich als außerordentlich zuverlässig erweisende, 111 Meter hohe Saturn V Menschen ins All und zu einem fremden Himmelskörper. Die Astronauten Frank Borman, James Lovell und Bill Anders flogen zum Mond und nahmen aus der Mondumlaufbahn Live-Übertragungen für das amerikanische Fernsehen vor, stimmungsvoll zur Weihnachtszeit. Eine Ikone der Moderne wurde bei und nach diesem Raumflug das von dem 2024 verstorbenen Bill Anders aufgenommene Foto des *earthrise* – ein verletzlicher blauer Planet über der desolaten, lebensfeindlichen Mondoberfläche.

Nach drei weiteren Apolloflügen kam im Juli 1969 die große Stunde. Bei einer Pressekonferenz vor dem Start von Apollo 11 erklärte von Braun unter *standing ovations*, er halte »dieses Ereignis für ebenso wichtig wie jenen Augenblick im Ablauf der Menschheitsentwicklung in dem das Leben aus den Meeren auf das feste Land kroch.«[19] In den frühen Morgenstunden des 16. Juli saß er in der Reihe der *mission manager* im Kontrollzentrum. Um 9.32 Uhr hoben Neil Armstrong, »Buzz« Aldrin und Michael Collins ab. Vier Tage später sprach Neil Armstrong von einem »*giant leap for mankind*« und pflanzte das Sternenbanner in den Mondboden.

Sechs weitere Apollo-Missionen begannen mit dem Donnergrollen der von Braun'schen Saturn V über den Sümpfen der Atlantikküste Floridas. Vielleicht war es die größte Leistung der Kreativität und der schöpferischen Intelligenz der Verantwortlichen, dass sie in scheinbar aussichtsloser Lage für die Astronauten von Apollo 13 nach der Explosion eines Sauerstofftanks auf dem Weg zum Mond unter immensem Druck ein Rettungsprogramm erstellten, an dessen Ende die drei Astronauten wie ihre Vorgänger und Nachfolger im Apollo-Programm sich gesund, wenn auch erschöpft auf dem sie erwartenden Flugzeugträger wiederfanden.

Im Dezember 1972 flogen mit Apollo 17 zum letzten Mal

drei Astronauten zum Mond. Am späten Nachmittag amerikanischer Ostküstenzeit des 14. Dezember sprach der Kommandant der Mission, Eugene Cernan, die nachdenklichen Worte: »Ich befinde mich auf der Oberfläche; und während ich den letzten Schritt des Menschen auf dieser Oberfläche mache, bevor es für einige Zeit zurück nach Hause geht, möchte ich einfach [sagen], was ich glaube, das die Geschichte dokumentieren wird. Dass Amerikas Herausforderung von heute das Schicksal der Menschheit von morgen prägt. Und wenn wir den Mond hier in Taurus-Littrow verlassen, verlassen wir ihn so, wie wir gekommen sind und, so Gott will, so, wie wir zurückkehren werden, mit Frieden und Hoffnung für die gesamte Menschheit.«[20] Dann schloss Cernan die Luke der auf den Namen »*Challenger*« getauften Mondlandefähre. Bis heute blieb er der letzte Mensch auf dem Mond.

Zu diesem Zeitpunkt hatte Wernher von Braun die NASA bereits verlassen und arbeitete bei einem Industrieunternehmen in Germantown – ein passender Name angesichts seiner Biografie – im Bundesstaat Maryland. Ihm blieb nicht mehr viel Zeit. 1973 wurde bei ihm Nierenkrebs festgestellt. Die nächsten Jahre verbrachte er in immer schlechter werdendem Gesundheitszustand, war am Ende erschreckend abgemagert und auf starke Schmerzmittel angewiesen. Am 16. Juni 1977 kam das Ende im Alter von 65 Jahren.

Ein abschließendes Urteil über den *Rocket Man* sei Michael J. Neufeld überlassen, der es gegenüber der amerikanischen Fernsehstation PBS (die unter den vielen TV-Stationen in den USA am ehesten den deutschen öffentlich-rechtlichen Sendern entspricht) formulierte: »Von Braun war zwar vom Traum der Raumfahrt getrieben, aber er war auch ein deutscher Nationalist, der fast mühelos zum amerikanischen Patrioten wurde. In beiden Fällen hatte er kein Problem damit, Raketen für sein Land zu bauen. Er war zweifellos ein Opportunist, wenn auch kein völlig prinzipienloser. Meiner Meinung nach war er der bedeutendste Raketeningenieur und Raumfahrtpromotor des zwanzigsten Jahrhunderts, aber sein Vermächtnis wird für immer durch seinen Dienst für ein mörderisches Regime getrübt werden.«[21]

Nachdem das erste Viertel des 21. Jahrhunderts vorüber ist, muss konstatiert werden, dass Raketentechnik ein fester Bestandteil der menschlichen Existenz ist. Sie weist in ferne Welten ebenso wie auf den möglichen Untergang der eigenen. Auch wenn bislang keine weiteren Menschen den Mond betreten haben, so ist der Drang der Menschen ins All ungebrochen und hat sogar zu einem Weltalltourismus für Superreiche geführt. Die von Raketen ins All geschossenen Sonden zu den Planeten unseres Sonnensystems haben faszinierende Bilder (und Erkenntnisse) über Mars und Jupiter, über den Saturn und seine zahllosen Monde und sogar den seines Planetenstatus beraubten Pluto geliefert. Doch ebenso gibt es den anderen Typus, Raketen nicht für Wissenschaft und Zukunftsvision, sondern für den Weltuntergang. Sie warten in den Silos und den U-Booten einer wahrscheinlich in der Zukunft noch wachsenden Zahl von Staaten, bestückt mit genügend Nuklearsprengköpfen, um das Leben auf dem von Bill Anders so unvergesslich fragil porträtierten Planeten ein für allemal zu vernichten.

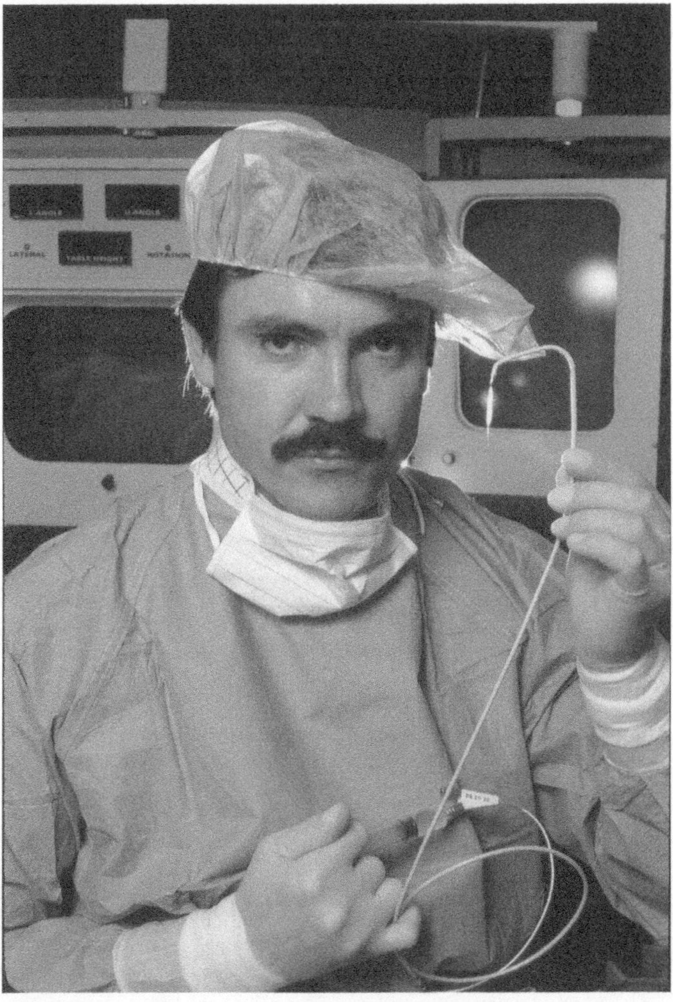
LATERAL

11 Ein Pionier der modernen Medizin und ihrer Technik: Andreas Grüntzig. Sein zu kurzer Lebensweg führte ihn von Dresden über Zürich nach Atlanta.

Andreas Grüntzig, Christiaan Barnard, Åke Senning

Der Versicherungsangestellte Adolf Bachmann war erst 38 Jahre alt, aber seine Angina pectoris war weit fortgeschritten und löste immer wieder starke Herzschmerzen aus. Auf dem Röntgenbild seines Herzens, das nach Einspritzung eines Kontrastmittels zur Darstellung der Blutgefäße aufgenommen worden war, zeigte eines der wichtigsten Herzkranzgefäße eine Einengung, fast der Gestalt einer Sanduhr ähnelnd. Für das den Patienten behandelnde Ärzteteam am Universitätsspital Zürich gab es keine Zweifel: Man würde eine Bypass-Operation vornehmen müssen. Anderenfalls würde dem noch jungen Mann ein Herzinfarkt drohen, möglicherweise ein tödlicher.

Bachmann war wie wahrscheinlich jedem vor einer größeren Operation stehenden Patienten äußerst beklommen. Bei einer Bypass-Operation würde das Herz stillgelegt und der Kreislauf des Patienten an eine Herzlungenmaschine angeschlossen werden. Aus den Waden entnimmt der Chirurg Venen, mit denen am Herzen eine neue Verbindung, eben ein Bypass, um die verengte Stelle – die Stenose – des

Herzkranzgefäßes gelegt wird. Der normalerweise von dem kranken Gefäß versorgte Herzmuskel würde danach von dem Bypass versorgt werden. Doch Bachmann blieb keine Wahl: In den letzten Wochen hatten die Angina-pectoris-Attacken lebensbedrohlich zugenommen.

Dann trat etwas Unvorhergesehenes ein. Ein junger Arzt ging auf ihn zu; er war eine blendende Erscheinung in seinem gestärkten weißen Kittel, gutaussehend mit einem dunklen Oberlippenbart und von beträchtlichem Charme. Seine Augen schienen dem Patienten zuzuzwinkern, als er neben Bachmanns Bett im Krankenzimmer des Spitals auf einem Stuhl Platz nahm. Der Arzt stellte sich vor: Andreas Grüntzig. Bachmann hörte keinen Schweizer Akzent und erfuhr auch bald im Gespräch, dass der Mediziner aus Deutschland kam. Und Grüntzig kam schnell zum Thema. Man könne, so erzählte er dem Patienten, den großen Eingriff vielleicht vermeiden. Der Arzt erzählte dem immer gespannter zuhörenden Bachmann von einer Methode, die er konzipiert hatte. Er würde einen Katheter in eine Arterie des Patienten einführen und unter Röntgenkontrolle bis in das kranke Herzkranzgefäß vorschieben. Dann würde exakt an der Stelle der Verengung ein in den Katheter integrierter Ballon vorsichtig aufgebläht werden. Die Maßnahme würde die enge Stelle wieder eröffnen – »dilatieren«, wie es in der Sprache der Mediziner heißt. Er habe diese Intervention, so berichtete Grüntzig, bereits mit Erfolg bei zahlreichen Patienten eingesetzt, die an einer schmerzhaften Verengung eines Blutgefäßes in einem Bein litten. Am Herzen jedoch? Einmal würde das erste Mal sein, und Adolf Bachmann hatte eine Wahl. Er nahm sie an und stimmte zu. Am nächsten Tag würde es so weit sein. Am 16. September 1977.

Vielleicht keine andere Technik betrifft den einzelnen Menschen so unmittelbar wie die Medizintechnik. Sie ist

Teil unseres Daseins geworden und wird als etwas fast Selbstverständliches angesehen; als eine Option, die bereitsteht, wenn die natürliche Funktion des Körpers oder eines Organs nachlässt. In der Gegenwart liegt die durchschnittliche Lebenserwartung eines neugeborenen Mädchens in den Industrienationen zwischen 83 und 88 Jahren, bei männlichen Neugeborenen ist sie etwas geringer. Das ist weit mehr als das Doppelte an Lebenserwartung gegen Ende des 19. Jahrhunderts. Zahlreiche Faktoren haben zu dieser Entwicklung beigetragen: Viele große Seuchen sind durch Impfstoffe und Medikamente zur – abermals: in unseren Regionen – Seltenheit geworden wie die Diphtherie und die Kinderlähmung. Antibiotika lassen Infektionen beherrschbar werden, pharmazeutische Wirkstoffe können chronische Erkrankungen beherrschen. Die Versorgung mit Lebensmitteln – und die Lebensmittelhygiene – hat einen Stand erreicht, der früheren Generation unvorstellbar war – es ist eher der Überfluss an Nahrungsmitteln, der heute auf der Nordhalbkugel bedrohlich erscheint. Und es ist Technik, die unser Leben erhält, wie die Technik im Operationssaal oder die Technik der Dialyse. Es ist auch Technik, die unsere Lebensqualität erhält oder gar verbessert, wenn Krankheiten oder auch nur das Alter sich bemerkbar machen. Fast jeder von uns erreicht heute ein Alter, in dem sich die Linse im Auge eintrüben wird: ein Grauer Star, eine Katarakt. Ein zartes Produkt der Medizintechnik, eine Intraokularlinse (IOL), wird unser Sehvermögen wieder zurückbringen – oft sogar ohne dass eine Brille getragen werden muss. Implantate der Zahnwurzel aus Titan, denen eine »Krone« aufgesetzt wird, sind ein hervorragender Ersatz für verloren gegangene Zähne, Hüft- und Kniegelenke aus dem gleichen Metall oder anderen biokompatiblen Materialien verschaffen körperliche Mobilität auch in hohem Alter. Kein Organ indes ist in der Vorstellungswelt der meisten Menschen ein so kraftvolles Symbol für das Leben schlechthin – oder bei seinem Versagen, seinem Schwächerwerden, seinem Stillstand für das Sterben – wie das Herz.

Die Biografie des Andreas Grüntzig spiegelt vor allem in ihren ersten Dekaden die deutsche Geschichte des 20. Jahrhunderts wider. Der künftige Pionier der interventionellen Kardiologie wurde am 25. Juni 1939 in Dresden geboren – wenige Wochen vor dem deutschen Überfall auf das benachbarte Polen und dem Beginn des Zweiten Weltkrieges. Sein Vater Willmar Grüntzig war ein promovierter Chemiker, der auch Medizin studiert hatte; seine Mutter Charlotte war Lehrerin. Ein älterer Bruder, Johannes, war im Dezember 1937 geboren worden. Es war eine Familie, in der Bildung ein hohes Gut war. Vielleicht in Vorahnung des Schicksals, das einer Stadt wie Dresden in einem Krieg bevorstehen mochte, zog die Familie bald nach Rochlitz, einer kleinen sächsischen Stadt. Die heranwachsenden Jungen sahen mehrfach in den kommenden Jahren den nächtlichen Horizont rötlich erleuchtet – während wiederholter Luftangriffe auf Leipzig und bei der Zerstörung Dresdens im Februar 1945. Der Krieg traf die Familie hart: Vater Willmar, der als Meteorologe zur Wehrmacht eingezogen worden war, blieb verschollen. Da sie Verwandte in Argentinien hatten, bestieg Charlotte Grüntzig 1950 mit den beiden Jungen ein Schiff, um auszuwandern. Sie blieben nur ein Jahr in dem südamerikanischen Land. Denn der engagierten Lehrerin missfiel, wie sporadisch in ihrer vorübergehenden Wahlheimat der Schulunterricht abgehalten wurde. Beide Söhne mussten mit ihren noch kindlichen Handschriften »Wir wollen nach Deutschland« in ein Heft schreiben und namentlich signieren. Möglicherweise wollte sich Charlotte damit gegen etwaige spätere Vorwürfe der beiden absichern. Denn als die drei

Grüntzigs 1951 den Atlantik erneut, diesmal aber in entgegengesetzter Richtung überquerten, tauschten sie das bunte Argentinien gegen das trübselige Grau der noch jungen DDR ein. Andreas und Johannes besuchten in Leipzig die Thomasschule, wo beide das Abitur ablegten.

An ein Medizinstudium, wie es beiden vorschwebte, war für junge Menschen mit erkennbar bürgerlichem Hintergrund in einer durchideologisierten Gesellschaft wie dem sogenannten ersten sozialistischen Arbeiter- und Bauernstaat auf deutschem Boden nicht zu denken; die Studienplätze in der begehrten Wissenschaft waren vor allem den Nachkommen von Parteikadern vorbehalten. Als erster verließ Johannes Grüntzig Leipzig in Richtung Westen. Er begann ein Medizinstudium in Heidelberg und wurde ein bekannter Professor der Augenheilkunde, der auch heute noch – hoch im neunten Lebensjahrzehnt stehend – Vorträge hält und wissenschaftlich publiziert.[1] Andreas folgte seinem älteren Bruder 1957 und nahm ebenfalls in Heidelberg ein Medizinstudium auf.

Nach seiner Approbation 1964 durchlief Andreas Grüntzig verschiedene Stationen und arbeitete unter anderem in Krankenhäusern in Hannover, Mannheim, Bad Harzburg und Ludwigshafen; in London verbrachte er ein halbes Jahr an der dortigen hochrenommierten School of Hygiene. Danach ging er wieder nach Heidelberg, inzwischen primär an Gefäßkrankheiten interessiert, also an der »Angiologie« genannten medizinischen Spezialität. Dann erlebte er, wie das zentrale Organ des menschlichen Gefäßsystems Schlagzeilen machte und Sondersendungen auslöste, wie es medizinischen Themen bislang in diesem Ausmaß nie gelungen war. Aus Südafrika kamen Ende 1967 sensationelle Nachrichten. Zum ersten Mal war das Herz eines Menschen auf einen anderen Menschen übertragen – transplantiert – worden.

Mit den schnell verbreiteten Bildern des höchst fotogenen Chirurgen bekam die Medizin einen Superstar. Sein Name war Christiaan Barnard.

Nachdem verschiedene andere Organe, vor allem Nieren, von einem gerade verstorbenen Menschen auf einen Patienten, dessen eigenes Organ nicht mehr funktionierte, mehr oder weniger erfolgreich übertragen worden waren – Abstoßungsreaktionen bildeten das größte Komplikationsrisiko – schien es nur eine Frage der Zeit zu sein, bis eine Herztransplantation erfolgen würde. Die Aufmerksamkeit der Medien war groß, das Interesse der Öffentlichkeit war geweckt. Mehrere amerikanische Starchirurgen hatten durchblicken lassen, dass sie für diesen zweifellos bald kommenden Tag bereitstünden. Zum Beispiel Norman Shumway. Am Stanford University Medical Center arbeitete er mit seinen Mitarbeitern seit Jahren am Konzept der Transplantation eines gesunden Herzens in die Brust eines schwer herzkranken Patienten. Shumway hatten mit Herz-Lungen-Maschinen experimentiert und sie verbessert, er hatte das Konzept der künstlichen Hypothermie – der Abkühlung des Körpers – mit entwickelt, welche dem Chirurgenteam wertvolle Zeit bei einem komplizierten Eingriff verschafft. Von US-Kollegen bereits als ein Pionier der noch eine Vision darstellenden Transplantation eines Herzens von Mensch zu Mensch gefeiert, hatte Shumway wie auch andere Teams in den USA bereits Hunde- und Schimpansenherzen transplantiert – jetzt stand er vor dem großen Schritt, wartete auf ein geeignetes Spenderherz.

Im Wartestand befand sich auch Adrian Kantrowitz am Maimonides Medical Center im New Yorker Stadtteil Brooklyn. Kantrowitz, mit seinen mehr als 200 Pfund ein denkbarer Kontrast zu den zarten Kindern mit angeborenen Herzfehlern, die ihm anvertraut waren, hatte mehr als

400 Herzen transplantiert – an Hunden. Wie für seinen Kollegen an der fernen Pazifikküste stand auch für Kantrowitz nur noch die Suche nach einem geeigneten Spender der persönlichen Sternstunde im Wege. An einem Sonntagmorgen indes zerschlugen sich Kantrowitz' und anderer Herzchirurgen Hoffnungen, die erste Transplantation von Mensch zu Mensch durchzuführen. Die Pioniertat geschah in einem anderen Teil der Welt. Die 16jährige Tochter des Ehepaars Kantrowitz, die den Tag mit Einschalten ihres Transistorradios begonnen hatte – damals ein unverzichtbarer Teil der Freizeitgestaltung eines jeden Teenagers, fast wie das Smartphone ein halbes Jahrhundert später –, stürmte in das Schlafzimmer ihrer Eltern und rief: »Dad! Dad! Irgendein Witzbold in Afrika hat eine Herztransplantation vorgenommen!« Für Kantrowitz und nach Sonnenaufgang über Kalifornien drei Stunden später auch für Shumway war der Sonntag verdorben. Beiden kam bei Nennung des Namens »Barnard« in den Nachrichten die Erinnerung an einen Kollegen aus Kapstadt, den man bei Kongressen getroffen hatte, mit dem Smalltalk gemacht wurde und der ein lebhaftes Interesse an Organtransplantationen hatte.[2]

In der Tat hatte die Fachwelt einem Chirurgen im wissenschaftlich etwas abgelegenen Südafrika eine solche Pioniertat nicht zugetraut. Der im November 1922 in West Beaufort als eines von vier Kindern einer burischen Predigerfamilie geborene Christiaan Neethling Barnard hatte an der Universität Kapstadt und an der University of Minnesota Medizin studiert und hatte dort, in Minneapolis, bei dem berühmten Herzchirurgen Clarence Lillehei gearbeitet, der theoretische Grundlagen der Herztransplantation entwickelte. Nach seiner Rückkehr wurde er Herzchirurg am Groote Schuur Hospital in Kapstadt. Gegen Ende des Jahres 1967 stand auch Barnard mit seinem Team bereit. Worauf es wie bei den amerikanischen Kollegen ankam, war, ein geeignetes Spenderherz zu bekommen: ein Herz, das noch in der Brust eines Menschen schlug, der keine Überlebenschance hatte – der »hirntot« war. Barnards große Stunde kam mit der Tragödie der Familie Darvall. Die 25jährige Denise Darvall unternahm mit ihrer Mutter Myrtle Ann am Nachmittag des 2. Dezember in Kapstadt Weihnachtseinkäufe. Die beiden Frauen standen gerade im Begriff, eine Torte für den geplanten Besuch bei Freunden zu kaufen, als sie an einem Straßenübergang von einem angetrunkenen Fahrer überfahren wurden. Myrtle Ann war sofort tot, Denise wurde mit schweren Kopfverletzungen ins Groote Schuur Hospital gebracht. Die Ärzte erklärten sie für hirntot und erzählten ihrem verzweifelten Vater, Edward Darvall, dass Denise einem schwer herzkranken Patienten der Klinik, Louis Washkansky, über ihren tragischen Tod hinaus würde helfen können. Edward Darvall dachte, wie er später berichtete, vier Minuten über seine Tochter, seine Erlebnisse mit ihr nach und gab dann seine Zustimmung. Noch in der folgenden Nacht unternahm Christiaan Barnard mit einem 30köpfigen OP-Team die Transplantation von Denises Herz in die Brust des 55jährigen Washkansky, der nach Einschätzung der Mediziner aufgrund einer schweren Herzinsuffizienz und eines ausgeprägten Diabetes mellitus im Sterben lag. Die Nachricht von der fünfstündigen Operation breitete sich über die Welt aus, das Porträt Barnards schmückte unzählige Titelseiten. Das Groote Schuur Hospital wurde in den nächsten Tagen von Reportern umlagert, die über Washkanskys Zustand berichteten und Interviews mit dem äußerst telegenen Chirurgen sendeten. Der Eingriff galt schon deswegen als Erfolg, weil Washkansky die schwere Operation überlebte. Sein Zustand besserte sich in den nächsten Tagen. Um eine Abstoßung des körperfremden Organs zu verhindern, wurden ihm starke, seine eigene Körperabwehr unterdrückenden Medikamente, Immunsuppressiva, gegeben. Dies freilich macht den Organismus anfällig für Infektionen. Louis Washkansky bekam eine Pneumonie, eine Lungenentzündung. Achtzehn Tage nach der Transplantation hörte das Herz der Denise Darvall auf, in seiner Brust zu schlagen.

Die Augen der Weltöffentlichkeit blieben auf Barnard und Kapstadt gerichtet, Herzmedizin – Kardiologie und Kardiochirurgie – war weiterhin en vogue. Am 2. Januar 1968 nahm Barnard seine zweite und weltweit die dritte Herztransplantation vor (Adrian Kantrowitz hatte drei Tage nach Barnards erster Operation einem 19 Tage alten Baby mit schwerem angeborenem Herzfehler ein Spenderherz übertragen, das Kind überlebte den Eingriff nur um sechs Stunden). Der Patient war der Zahnarzt Philip Blaiberg. Die Tatsache, dass dem 58jährigen weißen Mann das Herz eines jungen schwarzen Südafrikaners implantiert wurde, löste im zutiefst rassistischen Apartheitsstaat heftige Diskussionen aus. Blaiberg erholte sich, wurde aktiver, als er es aufgrund seiner Herzkrankheit vorher gewesen war. Er überlebte um 18 Monate und starb am 17. August 1969 an chronischer Organabstoßung.

Während weitere Herztransplantationen die Medien und mit diesen die Öffentlichkeit fast ebenso fesselten wie die annähernd zur gleichen Zeit stattfindenden Mondlandungen der Amerikaner, arbeitete Andreas Grüntzig als Assistenzarzt in Darmstadt. Hier hörte er erstmals von der Dotter-Methode, dem Erlebnis des amerikanischen Radiologen Charles Dotter, der bei der Einführung eines Katheters in eine durch Arteriosklerose weitgehend verschlossene Arterie diese versehentlich mit seinem Instrument wieder durchgängig machte. Diese Grundidee beschäftigte Grüntzig nach seinem Wechsel ins Kantonsspital Zürich. Am 15. September

1971 führte er die erste eigene Rekanalisation eines 2 cm langen Verschlusses in einer großen Beinarterie bei einem Patienten in der Methode nach Dotter durch. Es lief nicht glatt, er embolisierte ein kleines Stückchen Plaque, setzte also eine bei Arteriosklerose der Wand eines Gefäßes aufliegende Ablagerung, im Volksmund »Verkalkung« genannt, frei. Eine Ablehnungsfront unter der Zürcher Kollegenschaft entstand, die ihm die nächsten Jahre das Leben dort schwer machte, ihn aber nicht von seinen Forschungen abzubringen vermochte.

Die Idee, Blutgefäße wieder durchgängig zu machen, ließ ihn nicht mehr los – umso weniger, nachdem er 1973 in die kardiologische Klinik am Universitätsspital Zürich gewechselt war. »Er hatte,« so beschrieb ihn der in Kroatien geborene Chirurg Marco Turina, »das Heilige Feuer, wie es die Franzosen nennen. Er dachte ununterbrochen über diese eine Sache nach. Ich habe nie jemanden getroffen, der so auf eine Idee fokussiert war wie Andreas. In meinem ganzen Leben nicht. Jeder sagte ihm, dass diese Idee nicht funktionieren würde, dass es noch nie versucht worden ist, dass er scheitern werde und dass hinter jeder Kurve neue Schlaglöcher liegen würden. Aber die Idee hat ihn die ganze Zeit verzehrt.«[3] Seine langjährige Assistentin Maria Schlumpf beschreibt, wie Grüntzig von der Katheterisierung nach Dotter ausgehend etwas Neues, etwas Besseres suchte: »Grüntzig wollte diese Methode verbessern. Der Katheter sollte kleiner sein und den neuen Gefäßkanal durch zentrifugale Kräfte (ohne längsgerichtete Bewegungen) formen, und das dehnbare Segment des Katheters sollte sich der Anatomie des befallenen Gefäßes anpassen können. Ein Ballon – das war die Idee!«[4] An den folgenden Abenden bastelten sie mit verschiedenen schon vorhandenen Kathetern und Gummimaterialien.

Es war eine mühevolle, immer wieder von Rückschlägen

begleitete Suche nach dem richtigen Material, der Größenordnung, in der sich der Schlauch, wenn er an der richtigen Stelle in einem Blutgefäß zu liegen gekommen war, zu erweitern hatte – der »Ballon« hatte eine Weite von wenigen Millimetern und wurde zunächst für jeden Patienten individuell angepasst. Freilich war zu diesem Zeitpunkt noch nicht an die zarten Gefäße des Herzens, die Koronararterien, zu denken. Die Methode sollte zunächst Menschen mit Verschlusskrankheiten der großen Gefäße in den Beinen zugutekommen – einem Leiden, das von Medizinern nur halb scherzhaft »Schaufensterkrankheit« genannt wird, weil die Betroffenen beim Gehen starke Schmerzen haben und immer wieder zur Erholung stehen bleiben müssen. Zum Beispiel, und um nicht aufzufallen, vor Schaufenstern. »Am 12. Februar 1974 war es so weit. Andreas Grüntzig dilatierte erstmals mit dem Ballonkatheter die Beinarterie eines Patienten«, berichtet seine engste Mitarbeiterin. »Der Eingriff war ein großer Erfolg, und wir setzten den Ballonkatheter an weiteren Patienten ein. Grüntzig maß anhand des Röntgenbildes die Verengung bei jedem einzelnen Patienten aus.«[5] Nach diesen Maßen stellten sie die Ballonkatheter einzeln und individuell her. Da ihnen kein Labor zur Verfügung stand, bastelten sie in ungenutzten OP-Nebenräumen oder am eigenen Küchentisch.

Es konnte nicht bei Konzepten vom Küchentisch bleiben. Grüntzig suchte Firmen, die ihm geeignete Katheter herstellen konnten, er konferierte auf Kongressen mit Koryphäen aus aller Welt und verbrachte unzählige Abende und Wochenenden im Labor. Er tastete sich an den entscheidenden Schritt heran: ein Herzkranzgefäß mit seinem Ballon wieder durchgängig zu machen. Die Bezeichnung der Methode war generell »PTA« für »perkutane transluminale Angioplastie« bzw. speziell an den Koronarien oder Herzkranzgefäßen

»PTCA« (*»percutaneous transluminal coronary angioplasty«*).[6] Natürlich schlug ihm Widerstand durch die Kollegenschaft entgegen und sein Chef, der berühmte Internist Walter Siegenthaler spielte dabei eine undurchsichtige Rolle. Doch Grüntzig bekam Rückendeckung von dem wahrscheinlich international angesehensten Mediziner in Zürich. Der Herzchirurg Åke Senning sprang dem jungen Pionier mit seiner rustikalen Ermunterung bei: »Herr Grüntzig, Sie werden mir meine Patienten wegnehmen, aber legen Sie los! Machen Sie's, falls etwas passiert, operiere ich!«[7]

Der 1915 im westschwedischen Rättvik geborene Åke Senning wusste, was es bedeutet, eine neue Technik zum Nutzen der Patienten in die Medizin einzuführen. Senning wollte eigentlich Ingenieur werden, hatte sich dann aber von seiner Mutter, einer Krankenschwester, überzeugen lassen, Medizin zu studieren. Das Studium absolvierte er an der Universität Uppsala, danach spezialisierte er sich in Stockholm auf Herzchirurgie. Seine unzweifelhafte Begabung als Ingenieur kam ihm dabei zugute. Zunächst schuf er eine verbesserte Herz-Lungen-Maschine – ein Instrument, wie es Chirurgen zur Aufrechterhaltung des Kreislaufes eines Patienten benutzen, während sie am Herzen arbeiten. Seine Großtat war es, zusammen mit dem Ingenieur Rune Elmquist 1958 den ersten implantierbaren Herzschrittmacher zu entwickeln. Am 8. Oktober 1958 setzte er diesen elektrischen Taktgeber eines bislang unregelmäßig schlagenden Herzes bei dem 43 Jahre alten Arne Larsson ein. Von einem neuen, einem zweiten Leben zu sprechen, das die Medizintechnik und ein kompetenter Chirurg einem Patienten geben können, ist im Falle Larssons völlig gerechtfertigt. Er lebte mit mehrfach aufgrund leerer Batterien ausgetauschten Schrittmachern weitere 43 Jahre. Senning wurde 1961 an die Leitung der Chirurgischen Klinik der Universität Zürich berufen, wo er weitere Innovationen konzipierte. Sein chirurgisches Können war keineswegs auf das Herz beschränkt: Im Dezember 1964 führte er die erste Nierentransplantation in der Schweiz durch.

Mit Rückendeckung durch eine Persönlichkeit wie Senning konnte Grüntzig an jenem 16. September 1977 Adolf Bachmann erfolgreich behandeln. Viele weitere Patienten folgten, bereits eineinhalb Jahre später hatte Grüntzig 60 Patienten mit der Methode behandelt. Er hielt Kurse in Zürich ab, zu denen Mediziner aus aller Welt kamen, um die PTCA zu erlernen. Doch der Prophet gilt bekanntlich nichts in seinem Vaterland und in diesem Fall auch nicht in seiner akademischen Heimat, die durch ihn ihr Ansehen (das ohnehin beträchtlich war; das Universitätsspital Zürich war und ist eine hochrenommierte Adresse in der Medizin) noch weiter hatte erhöhen können. Maria Schlumpf blickt zurück: »Es wurden ihm nur sehr wenige Spitalbetten zur Verfügung gestellt, so dass die Wartezeit zeitweise über drei Monate betrug und die Warteliste immer länger wurde, obschon die Gefäßverschlüsse eine sofortige Behandlung erforderten. Grüntzig hatte noch lange gehofft, die Klinikdirektoren in Zürich würden sich einigen und ihm einige der vielen leerstehenden Betten in der umgebauten Frauenklinik oder irgendwo zur Verfügung stellen, aber ›man wollte einfach keinen Weg finden‹, wie es die Weltwoche in einem mit ›Medizinisches Seldwyla‹[8] betitelten Artikel ausdrückte. Der Sekretärin wurde es verboten, die Dilatationskorrespondenz für Grüntzig zu erledigen, er solle dies in seiner Freizeit und übers Wochenende selber tun. Die personelle, technische und räumliche Infrastruktur, die er unbedingt für die Weiterentwicklung seiner Methode benötigte, wurde ihm nicht bewilligt, und vieles andere mehr.«[9]

In den USA wusste man den innovativen Mediziner ganz anders zu schätzen. 1980 nahm Andreas Grüntzig einen Ruf an die Emory University in Atlanta an. Ein neuer Lebensabschnitt begann für ihn. Er war ein Star in der Medizin, umjubelt und erfolgreich. Binnen fünf Jahren führte er rund 3000 Dilatationen durch. Auch sein Privatleben nahm eine Wendung. Seine erste Frau Michaela konnte sich mit dem *American Way of Life* nicht anfreunden. Nach der Scheidung heiratete er erneut: Margaret Anne Thornton, eine Medizinstudentin an der Emory University, war rund 15 Jahre jünger. Das Paar war wohlhabend, sie hatten ein Haus an der Küste des Bundesstaates Georgia. Dorthin flogen beide mit ihren Hunden oft über das Wochenende in der neuen zweimotorigen Beechcraft – einen Pilotenschein hatte Andreas Grüntzig Jahre zuvor in der Schweiz erworben. Am 27. Oktober 1985 waren beide auf dem Rückflug nach Atlanta. Ein kurzes Aufheulen wollen Zeugen auf dem Boden vernommen haben, ein schrilles Geräusch aus der dicht geschlossenen Wolkendecke. Dann einen Knall, dann Stille. Im ländlichen Monroe County fanden Rettungsmannschaften bald darauf das zerschellte Flugzeug und die Leichen der beiden Insassen. Der Absturz wirft Fragen auf, die bis heute nicht restlos geklärt sind, von den merkwürdigen und im Nachhinein entdeckten mechanischen Problemen des Flugzeuges über unauffindbare Fotos von der Absturzstelle bis zum Verbleib eines kleinen, ihm aber ein Mitspracherecht gebenden Aktienpaketes. Doch wesentlicher ist der Segen, den Grüntzigs Forscherdrang für die Patienten heute bedeutet, das Produkt eines zu kurzen Medizinerlebens. Unzählige Menschen auf der Welt können ein erfülltes Leben führen – mit einem Herzschrittmacher, nach der Transplantation des Herzens (oder eines anderen Organs) oder infolge einer Ballondilatation nach Grüntzig. So wie Adolf Bachmann, der sich zum 40. Jubiläum des Eingriffs 2017 gegenüber Reportern als von guter Gesundheit bezeichnete.

12 Die Tochter von Lord Byron schuf etwas völlig Unromantisches: Ada Lovelace schrieb keine Gedichte, sondern – so wird ihr Wirken heute gedeutet – den ersten Algorithmus.

Algorithmen – Frühe Wegbereiter der Digitalisierung

Ada Lovelace, Alan Turing

In den späten 1960er Jahren verbrachten Millionen Menschen in allen westlichen Ländern und auch in anderen Teilen der Welt – dort, wo es das Fernsehen gab – viele Stunden vor ihren TV-Geräten, um live bei den Übertragungen der Apollo-Missionen dabei zu sein. Den Zuschauern bot sich dabei zu Weihnachten 1968 der gleiche faszinierende Anblick wie den Astronauten von Apollo 8: Sie sahen den eigenen Planeten, die Erde, über einem anderen Himmelskörper »aufgehen«, von der kraterübersäten Oberfläche des Mondes in die Finsternis des Alls emporsteigen. Sieben Monate später erlebte die globale Zuschauergemeinde, teilweise mit angehaltenem Atem, wie die etwas unscharfe Gestalt des Neil Armstrong die Leiter der Mondlandefähre hinabstieg, um nach Betreten des Erdtrabanten die berühmten Worte vom großen Sprung für die Menschheit zu sprechen. Als die Kamera dann Bilder aus dem Hauptquartier der NASA zeigte, konnte das Publikum sehen, warum die Mondflüge so präzise abliefen. Denn dort, in Houston, standen eine Reihe von schrankhohen Gegenständen, auf denen rotierende Magnetbänder zu sehen waren; der Anblick erinnerte an die im Elektronikgeschäft zu erstehenden Tonbandgeräte – nur viel größer. Diese Einrichtungsgegenstände waren, so erklärten die Experten der Fernsehanstalten mit Ehrfurcht in der Stimme, die Computer der NASA. Diese berechneten alles bis ins kleinste Detail: den Moment des Starts in Cape Kennedy,[1] die exakten Koordinaten des Landegebietes auf dem Mond, die Brenndauer des Triebwerkes der Apollo-Kapsel für den Rückflug zur Erde auf die Zehntelsekunde genau und noch vieles andere mehr. Ein Computer – das war ein Wunderding, so etwas hatte nur die NASA. Und bestimmt auch das Pentagon. Wohl keiner der Zuschauer hätte sich vorstellen können, dass die eigenen Kinder und Enkelkinder einige Jahrzehnte später stets einen kleinen, flachen Computer, dem die Bezeichnung »Telefon«, selbst mit dem Präfix »smart« versehen, kaum gerecht würde, in der Hosentasche tragen würden. Ein Computer, mit dessen Kapazität man jene der NASA-Wandschränke buchstäblich in die Tasche stecken würde.

Vom Weltraum besessen, wie es 1968/69 kaum vermeidbar war, ging man ins Kino und begeisterte sich – oder war durch die lange, ein Bombardement der Sinne darstellende Endsequenz irritiert – an Stanley Kubricks Meisterwerk *2001 – Odyssee im Weltraum*. Das Opus vermittelte ein anderes Bild des Computers, als etwas Unheimlichem, etwas Bedrohlichem. Der Bordcomputer der Discovery One tötet die meisten Besatzungsmitglieder. Sein Name ist »HAL« – geht man im Alphabet jeweils einen Buchstaben weiter, bekommt man den Namen des damals größten Computerherstellers.

Im dritten Jahrzehnt des 21. Jahrhunderts ist der Computer im Leben und vor allem bei der Arbeit der meisten Menschen unverzichtbar, werden immer mehr Lebensbereiche digitalisiert. Die Innovateure der Moderne sind vielfach weltberühmt – und steinreich – geworden wie Bill Gates und Steve Jobs. Hier sei an zwei Urahnen der Digitalisierung erinnert, an zwei ungewöhnliche Persönlichkeiten mit einem tragischen Schicksal.

Mit einer Formulierung wie »die Romantik der Mathematik« werden möglicherweise viele Leser genauso wenig anfangen können wie der Autor dieses Buches, für den Mathematik und Romantik einander fremde Welten sind. Eine hochbegabte Mathematikerin des 19. Jahrhunderts sah dies aus gutem Grund anders. Sie war die Tochter des wohl berühmtesten Dichters der englischen Romantik: George Gordon Noel, sechster Baron Byron, besser bekannt als Lord Byron.

Seine am 10. Dezember 1815 in London geborene Tochter Augusta Ada lernte ihren Vater nur anhand eines Porträts auf dem Kaminsims kennen, über das ihre Mutter Anna Isabella, elfte Baroness Wentworth, viele Jahre lang ein Tuch hängte, damit die heranwachsende Ada möglichst wenig an den im Familienkreis und auch in weiten Teilen der gehobenen englischen Gesellschaft Verfemten erinnert würde. Denn Lord Byron war nicht nur ein zweifelsfrei begnadeter Poet, sondern auch von einem selbst für die Verhältnisse der an Promiskuität gewöhnten Aristokratie schockierenden Lebenswandel. Es war weniger die Tatsache, dass er mit Frauen und Männern schlief – Homosexualität war in Großbritannien bis weit in das zwanzigste Jahrhundert hinein strafbar, wie an der Biografie der zweiten wegweisenden Persönlichkeit in diesem Kapitel deutlich wird. Vielmehr schlug die Empörung hohe Wellen, als Gerüchte die Runde machten, dass Byron auch mit seiner Halbschwester Augusta Leigh – der er unzweifelhaft Leidenschaft ausdrückende Briefe schrieb – das Nachtlager teilte. Der Skandal trug dazu bei, dass sich Byron in den gesellschaftliche Akzeptanz versprechenden Hafen der Ehe mit Anna Isabella rettete. Dass sie eine enorme Mitgift in die Verbindung einbrachte, störte ebenso wenig wie der Umstand, dass Annabella (wie sie meist genannt wurde) die Tante eines zunehmend einflussreichen Politikers war: William Lamb, zweiter Viscount Melbourne – er würde später in den ersten Jahren der Regentschaft von Queen Victoria britischer Premierminister werden. Byron heiratete Annabella am 2. Januar 1815. So wenig romantisch wie die Jahreszeit war seine Tagebucheintragung an diesem Tag: »Hatte Lady Byron vor dem Dinner auf dem Sofa.«[2]

Die Ehe stand von Beginn an unter keinem guten Stern. Lady Annabellas Leidenschaft war die Mathematik und nicht die Liebe. Nur drei Monate nach Adas Geburt trennte sich das Paar – auch dies löste damals einen Skandal aus – und Byron verließ Ende April 1816 England für immer. In der Schweiz traf er auf den zweiten großen Dichter der englischen Romantik, Percy Shelley, und dessen Geliebte und zukünftige Ehefrau Mary. Letzterer sollten die kommenden verregneten Monate in jenem (in einem anderen Kapitel angesprochenen) klimakatastrophenbedingten »Jahr ohne Sommer« literarischen Ruhm bringen: Aus den Gespenstergeschichten, welche sich die drei in einem gemieteten Haus am Genfer See erzählten, konzipierte sie unter ihrem Autorinnennamen Mary Wollstonecraft Shelley ihren Roman *Frankenstein oder Der moderne Prometheus.* Byron zog schließlich in Richtung Griechenland, wo er in einer romantischen Anwallung den Helenen in ihrem Freiheitskampf gegen die Türken helfen wollte. Bevor er die Feder mit dem Degen vertauschen konnte und nachdem er sich ein letztes Mal unglücklich – in einen jungen Griechen, den er als Diener einstellte – verliebt hatte, starb er 1824. Seine letzten Worte galten dem Vernehmen nach Ada. Schon vorher hatte er in einem Schreiben an Augusta gefleht: »Ich hoffe, die

Götter haben sie alles andere als poetisch gemacht – ein solcher Narr ist genug für eine Familie.«[3]

Der Wunsch ging in Erfüllung. Seine Tochter erhielt zahlreiche Briefe von ihrem fernen Vater, musste ansonsten indes sehr prosaische Texte lesen. Annabella sorgte dafür, dass Ada ab dem Alter von vier Jahren einen intensiven Unterricht, auch in Fremdsprachen, vor allem aber in Mathematik durch Hauslehrer erhielt. Als sie 17 Jahre alt war, wurde sie – wie es damals in gehobenen Kreisen so schön hieß – in die Gesellschaft eingeführt. Im Falle einer Familie wie den Byrons und den Wentworths hieß dies: bei Hofe. Ada lernte einige der großen Persönlichkeiten der Epoche kennen und erwies sich als ebenso feinsinnige Beobachterin wie als kritische Kommentatorin. Der alte Feldherr und kurzzeitige Premierminister, der Duke of Wellington (wir haben ihn als der neuen Technologie der Eisenbahn eher abgeneigten Zeitzeugen bereits kennengelernt), beeindruckte sie sehr, der französische Botschafter Talleyrand weniger. Sie nannte ihn »einen alten Affen«, was immer noch freundlicher war als das Urteil, das Napoleon über ihn als seinen Außenminister gefällt hatte: »ein Stück Scheiße in seidenen Strümpfen«. Bedeutsamer für Ada war eine Begegnung wenige Wochen später auf einer anderen Soiree: An jenem 5. Juni 1833 lernte sie den bekannten, zu diesem Zeitpunkt 41 Jahre alten Mathematiker Charles Babbage kennen. Zu den Erfindungen des verwitweten Professors der Universität Cambridge gehörte eine, wie er sie nannte, »Analytische Maschine«, an der er gerade arbeitete. Es war eine mechanische Rechenmaschine, ein Urahn des Computers. Durch die Zusammenarbeit mit Babbage, die über die nächsten rund zehn Jahre und mit einigen Aufs und Abs – Ada hatte ausgeprägte Stimmungsschwankungen – blühte, fand sie ihre Lebensaufgabe. Wie es Walter Isaacson so treffend beschreibt: »Für viele, darunter ihr Vater, prallten die verfeinerten Sensibilitäten des Zeitalters der Romantik mit der Technikbegeisterung der Industriellen Revolution zusammen. Aber Ada fühlte sich an der Schnittstelle der beiden Epochen wohl.«[4]

Vor allem die Analytische Maschine ihres Korrespondenzpartner Babbage faszinierte sie; zusammen mit dem Mathematiker stellte sie Überlegungen zur Verbesserung dieser Innovation an. Dabei schwebten ihr Operationen über reine Rechenschritte hinaus vor, wie zum Beispiel maschinell entworfene Musikstücke. Einen Weg dahin zeigte für Ada das Konzept des Jacquardwebstuhls auf, der mit Dampf betrieben – und von Lochkarten gesteuert wurde.

Adas mathematische Ambitionen und Interessen mussten den Wertvorstellungen ihrer Zeit und ihrer Klasse nicht unbedingt entgegenstehen, die für eine junge Frau zuvörderst die Eheschließung und dann den Status als Mutter einer möglichst schnell wachsenden Familie vorsahen. Von Liebe war dabei nur selten die Rede. Der Mann, dem Ada das Ja-Wort gab, hatte aber immerhin wissenschaftliche Interessen, so dass es mehr Gemeinsamkeiten gegeben haben mag als bei manch anderer Verbindung in der Hocharistokratie. William King, achter Baron King, hatte nämlich – welch glückliche Fügung – Mathematik an der Universität Cambridge studiert. Die Eheschließung erfolgte im Juli 1835; Ada war 19 Jahre und ihr Gatte 30 Jahre alt. Sie arbeiteten zusammen, und William schrieb verschiedentlich in wissenschaftlichen Bibliotheken, zu denen Frauen keinen Zutritt hatten, Fachartikel für Ada ab. In kurzem Abstand wurden dem Paar zwischen 1836 und 1839 drei Kinder geboren. Im Zusammenhang mit der Krönung der jungen Königin Victoria wurde William zum Earl of Lovelace erhoben; daraus resultierte der Name, unter dem seine Frau heute als Pionierin der Computerprogramme und Algorithmen gewürdigt wird: Ada Lovelace.

Was zu dieser Reputation entscheidend beitrug, war eine Veröffentlichung, für die Ada eigentlich nur die Rolle einer Übersetzerin spielen sollte. Dass sie ihre Gedanken in nicht vorgesehener Ausführlichkeit einbrachte, lag auch an ihrem keineswegs unterentwickelten Selbstbewusstsein: »Ich glaube, dass ich über die einzigartige Kombination von Qualitäten verfüge, um mich zu einem herausragenden Entdecker der verborgenen Realitäten der Natur zu machen.«[5] Babbage hielt 1842 einen Vortrag auf einem Kongress italienischer Wissenschaftler in Turin. Ein junger Ingenieur, Luigi Menabrea, der es später zum Ministerpräsidenten Italiens bringen sollte, verfasste eine Beschreibung der Analytischen Maschine auf der Basis von Babbages Vortrag in französischer Sprache. Ada wurde nach unterschiedlicher Überlieferung von Freunden oder von Babbage selbst gebeten, eine Übersetzung ins Englische vorzunehmen. Dies tat sie und fügte unter der Überschrift *Notes by the Translator* ihre eigenen Vorstellungen an – mit mehr als 19 000 Wörtern waren die *Notes* mehr als doppelt so lang wie Menabreas eigentliche Publikation. Signiert war es mit »A. A. L.« für »Augusta Ada Lovelace«. Sie legte vier Konzepte für die Konstruktion und Programmierung einer Maschine vor, die ein früher theoretischer Computer gewesen wäre – wenn man sie denn hätte bauen können, wofür es in den 1840er Jahren noch an der mechanischen Feinheit und an einer zuverlässigen Energie (wie der einige Jahrzehnte später ihren Siegeszug antretenden Elektrizität) gebrach. Sie schrieb dabei eine Art Programm, eine nummerierte Liste von Befehlen, »die zeigt, welche Operationen (zum Beispiel Addition) mit welchen Variablen (Werte und Zwischenergebnisse der Berechnung) durchgeführt werden. In dieser Tabelle würde man heute«, so Anne Kunze in einer Würdigung Ada Lovelaces in der ZEIT, »ein Computerprogramm erkennen.«[6]

Sie blickte über reine Rechenoperationen hinaus, als sie schrieb, die Analytische Maschine »könnte *auf andere Dinge als Zahlen angewandt werden, wenn man Objekte finden könnte, deren Wechselwirkungen durch die abstrakte Wissenschaft der Operationen dargestellt werden können und die sich für die Bearbeitung durch die Anweisungen und Mechanismen des Gerätes eignen.*«[7] An der Fakultät für Informatik der Otto-von-Guericke-Universität Magdeburg, die im Ada Lovelace-Gebäude ihren Standort hat, bewertet man dies fast als eine Art Gründungsdokument dieser Wissenschaft: »In diesem einzigen Satz steckt Adas erstaunliche Erkenntnis: Die Analytical Engine war nicht auf die Bearbeitung von Zahlen durch die Grundrechenarten beschränkt, sondern es könnten beliebige Objekte bearbeitet werden, wenn man ihre Regeln für die Maschine formalisieren könnte. Dies haben zu Adas Lebzeiten nur wenige Menschen verstanden, und ihre Vision wurde erst mehr als 100 Jahre später durch die ersten elektronischen Rechner verwirklicht … Man könnte sagen, Ada hat … die Informatik vorhergesagt, denn Informatik ist *die Wissenschaft der systematischen Verarbeitung von Informationen.* Die Informatik beschäftigt sich damit, Rechnermodelle für Objekte aus der realen Welt zu bauen und dafür Algorithmen zu entwickeln, um damit die gewünschten Ergebnisse zu erzielen. Dabei ist es ganz wesentlich, dass *Information*, und nicht nur Zahlen, die ja nur eine Art von Information darstellen, im Mittelpunkt steht.«[8]

Ada Lovelace war keine gesunde Person. Schon als Teenager war sie lange krank gewesen, konnte sich nur am Stock bewegen. Immer wieder litt sie unter Kopfschmerzen und auch unter Depressionen. Sie suchte Zuflucht in Laudanum und Alkohol. Im Sommer 1851 traten Blutungen auf. Die

Diagnose der Ärzte war schrecklich: Gebärmutterkrebs – ein Leiden weit jenseits der therapeutischen Möglichkeiten der zeitgenössischen Gynäkologie. Ihr standen eineinhalb qualvolle Jahre bevor, mit noch mehr Schmerzmitteln, darunter auch das für die Medizin neuentdeckte, aber nicht wirklich als Analgetikum geeignete Chloroform. Ada Lovelace starb im Beisein ihres Mannes William und ihrer Mutter, Lady Byron, am 27. November 1852.

Ada Lovelace ging bei all ihrer kreativen Phantasie, die sie bei der Erstellung der *Notes* bewies, davon aus, dass der »Maschine« eine feste Grenze gesetzt war: »Die Analytische Maschine erhebt keinerlei Anspruch darauf, etwas *entstehen* zu lassen. Sie kann alles tun, was *wir ihr zu befehlen* vermögen. Sie kann einer Analyse *folgen*; sie hat jedoch keine Fähigkeit *zur Erkenntnis* analytischer Verhältnisse oder Wahrheiten.«[9] Diese These rief fast einhundert Jahre später den Widerspruch eines Mannes hervor, der heute als ein Wegbereiter des Computers gilt – auch dank der hervorragenden cineastischen Porträtierung durch Benedict Cumberbatch in *The Imitation Game* – und der bereits einen den Verlauf der Geschichte beeinflussenden Beweis des Potenzials einer »analytischen Maschine« erbracht hatte. Er nannte es in einem Fachaufsatz 1950 *»Lady Lovelace's Objection«*. Sein Name war Alan Mathison Turing.

Wie Ade Lovelace entstammte auch der am 23. Juni 1912 in London geborene Turing der Aristokratie, aber über nennenswerten Besitz verfügte die Familie knapp 300 Jahre nach Erhebung von Vorfahren zu Baronen (*baronetcy*) nicht. Alans Vater arbeitete als Kolonialbeamter im sogenannten Juwel des British Empire, in Indien. Die Eltern gingen zurück nach Indien, als Alan ein Jahr alt war, und übergaben den Jungen einem befreundeten älteren Ehepaar. Alans älterer Bruder John spekulierte später, dass es für die Psyche eines kleinen Kindes wohl kaum von Vorteil sein kann, seiner eigenen Familie entrissen und zu fremden Leuten gegeben zu werden. Die Eltern kehrten zwar einige Jahre später zurück, doch dann stand Alan der für zumindest einigermaßen gut situierte britische Familien nächste zwingende Schritt bevor: *boarding school* – mit 13 Jahren wurde er auf das Internat Sherborne School geschickt. Hier entdecke Alan seine Homosexualität. Er verliebte sich in den schlanken blonden Mitschüler Christoph Morcom, mit dem er das Interesse an Naturwissenschaften, Mathematik und Philosophie teilte. Doch Christoph litt an Tuberkulose und erlag während der Winterferien der damals nur schwer zu behandelnden Krankheit. »Ich bin sicher, dass ich nirgendwo einen so brillanten und doch so charmanten und unbescheidenen Gefährten hätte finden können«, schrieb Alan an Christophs Mutter. »Ich betrachtete mein Interesse an meiner Arbeit und an solchen Dingen wie der Astronomie (in die er mich einführte) als etwas, das ich mit ihm teilen konnte, und ich glaube, er empfand ein wenig dasselbe für mich … Ich weiß, dass ich genauso viel Energie, wenn nicht sogar noch mehr Interesse in meine Arbeit stecken muss, als wenn er noch am Leben wäre, denn das ist es, was er von mir erwartet hätte.«[10] Alan war am Boden zerstört und wurde zunehmend introvertiert. Dies und seine erkennbare weit überdurchschnittliche Intelligenz veranlassten den Schulleiter in einem Schreiben an die Eltern zu der Einschätzung: »Ohne Zweifel ist er kein ›normaler‹ Junge. Das ist an sich nicht schlimm, aber er ist wahrscheinlich nicht so richtig glücklich.«[11]

Turing begann 1931 das Studium der Mathematik an der Universität Cambridge. In einer grundlegenden Arbeit von 1936 beschrieb er ein mathematisches, eine abstrakte Maschine definierendes Modell, das in der Informatik heute als »Turingmaschine« gilt. Später im gleichen Jahr ging er in die

USA; er studierte an der Universität Princeton, wo er im Juni 1938 mit einer Dissertation unter dem Titel *Systems of Logic based on Ordinals* (Systeme der Logik auf der Grundlage von Ordinalzahlen) promoviert wurde. Nach Großbritannien zurückgekehrt, rekrutierte die Regierung den jungen und erkennbar genialen Mathematiker für die Government Code and Cypher School. Die Entschlüsselung des von der Chiffriermaschine Enigma kodierten deutschen Funkverkehrs wurde für die nächsten Jahre eine der wichtigsten und den Verlauf des Zweiten Weltkrieges beeinflussenden, vielleicht gar mitentscheidenden Aufgaben Turings. Es schien in jenem September 1938 absehbar, dass es zum Konflikt mit dem expandierenden Nazi-Deutschland kommen würde. Das Ende des Monats geschlossene Abkommen von München verzögerte den Beginn eines Krieges lediglich. Oder, wie es Winston Churchill – zu jenem Zeitpunkt noch ohne öffentliches Amt – formulierte: England habe vor der Wahl zwischen Schande und Krieg gestanden; man habe Schande gewählt und werde den Krieg später bekommen. Als dieser am 3. September 1939 zwischen dem Vereinigten Königreich und Deutschland offiziell ausbrach, zogen Turing und andere Spezialisten in das Hauptquartier der britischen Kryptoanalyse, den ausgedehnten Landsitz Bletchley Park. Unter strengster Geheimhaltung wurden deutsche Codes, vor allem jene der Kriegsmarine, entschlüsselt. Turing steuerte mathematische Modelle und die Konzeption von Maschinen bei, welche nach seinen Plänen von ebenfalls zu striktester Geheimhaltung verpflichteten Mechanikern gebaut wurden. Eine zentrale Rolle bei der Kryptoanalyse kam den von Turing »*bombes*« genannten Maschinen zu; rund 200 dieser später »Turing-Bomben« genannten elektromechanischen Maschinen wurden während des Krieges gebaut. Die Geräte liefen Tag und Nacht, um den deutschen Code zu entschlüsseln. In jedem befanden sich Dutzende von drehbaren Trommeln mit Buchstaben, mit denen die denkbaren Positionen der Rotoren in den Enigma-Maschinen, an deren Decodierung der polnische Geheimdienst in Kooperation mit den Briten seit mehreren Jahren arbeitete, nachvollzogen wurden. Die Arbeitsweise der auf komplizierten mathematischen und mechanischen Grundlagen beruhenden Turing-Bomben erläutert die besuchenswerte Website wissen.de der Konradin Medien – bei denen auch die jedem Geschichtsinteressierten ans Herz zu legende Zeitschrift *Damals* erscheint – in verständlicher Sprache:

»Um den Enigma-Code anzugehen, benötigen auch die Bomben einen ersten Ansatzpunkt – ein Wort oder Wortteil, von dem die Entschlüsseler raten konnten, was es im Klartext bedeutete. Hier kommt den in Bletchley Park über den Codes schwitzenden Kryptografen ein Schwachpunkt der deutschen Funksprüche zugute: Sie enthalten häufig Phrasen, die in den Funksprüchen in immer gleicher Form und oft an der gleichen Stelle auftauchen. Dazu gehören beispielsweise Ausdrücke wie ›Oberkommando‹ oder die oft am Ende der Nachricht stehende Phrase ›Heil Hitler‹. Zudem senden die deutschen Funker jeden Tag zur gleichen Zeit den Wetterbericht – und in ihm steht das Wort ›Wetter‹ an prominenter Stelle. Ausgehend von diesen Schwachstellen gelingt es Turing und seinem Team, die möglichen Positionen der Enigma-Walzen zu erraten. Das allerdings erfordert mühsame und zeitaufwendige Kleinarbeit erst mit Papierschablonen und anschließend mit Nachbauten der Enigma-Walzen. Zunächst scheint aber der Enigma-Code trotz der vielversprechenden Ansatzpunkte nicht zu entschlüsseln. Doch dann kommt der Durchbruch: Am 17. Januar 1940 gelingt es den Kryptologen in Bletchley Park, erstmals eine Enigma-Meldung zu entschlüsseln – vorerst noch in Handarbeit. Noch benötigen sie dadurch Tage, manchmal sogar Wochen für eine Meldung – für den schnell fortschreitenden Krieg ist das viel zu langsam. Hier kommen nun Turings ›Bomben‹ ins Spiel. Sie automatisieren das mühevolle Ausprobieren der Walzenpositionen und können so die 17 576 möglichen Positionen eines Enigma-Walzensets in rund 20 Minuten durchtesten. Nach und nach gelingt es den Codeknackern von Bletchley Park damit, den Funkverkehr des deutschen Militärs immer schneller und besser mitzuhören.«[12]

Dass die Briten den deutschen Funkverkehr unter dem Codewort »Ultra« entschlüsseln konnten, wurde der Öffentlichkeit erst Mitte der 1970er Jahre bekannt. Die Funksprüche des Feindes lesen zu können, war an jedem Frontabschnitt von Vorteil. Ganz besonders aber war dies im U-Boot-Krieg der Fall. Churchill erklärte einmal, dass nur die Erfolge der deutschen U-Boote in den ersten zwei Kriegsjahren ihn um den Sieg Großbritanniens hätten bangen lassen. Mit der Entschlüsselung war es möglich, nicht nur Einblick in die Angriffstaktik, sondern oft auch in die Positionierung der »Rudel« unter dem Kommando von Admiral Karl Dönitz zu bekommen. Dies und die stetig verbesserte Ausrüstung alliierter, die Konvois über den Nordatlantik begleitender Kriegsschiffe und ihrer zunehmend mit Radar ausgestatteten Flugzeuge führten zu den katastrophalen Verlusten der deutschen U-Boot-Waffe: von 863 im Krieg eingesetzten Booten wurden 630 versenkt, von rund 40 000 Besatzungsmitgliedern sind etwa 30 000 – wie es traditionell so genannt wird – auf See geblieben. Die Marine hatte wie die gesamte Wehrmacht keine Vorstellung davon, dass und vor allem in welchem Umfang ihr Funkverkehr abgehört und entschlüsselt wurde. Die Leistung von Turing und den vielen Mitarbeitern und vor allem Mitarbeiterinnen in Bletchley

Park, wo der Frauenanteil bei rund 75% lag, ermöglichte in letzter Konsequenz die kriegsentscheidende Offensive. Die gigantischen Massen an Kriegsmaterial und die Millionen Soldaten aus Übersee, die für die Landung in der Normandie am 6. Juni 1944 und den anschließenden Feldzug zur Befreiung weiter Teile Europas von der Tyrannei Hitlers benötigt wurden, erreichten mehrheitlich dank der durch die Informationen aus den Turing-Bomben gesicherten Seewege die Britischen Inseln.

Die Frauen und Männer in Bletchley Park kämpften wie die Soldaten *for king and country*. Der Dank des Vaterlandes für Alan Turing war die strafrechtliche Verfolgung wegen seiner Homosexualität. Der nach Kriegsende mit zahlreichen Veröffentlichungen den Weg zum modernen Computer weisende und an der Universität Manchester lehrende Turing wurde 1952 wegen seiner Beziehung zu einem 19jährigen wegen »grober Unzucht und sexueller Perversion« angeklagt. Er äußerte sich nicht dazu. Man stellte ihn vor die Wahl zwischen Gefängnis und Hormonbehandlung – die mit Östrogenen vorgenommen und auch als »chemische Kastration« bezeichnet wurde. Er wählte Letzteres. Die Hormone unterdrückten seinen Sexualtrieb, er bekam ansatzweise weibliche Brüste und wurde depressiv. Alan Turing starb am 7. Juni 1954, aller Wahrscheinlichkeit nach durch Selbstmord. Turing, der posthum zu Weihnachten 2013 von Queen Elisabeth II. rehabilitiert wurde, besaß nach den Worten seines Biografen Andrew Hodges »nicht die Distanz des Philosophen gegenüber dem Leben. Es war, so würde es ein Computer ausdrücken, das Unaussprechliche, das ihn sprachlos machte.«[13]

Epilog

Segen und Fluch

Es ist eine Szene, die in ihrer Umständlichkeit heute fast komisch wirkt. Wenn mir in meiner Studentenzeit, vielleicht beim spätnachmittäglichen Zusammensein mit den Kommilitonen nach den Vorlesungen in der einzigen Studentenkneipe unserer Stadt mit der Bezeichnung »Mooren 18«, einer der Freunde von Alan Turing (oder von Hedy Lamarr oder von George Stephenson) erzählt und mein Interesse geweckt hätte, wäre Folgendes abgelaufen: Ich hätte mir den Namen auf einen Zettel notiert (wahrscheinlicher noch auf einen Bierdeckel) und wäre am nächsten Tag in die funkelnagelneue, gerade vom Herrn Ministerpräsidenten (sie machten ihn später dankbar zum Ehrendoktor) eingeweihte Universitätsbibliothek gegangen. Dort standen in der ersten Etage – oder war es in der zweiten? – die großen Lexika in zwanzig oder dreißig Bänden wie die Encyclopedia Britannica oder der Brockhaus. Der Artikel zu Turing in diesem Werk musste fürs Erste zur Stillung des Wissenshungers reichen.

Nostalgie bedeutet immer auch ein Verklären der Vergangenheit. Selbstverständlich war früher manches besser – spontan fällt mir ein, dass die Kommilitoninnen keine Tattoos und keine Piercings hatten. Doch in puncto Informationsbeschaffung möchte wohl niemand die Zeit zurückdrehen. Ein Griff in die Tasche reicht aus. Mit dem Smartphone hat man binnen Sekunden eine reiche Auswahl an Texten über Alan Turing (oder jedes andere Thema), kann sich einige seiner Originalarbeiten herunterladen, kann Dokumentationen ansehen. Die Digitalisierung hat wirklich die Welt *at our fingertips* gelegt, ist ein Portal zu Wissen, zu Unterhaltung, zu Kommunikation.

Das Smartphone ist das Sinnbild einer für wenn nicht jeden, so doch für viele Menschen erreichbaren, erlernbaren und nutzbaren Hochtechnologie des 21. Jahrhunderts. Seine Geschichte umfasst etwas mehr als dreißig Jahre. Als erster Vertreter dieser Gattung galt das 1992 von der Firma IBM auf den Markt gebrachte Modell Simon. Es hatte fast noch die Größe eines Briketts, war indes das erste Mobiltelefon mit einem Touchscreen. Mit IBM Simon konnte man Faxe und Emails versenden, einen Kalender und ein Adressbuch verwalten – und natürlich telefonieren. Noch in den 1990er Jahren kamen zunehmend kleinere Modelle auf den Markt wie das internetgängige Nokia 7110 und das Toshiba Camesse, das zwar nur ein Telefon und damit nicht »smart« war, aber eine andere heute unverzichtbare Komponente hatte: eine Kamera. Der schwedische Konzern Ericsson stellte 1999 auf der Messe Cebit sein neues Modell R380, das über Touchscreen, Internetbrowser und Kalender verfügte, unter der Bezeichnung »Smartphone« vor. Der Begriff setzte sich im Bewusstsein der Öffentlichkeit fest. Für viele Nutzer ist er synonym mit »iPhone«. Der Apple-Konzern brachte das erste iPhone, das inzwischen zahlreiche Nachfolgemodelle erhalten hat, 2007 heraus. Eine Fachzeitschrift resümiert: »Die verwendeten Hardware-Komponenten boten zwar keine große Neuerung. Dafür kam das selbst entwickelte Betriebssystem so gut an, dass das iPhone schnell zum Verkaufsschlager wurde – so fing der Apple-Hype an. Ein Jahr später kam das erste Smartphone mit Googles Betriebssystem Android auf den Markt, das HTC Dream. Zunächst noch mit verhaltenem Erfolg, entwickelte sich Android schnell zum beliebtesten Betriebssystem für Mobilgeräte.«[1]

So sehr das Smartphone zu unserem Alltag gehört, so widersprüchlich fällt seine Einschätzung aus. Die schnelle Kommunikationsmöglichkeit, der Zugriff auf Wissen, Informationen und Nachrichten sind ebenso Vorzüge der Technologie wie seinen vielen Anwendungsmöglichkeiten, von den eine exzellente Bildqualität liefernden Kameras bis zu Anwendungen im Dienst der eigenen Gesundheit. Die Nachteile sind freilich auch vielen von der Technologie eigentlich begeisterten Usern bewusst. Fast alle von uns, die wir ein solches Gerät haben, verbringen viel mehr Zeit damit als eigentlich gewollt. Von Smartphones und ihren vielfältigen Möglichkeiten geht ganz zweifelsohne eine Suchtgefahr aus. Der Anblick von Jugendlichen, die bei einer Party – oder während einer Pause in der Schule – beieinandersitzen und allesamt auf ihre Displays blicken, ohne dass es zu einer verbalen Kommunikation kommt, mag irritieren. Doch meist ist es ein Teil der Wirklichkeit und nicht die ganze Lebensrealität.

Bei jeder Technik – und dies gilt auch für das Smartphone als einer im Alltag ubiquitären Erscheinung – kommt es darauf an, was man daraus macht. Auch im Rückblick auf einige der Techniken, die Gegenstand dieses Buches sind, kann das Urteil weniger der Innovation an sich als vielmehr ihrer Nutzung gelten. Technik ist (mit wenigen) Ausnahmen nicht inhärent gut oder schlecht – die Menschen, die sie nutzen, und die Ziele, die sie mit der Nutzung verbinden, sind es. Technik hat unzweifelhaft nicht nur zu unserem heutigen Lebensstandard entscheidend beigetragen, sondern auch zu einigen schwerwiegenden Problemen für uns und unseren

Planeten. Ihre Geschichte mit dem oft schnellen Siegeszug von Innovationen, die unzweifelhaft einen Fortschritt darstellten – wie das elektrische Licht – geben Anlass zu der Hoffnung, dass Technik auch zur Lösung dieser Probleme wie zum Beispiel dem Klimawandel wird beitragen können.

Eine Ausnahme von dieser insgesamt eher positiven Bewertung der Art und Weise »wie Technik Geschichte macht«, ist in diesem Buch angesprochen worden. An der Kernspaltung und der Kernfusion wurde in den 1940er Jahren explizit mit dem Ziel gearbeitet, eine Waffe zu entwickeln – drastischer ausgedrückt: um zu töten. Als es passiert war, als Hiroshima und Nagasaki – nachdem der Krieg in Europa beendet und damit die in Erwägung gefassten Ziele Berlin sowie Mannheim/Ludwigshafen nicht mehr aktuell waren – zerstört waren und die Zahl der Toten direkt und über die folgenden Jahre in die Hunderttausende ging, äußerten einige der Schöpfer der Bombe Entsetzen – als hätten derart intelligente Menschen wie die Wissenschaftler und Ingenieure in Los Alamos diese »Nutzung« nicht vorhersehen können. Der Geist wurde nie wieder in die Flasche zurückgedrängt, die Büchse der Pandora nie wieder geschlossen. Freddie Mercury besang mit der Gruppe Queen die Empfindungen junger Menschen in den 1980er Jahren mit den Worten *For we who grew up tall and proud / In the shadow of the mushroom cloud.* In der Gegenwart, in der Kriege, längst aus Europa verbannt geglaubt, die Nachrichten zu dominieren scheinen, ist dieser Schatten nach wie vor bedrohliche Realität. Ihn zu bannen, vermag keine Technik. Diese und jedwede andere Bedrohung des Lebens auf diesem Planeten kann nur überwinden, was J. Robert Oppenheimer in den Worten zum Ausdruck brachte: *The peoples of this world must unite or they will perish*[2] – die Völker auf dieser Welt müssen einig sein oder sie werden untergehen.

Anmerkungen

Prolog – Rauchende Schlote

1 Richard Rhodes: Energy. A Human History. New York 2018, S. 144.
2 U. S. National Park Service: John D. Rockefeller, Jr.: https://www.nps.gov/people/john-d-rockefeller-jr.htm [2024-11-27].

Wissen – Aufbruch in die Moderne: Henne zur Laden, auch bekannt als Johannes Gensfleisch – und als Johannes Gutenberg

1 Dominic Selwood: The British and reading: a short history: https://www.bookbrunch.co.uk/page/free-article/the-british-and-reading-a-short-history/ [2024-11-01].
2 Klaus-Rüdiger Mai: Gutenberg. Der Mann, der die Welt veränderte. Berlin 2016, S. 69–70.
3 Mai, S. 118.
4 Stephan Füssel: Johannes Gutenberg. Hamburg 1999 / 2013 (5. Auflage), S. 19.
5 Hierzu mehr bei: Ronald D. Gerste: Wie Krankheiten Geschichte machen. Stuttgart 2021, S. 107–118.
6 Mai, S. 161–162. Die beiden kurzen Zitate in diesem Zitat entstammen den Tagebüchern des Pilgers Philippe de Vigneulles.
7 Füssel, S. 39.
8 Zit. n. Mai, S. 15–16.
9 Füssel, S. 164.

10 John Man: The Gutenberg Revolution. How Printing Changed the Course of History. London 2009, S. 285–289.
11 Zit. n. Mai, S. 313–314.

Energie I – Und es ward Licht: Thomas Alva Edison und Emil Rathenau

1 Zit. n. Jane Brox: Brillant. The Evolution of Artificial Light. New York 2010, S. 118.
2 Arthur A. Bright: The Electric-Lamp Industry. Technological Change and Economic Development from 1800 to 1947. New York 1949.
3 Steven Johnson: How We Got to Now. Six Innovations that Made the Modern World. New York 2014, S. 211.
4 Zit. n. Brox, S. 16.
5 Yi-Fu Tuan: The City. Its Distance from Nature. Geographical Review 1978/68, S. 10.
6 Geschichte der Straßenbeleuchtung: https://www.strassenbeleuchtung.de/index.php/technik/grundlagen/geschichte-der-strassenbeleuchtung [2024–10–31].
7 Wolfgang Schivelbusch: Lichtblicke. Zur Geschichte der künstlichen Helligkeit im 19. Jahrhundert. München 1983, S. 100.
8 https://de.wikipedia.org/wiki/Walrat [2024–10–31].
9 Johnson, S. 202.
10 Zit. n. Geschichte der Straßenbeleuchtung; leicht ediert und gekürzt.
11 Gas lighting in Victorian Times: https://www.countrylife.co.uk/property/guides-advice/gas-lighting-in-victorian-times-16562 [2024–10–31]. Man mag Parallelen zu den Werbekampagnen der Tabakindustrie in der ersten Hälfte des 20. Jahrhunderts sehen, in denen Zigaretten als Heilmittel gegen Husten, Heiserkeit und andere Krankheitssymptome der Atemwege angepriesen wurden.
12 Alexander Bartl: Der elektrische Traum. Fortschrittsjahre oder eine Gesellschaft unter Strom. Hamburg 2023, S. 160.
13 L'Électricité: Opinion de Victor Hugo sur l'Exposition. 20. August 1881. Zit. n. Bartl, S. 202.
14 Felix Pinner: Emil Rathenau und das elektrische Zeitalter. Leipzig 1918, S. 88.
15 Deutsches Historisches Museum. Die Elektrifizierung Deutschlands: https://www.dhm.de/blog/2016/08/25/die-elektrifizierung-deutschlands/ [2024–10–31].

Anmerkungen

Mobilität I – Unter Dampf: George Stephenson und Friedrich List

1 Zit. n. https://de.wikipedia.org/wiki/Friedrich_List [2024-11-20].
2 Friedrich List: Ueber ein sächsisches Eisenbahnsystem als Grundlage eines allgemeinen deutschen Eisenbahnsystems und insbesondere über die Anlegung einer Eisenbahn von Leipzig. Leipzig 1833, S. 9.
3 Zit. n.: Jan Musekamp: Friedrich List, die Eisenbahn, das Militär und Europa. Themenportal Europäische Geschichte: https://www.europa.clio-online.de/essay/id/fdae-1661 [2024-11-20].
4 Klaus-Jürgen Bremm: Von der Chaussee zur Schiene. Militärstrategie und Eisenbahnen in Preußen von 1833 bis zum Feldzug von 1866. München 2005, S. 146–154.
5 Klaus-Jürgen Bremm: 70/71. Preußens Triumph über Frankreich und die Folgen. Darmstadt 2019, S. 82.
6 Bundesministerium für Digitales und Verkehr: Eisenbahnen – Klima schützen, Mobilität sichern. Berlin 2022: https://bmdv.bund.de/SharedDocs/DE/Publikationen/E/eisenbahnen-klima-schuetzen-mobilitaet-sichern.pdf? [2024-11-20].

Kommunikation I – In Echtzeit: Samuel Thomas Soemmering und Samuel Morse

1 Die heutige Regierungsbehörde in dieser Funktion heißt nicht länger Kriegs-, sondern Verteidigungsministerium und hat ihren Sitz in dem berühmten, in den 1940er Jahren in Arlington, Virginia, entstandenen Bauwerk: dem Pentagon.
2 Lincoln as a Great Communicator. Telegram to George McClellan, April 9, 1862. https://lincolnasgreatcommunicator.wordpress.com/telegrams/letter-to-george-mcclellan-april-9-1862/ [2024-09-30].
3 Telegram from President Abraham Lincoln to Lieutenant General Grant, City Point, Virginia, August 17, 1864. Foto des Telegramms auf der Website der National Archives: https://www.archives.gov/exhibits/american_originals/vicksbrg.html [2024-09-30].
4 Im Falle des siegreichen Bürgerkriegsgenerals Grant waren es nur *Wähler*, die seine Präsidentschaft mit den Wahlen von 1868 und 1872 möglich machten – Wählerinnen gibt es bei amerikanischen Präsidentschaftswahlen erst seit 1920.
5 Bevor es in der Cineastik zu einem Umdenken kam und mit Filmen wie *Little Big Man*, *Soldier Blue* (deutsch: *Das Wiegenlied*

vom Totschlag) und *Dance with Wolves* (deutsch: *Der mit dem Wolf tanzt*) die Indigenen Nordamerikas ausgewogener und vor allem als Opfer des Vordringens der »Weißen« und ihres Militärs porträtiert wurden.

6 Geboren in Wesel, wahrscheinlich um 1570, das damals eine große Gemeinde niederländischer Flüchtlinge beherbergte.

7 Zu Soemmerrings Lebenswerk siehe Theodore H. Best: The Life and Work of Samuel Thomas von Sömmering. Madison, Wisconsin 1924. Napoleon-Zitat auf S. 383.

8 Nach einer anderen Variante soll der Brief die Nachricht vom plötzlichen Tod seiner Frau enthalten haben; in jedem Fall kam Morse nicht rechtzeitig zur Beisetzung.

9 Ausführlich hierzu: Ronald D. Gerste: Die Heilung der Welt, Stuttgart 2022 (4. Druckauflage), S. 35.

10 https://www.senate.gov/artandhistory/senate-stories/morses-telegraph-in-the-capitol.htm.

11 Das Telegraphennetz in Mitteleuropa 1855: https://www.uni-augsburg.de/de/fakultaet/philhist/professuren/geschichte/didaktik-der-geschichte/forschung/weltgeschichte/materialien-quellen-literatur/karten/das-telegraphennetz-mitteleuropa-1855/.

12 Charles F. Briggs und Augustus Maverick: The Story of the Telegraph and a History of the Great Atlantic Cable. New York 1858. Zit. n. https://www.elon.edu/u/imagining/time-capsule/150-years/back-1830-1860/ [2024–09–30].

13 Zit. n. https://www.elon.edu/u/imagining/time-capsule/150-years/back-1830-1860/ [2024–09–30].

14 Jürgen Osterhammel: Die Verwandlung der Welt. Eine Geschichte des 19. Jahrhunderts. München 2009, S. 74–75.

15 https://www.deutschepost.de/de/t/telegramm.html [2024–09–30].

16 Osterhammel, S. 1026.

Mobilität II – Der Traum vom Fliegen: Orville Wright, Wilbur Wright, Charles A. Lindbergh, Juan Trippe

1 In manchen Berichten auch als »Geschäftsmann« bezeichnet.

2 In der Tat restaurierten die Brüder den *Flyer*; heute ist er im National Air and Space Museum in Washington D. C. zu sehen.

3 Telegram, Orville Wright to Bishop Milton Wright announcing the first successful powered flight, 17 December [1903]. Library of Congress, Washington D. C.: https://www.loc.gov/item/mcc.061/ [2024–11–22]. Durch Übertragungsfehler beim Telegrafieren

wurden aus 59 Sekunden versehentlich 57 Sekunden und der Vorname von Orville falsch geschrieben.

4 David McCullough: The Wright Brothers. New York 2016, S. 107.

5 Die Anhänger dieses schönen Hobbies mögen den bewussten terminologischen Fehlgriff verzeihen. Selbstverständlich bezeichnet man die Fortbewegung in einem Ballon sonst als »fahren«.

6 Brief Otto Lilienthals von 1894, zit. n. https://de.wikipedia.org/wiki/Otto_Lilienthal [2024-11-22].

7 Mehr hierzu bei: Ronald D. Gerste: Wie das Wetter Geschichte macht. Stuttgart 2023 (7. Druckauflage), S. 190–199.

8 Zit. n. Hans Erhard Lessing: Das Fahrrad. Eine Kulturgeschichte. Stuttgart 2022, S. 28.

9 Zit. n. Lessing, S. 153–154.

10 Zit. n. McCullough, S. 37.

11 Zit. n. McCullough, S. 97.

12 Zit. n. McCullough, S. 108.

13 »Es ist offiziell. ›Weißkopf war früher‹« (08.03.2013): https://www.br.de/franken/inhalt/zeitgeschichte/gustav-weisskopf-jane-100.html [2024-11-27].

14 Zit. n. McCullough, S. 172.

15 Zit. n. McCullough, S. 190.

16 Zit. n. McCullough, S. 186.

17 Entspricht etwa 120 000 Pfund und damit mehr als 140 000 Euro in der Gegenwart.

18 Sowohl das Wohnhaus als auch das Fahrradgeschäft der Brüder wurde von Henry Ford in das seinen Namen tragende Museum in Dearborn, Michigan transferiert.

19 A. Scott Berg: Lindbergh. New York 1998, S. 120.

20 Berg, S. 142.

21 Richard Branson: Juan Trippe: Pilot of the Jet Age. Time, 7. Dezember 1998: https://time.com/archive/6598188/juan-trippe-pilot-of-the-jet-age/ [2014-11-27].

22 Ebd.

23 The Pan Am Story 1958, S. 8: https://digitalcollections.library.miami.edu/digital/collection/asm0341/id/5264 [2014-11-27].

Kommunikation II – Die Macht des Fernsehens: Philo T. Farnsworth und Manfred von Ardenne

1 Laut dem National Constitution Center in Philadelphia: https://constitutioncenter.org/blog/the-debate-that-changed-the-world-of-politics [2024-09-18].
2 Chris Matthews: Jack Kennedy. Elusive Hero. New York 2011, S. 293–294.
3 Matthews, S. 299.
4 Zit. n. Ronald D. Gerste: Amerikas Präsidentschaftswahlen. Von George Washington bis zu Donald Trump. Basel 2024, S. 26.
5 Helmut Lindner: Nipkow, Julius Paul Gottfried. In: Neue Deutsche Biographie 19 (1999), S. 279: https://www.deutsche-biographie.de/pnd130688142.html#ndbcontent [2024-09-18].
6 Sächsische Biografie: https://saebi.isgv.de/biografie/Manfred_von_Ardenne_(1907-1997) [2024-09-18].
7 Paul Schatzkin: The Boy Who Invented Television. Orlando, Florida 2024, S. 22.
8 Schatzkin, S. 31. Als Schöpfer des Begriffs »Television« gilt der russisches Wissenschaftler Konstantin Dmitrijewitsch Perski, der den Terminus beim ersten Internationalen Elektrizitätskongress im Jahr 1900 in Paris eingeführt haben soll.
9 Schatzkin, S. 62.
10 Schatzkin, S. 73.
11 http://www.fernsehmuseum.info/1936-die-olympiade.html [2024-09-18].
12 Ebd.
13 https://www.planet-wissen.de/kultur/medien/fernsehgeschichte_in_deutschland/index.html [2024-09-18].
14 https://www.deutschlandfunk.de/pressekonferenz-vor-30-jahren-der-ungeplante-mauerfall-100.html [2024-09-18].
15 Schatzkin, S. 228.

Wellen I – Finest Hour: Sir Hugh Dowding

1 Baldwins Rede mit dem Titel »A Fear for the Future«. The Times, 11. November 1932.
2 Vincent Orange: Dowding of Fighter Command. Victor of the Battle of Britain. London 2008, S. 80.
3 Orange, S. 174

4 Rede im House of Commons am 18. Juni 1940. International Churchill Society: https://winstonchurchill.org/resources/speeches/1940-the-finest-hour/their-finest-hour/ [2024-11-02].
5 Orange, S. 178.
6 Rede im House of Commons am 20. August 1940. International Churchill Society: https://winstonchurchill.org/resources/speeches/1940-the-finest-hour/the-few/ [2024-11-02].

Wellen II – »Red hot«: Die schönste Frau der Welt und ihre Erfindung: Hedy Lamarr

1 Zit. n. Richard Rhodes: Hedy's Folly. New York 2011, S. 13–14.
2 Zit. n. Richard Schickel: The Stars. New York 1962, S. 212.
3 Hedy Lamarr: Ecstasy and Me. My Life as a Woman. o. O. 1966, S. 41. Gegen diese von Ghostwritern verfasste Autobiografie zog Lamarr juristisch, aber erfolglos zu Felde, da die Schreiber ihr Material zu unwahren und »obszönen« Darstellungen missbraucht hätten. Ihre Empörung war wohl nicht ganz unberechtigt: Ein Rezensent, der Autor und Journalist Lawrence Leo King, schrieb über *Ecstasy and Me*: »Wenn es eine sexuelle Praktik gibt, an der Frau Lamarr nicht teilgenommen hat, muss darüber im Futurum geschrieben werden.«
4 Insel im Hafen von New York, auf der die Einwanderungsbehörde über Jahrzehnte Neuankömmlinge in die USA registrierte und vielfach medizinisch untersuchte, bevor diese das Land betreten durften.
5 Zit. n. Rhodes, S. 110–111, gekürzt.
6 Zit. n. Jan Björn Potthast: 110. Geburtstag: Hedy Lamar: https://www.dpma.de/dpma/veroeffentlichungen/patentefrauen/hedylamarr/index.html [2024-11-20].
7 Ebd.

Energie II – Spaltende Kerne: Lise Meitner und J. Robert Oppenheimer

1 Zit. n David Rennert und Tanja Traxler: Lise Meitner. Pionierin des Atomzeitalters. Wien 2021, S. 143.
2 Die Biografen können sich nicht einigen, ob Lise Meitner am 7. oder am 17. November auf die Welt kam. Sie feierte ihren Geburtstag am 7. November, und es wurde die These geäußert, dass sie dies tat, weil es der Geburtstag ihres Vorbildes Marie Curie war.

3 Zit. n Rennert und Traxler, S. 19.
4 Rennert und Traxler, S. 21.
5 Gerste: Heilung der Welt, S. 317, 358.
6 Zit. n Rennert und Traxler, S. 56.
7 Zit. n. Rennert und Traxler, S. 95.
8 Zit. n. Rennert und Traxler, S. 119.
9 Zit. n. Rennert und Traxler, S. 126.
10 Manhattan Project. Einstein's Letter to Roosevelt: https://www.osti.gov/opennet/manhattan-project-history/Resources/einstein_letter_photograph.htm#1 [2024–11–27].
11 Zit. n. Who was Leslie Groves? Matt Damon's Oppenheimer role explained | Radio Times: https://www.radiotimes.com/movies/oppenheimer-leslie-groves-matt-damon/ [2024–11–25].
12 Zit. n. Richard Rhodes: The Making of the Atomic Bomb. New York 1968, S. 624.
13 Zit. n. Rhodes, S. 627.
14 Zit. n. Rhodes, S. 668.
15 Rhodes, S. 670.
16 Zit. n. Rhodes, S. 672.
17 Nach Angaben der World Nuclear Association: https://world-nuclear.org/nuclear-reactor-database/summary [2024–11–25].
18 Zit. n. Washington Post: Nuclear power, once shunned, gets place at climate talks. 16. November 2024.
19 Das Zitat stammt von dem tschechischen Ministerpräsidenten Petr Fiala.

Weltall – Mit der Rakete »zu den Planetenräumen« – oder nach Armageddon: Wernher von Braun

1 Zit. n. Michael Stürzer: Als Hitlers Raketen ins Weltall flogen. Spiegel Geschichte, 25.9.2017: https://www.spiegel.de/geschichte/v2-a4-erste-rakete-im-weltraum-als-wunderwaffe-gescheitert-a-1170316.html [2024–09–26].
2 Zit. n. Michael J. Neufeld: Wernher von Braun. Visionär des Weltraums. Ingenieur des Krieges, übers. von Ilse Strasmann. München 2009, S. 169.
3 Aus Anlass der Challenger-Katastrophe am 28. Januar 1986.
4 SibiWeb – Online-Forum für Siebenbürgen. Conrad Haas, Raketenpionier aus Hermannstadt: https://sibiweb.de/vip/haas/ [2024–09–26].

5 Museumsstiftung Post und Telekommunikation: https://www.lebenxo.de/2020/12/ [2024-09-26].

6 Siehe hierzu: Ronald D. Gerste: Wie Krankheiten Geschichte machen. Stuttgart 2021, S. 247–256.

7 David A. Clary: Rocket Man. Robert G. Goddard and the Birth of the Space Age. New York 2003, S. 90.

8 Zit. n. Clary, S. 91.

9 Das Goddard Space Flight Center in Greenbelt, Maryland.

10 Zit. n. Clary, S. 122.

11 Hermann Oberth: Die Rakete zu den Planetenräumen. Peiting 1964, S. 17–18.

12 Zit. n. Neufeld, S. 37.

13 Zit. n. Neufeld, S. 43.

14 Zit. n. Neufeld, S. 86.

15 Zit. n. Neufeld, S. 195.

16 Neufeld, S. 511.

17 New York Times, 14. Juni 1965.

18 Steven Moss und Richard Paul: Wernher von Braun's Record on Civil Rights: https://www.pbs.org/wgbh/americanexperience/features/chasing-moon-von-braun-record-on-civil-rights/ [2024-09-26].

19 Zit. n. Neufeld, S. 511.

20 Apollo 17 Lunar Space Journal. EVA-3 Close-out: https://web.archive.org/web/20110718153102/http://www.hq.nasa.gov/alsj/a17/a17.clsout3.html [2024-09-26].

21 Michael J. Neufeld: Wernher von Braun and the Nazis: https://www.pbs.org/wgbh/americanexperience/features/chasing-moon-wernher-von-braun-and-nazis/ [2024-09-26].

Leben – Herzschläge: Andreas Grüntzig, Christiaan Barnard, Åke Senning

1 Und dem an dieser Stelle für seine Unterstützung bei der Abfassung dieses Kapitels gedankt sei.

2 Ronald D. Gerste: Die erste Herztransplantation vor 50 Jahren: Ein Meilenstein in der Entwicklung der Chirurgie. Chirurgische Allgemeine 2018/19, S. 216–218.

3 Matthias Barton, Johannes Grüntzig, Marc Husmann, Josef Rösch: Balloon angioplasty – the legacy of Andreas Grüntzig, M. D. Reviews in Medicine, online publiziert am 29. Dezember 2014: https://pmc.ncbi.nlm.nih.gov/articles/PMC4671350/ [2024-11-20].

4 Maria Schlumpf: 30 Jahre Ballon-Katheter. Andreas Grüntzig, ein

Pionier in Zürich. Schweizerische Ärztezeitung 2004/85, S. 346–351, hier S. 347.
5 Schlumpf, S. 348.
6 Perkutan bedeutet »durch die Haut« – der Katheter wird typischerweise durch eine Arterie in der Leiste eingeführt. Transluminal steht für »durch das Lumen«, den Durchmesser eines Gefäßes. »Angioplastie« bezeichnet die Erweiterung eines Blutgefäßes.
7 Barton, S. 15.
8 In Anlehnung an einen Novellenzyklus des Schweizer Schriftstellers Gottfried Keller.
9 Schlumpf, S. 351.

Algorithmen – Frühe Wegbereiter der Digitalisierung: Ada Lovelace, Alan Turing

1 Das seit 1973 wieder so heißt wie vor dem Raumfahrtzeitalter: Cape Canaveral.
2 Zit. n. James Essinger: Ada's Algorithm. How Lord Byron's Daughter Ada Lovelace Launched the Digital Age. London 2014, S. 28.
3 Zit. n. Essinger, S. 55.
4 Walter Isaacson: The Innovators. New York 2014, S. 7.
5 Zit. n. Isaacson, S. 18.
6 Anne Kunze: Ada und der Algorithmus. DIE ZEIT, 23. Januar 2014: https://www.zeit.de/2014/05/ada-lovelace-programmiererin [2024–11–26].
7 Zit. n. Adas Notizen: http://www.ada-lovelace-informatik.de/adas-notizen/ [2024-11-26].
8 Ebd.
9 Ada Lovelace: Sketch of the Analytical Engine invented by Charles Babbage, Esq. Notes by the Translator, Scientific Memoirs 1843/3, S. 691–703, hier S. 689: https://en.wikisource.org/wiki/Scientific_Memoirs/3/Sketch_of_the_Analytical_Engine_invented_by_Charles_Babbage,_Esq./Notes_by_the_Translator [2024–11–26].
10 Zit. n. Andrew Hodges: Alan Turing. The Enigma. Princeton 2014, S. 61.
11 Zit. n. Isaacson, S. 41.
12 Wie der Code der legendären Enigma-Maschine geknackt wurde: https://www.wissen.de/wie-der-code-der-legendaeren-enigma-maschine-geknackt-wurde [2024–11–26].
13 Hodges, S. 664.

Anmerkungen

Epilog – Segen und Fluch

1 Dennis Steimels: Die Geschichte des Smartphones – wie alles begann. PC Welt und Macwelt, 30.11.2022: https://www.pcwelt.de/article/1084321/handy-historie-wie-alles-begann-die-geschichte-des-smartphones.html [2024–11–25].

2 Oppenheimer Project. The peoples of this world must unite: https://oppenheimerproject.org [2024–11–25].

Bildnachweis

1: mauritius images / Science Source
2: mauritius images / SuperStock / International Newsreel Photo/ Sydney Morning Herald
3: mauritius images / World Book Inc.
4: mauritius images / Science Source / Library of Congress
5: mauritius images / World Book Inc.
6: mauritius images / Science Source / New York Public Library
7: mauritius images / »TopFoto«
8: IMAGO / AGB Photo
9: mauritius images / Science Source / LANL
10: mauritius images / World Book Inc.
11: IMAGO / Pond5 Images
12: mauritius images / Science Source / British Library